U1007601

（典藏版）

百部国学传世经典

中华国学经典盛宴／获取先贤核心智慧

茶经

【唐】陆　羽／著
史靖妍／主编

漓江出版社

图书在版编目（CIP）数据

茶经/(唐)陆羽著；史靖妍主编. --桂林：漓江出版社，2017.9
(百部国学传世经典)
ISBN 978-7-5407-8285-6
Ⅰ. ①茶… Ⅱ. ①陆… ②史… Ⅲ. ①茶文化-中国-古代 Ⅳ. ①TS971.21
中国版本图书馆 CIP 数据核字(2017)第 235749 号

茶　经

作　　者　【唐】陆羽　著
主　　编　史靖妍

策划统筹　陈植武　林晓鸿
责任编辑　陈植武
助理编辑　甘智洪

出 版 人　刘迪才
出版发行　漓江出版社
社　　址　广西桂林市南环路 22 号
邮　　编　541002
网　　址　www.lijiangbooks.com
印　　制　北京飞达印刷有限责任公司
开　　本　710 mm×1000 mm　1/16
印　　张　30
字　　数　588 千字
版　　次　2017 年 9 月第 1 版
印　　次　2022 年 9 月第 3 次印刷
书　　号　ISBN 978-7-5407-8285-6
定　　价　45.00 元

漓江版图书：版权所有，侵权必究
漓江版图书：如有印装质量问题，可随时与工厂调换

前言

中华民族有着数千年的文明历史，创造了光辉灿烂的古代文化，其中中国传统国学是我国辉煌灿烂的文化典籍的核心部分，它博大精深、源远流长，显示出中华文化的深厚根基，给人类留下了丰富的精神财富。它是我们炎黄子孙的文化精髓，它塑造了我们中华民族的民族精神，是培育民族精神的重要资源。它开启心智，滋润生命，陶冶人格，塑造灵魂。

开卷有益，忙碌的人们闲暇之时，应该用传统国学来陶冶自己的情操，开阔自己的心胸，提高自己的人文修养，用先人的哲思来涤荡自己忙碌的心灵。我们应该坚持阅读的爱好，在潮流文化的强大攻势下，让传统文化永驻我们的心田。“复兴国学，从根本上讲，是复兴中华民族的自尊心、自信心。”我们要甄选传世经典著作中最经典的部分来读，要以开放的胸襟和燃烧的激情去承接古人的经典大论与哲思华章，以自豪而不狂妄、执着而不僵化的精神风貌来直面当今社会的竞争与挑战。

为了弘扬中国传统文化，帮助读者深刻了解我们的历史与文化，用经典历史文学知识陶冶情操、提高文化修养，同时使国学得到承传，得以弘扬光大，我们精心编排了本书。为了便于读者理解和领会古代先贤的思想与精神，我们在文章中选取了与正文相契合的插画，将插画与正文有机地结合在一起，可大大增加读者的阅读趣味。

本书选取了古文经典中关于茶文化的优秀的作品及资料，博采各类经典作品的长处，并有所创新，以使得本书风格迥异、卓然超群，相信会给读者带来全新感受。

由于时间仓促，书中难免有不尽之处，恳请读者朋友们提出宝贵意见，在此深表谢意。

目录

一　茶之源

茶　经

原文

茶者，南方[①]之嘉木[②]也。一尺、二尺乃至数十尺。其巴山[③]、峡川[④]，有两人合抱者，伐而掇之[⑤]。其树如瓜芦，叶如栀子，花如白蔷薇，实如栟榈[⑥]，蒂如丁香，根如胡桃。（瓜芦木，出广州，似茶，至苦涩。栟榈，蒲葵之属，其子似茶。胡桃与茶，根皆下孕，兆至瓦砾[⑦]，苗木上抽。）其字，或从草，或从木，或草木并。（从草，当作"茶"，其字出《开元文字音义》[⑧]；从木，当作"梌"，其字出《本草》。草木并，作"荼"，其字出《尔雅》。）其名，一曰茶，二曰槚[⑨]，三曰蔎[⑩]，四曰茗，五曰荈[⑪]。（周公云："槚，苦荼。"杨执戟[⑫]云："蜀西南人谓茶曰蔎。"郭弘农[⑬]云："早取为荼，晚取为茗，或一曰荈耳。"）

注释

①南方：泛指秦岭以南的地方。

②嘉木：嘉，美好、优良。嘉木，即优良的树木。

③巴山：泛指四川省东部，即今重庆市地区和毗邻巴山的陕西南部一些地带。

④峡川：泛指湖北西部。

⑤伐而掇之：伐，砍下枝条。掇，采摘。

⑥栟榈：棕榈树。栟，读作 bīng。

⑦根皆下孕，兆至瓦砾：下孕，在地下滋生发育。兆，指核桃与茶树生长时根将土地撑裂，方始出土成长。

⑧《开元文字音义》：字书名。唐开元二十三年（公元 735 年）编辑的字书。早佚。

⑨槚：读作 jiǎ。

⑩蔎（shè）：本为香草名。

⑪荈：读作 chuǎn。

⑫杨执戟：扬雄，西汉人，著有《方言》等书。

⑬郭弘农：郭璞，晋时人，注释过《方言》《尔雅》等字书。

译文

茶，是我国南方的优良树木。它高一尺、二尺，有的甚至高达几十尺。在巴山、峡川一带，有树干粗到两人合抱的，要将树枝砍下来，才能采摘到茶叶。茶树的树形像瓜芦，叶形像栀子，花像白蔷薇，种子像棕榈，果柄像丁香，根像胡桃。（瓜芦木，生长在广东，和茶树相似，但味道苦涩。棕榈，属于蒲葵类，它的籽类似于茶籽。核桃和茶树，根都在地下滋长发育，把土壤撑裂，钻出地面生长。）茶，当做字，从部首上看，或从属于“草”部，或从属于“木”部，或者“草”“木”并从。（从草，写作“茶”，这个字出于《开元文字音义》一书；从木，写作“㭘”，出于《唐新修本草》。草、木并从，写作“荼”，出于《尔雅》）。茶的名称，第一叫茶，第二叫槚，第三叫蔎，第四叫茗，第五叫荈。（周公所著的《尔稚·释木篇》中说：“槚，就是苦茶。”扬雄的《方言》中说：“四川西南部的人把茶叫做蔎。”郭璞的《尔雅注》中说：“早采的叫茶，晚采的叫茗或者叫荈。”）

原文

其地，上者生烂石，中者生栎壤，（栎字当从石为砾）下者生黄土。凡艺而不实[①]，植而罕[②]茂。法如种瓜，三岁可采。野者[③]上，园者[④]次。阳崖阴林，紫者上，绿者次；笋者[⑤]上，芽者次；叶卷上，叶舒次[⑥]。阴山坡谷者，不堪采掇，性凝滞，结瘕疾[⑦]。

注释

①艺而不实：指种植技术。

②罕：稀少。

③野者：这里指野生的。

④园者：人工种植的。

⑤笋者：茶叶肥壮的像笋。

⑥叶卷上，叶舒次：叶片呈卷状者质量好，舒展平直者质量差。

⑦性凝滞，结瘕疾：凝滞，凝结不散。瘕，腹中痞块。《正字通》："腹中积块，坚者曰症。有物形曰瘕。"

译文

种茶的土壤，以岩石充分风化的土壤为最好，含有碎石子的砾壤次之（"栎"应当从石写作"砾"），黄色黏土最差。一般说来，茶苗移栽的技术掌握不当，移栽后的茶树很少长得茂盛。种茶倘若能像种瓜那样精心照顾，三年就可以采摘茶叶。生长在山林野外的茶叶品质比较好，园林栽培的品质比较差。生长在向阳山坡而且有树木遮阴的茶树，芽叶呈现出紫色的品质比较好，呈绿色的则比较差；芽叶如同春笋似的品质较好，芽叶短小的品质较差；芽叶成卷状的品质较好，芽叶舒展平直的品质较差。背阴山谷里生长的茶树，就不能采摘茶叶，因为它的性质凝滞，喝了会使人腹胀。

原文

茶之为用，味至寒，为饮，最宜精行俭德之人。若热渴凝闷、脑疼目涩、四肢烦、百节不舒，聊四五啜①，与醍醐、甘露②抗衡也。采不时，造不精，杂以卉莽③，饮之成疾。茶为累也，亦犹人参。上者生上党④，中者生百济、新罗⑤，下者生高丽⑥。有生泽州⑦、易州⑧、幽州⑨、檀州⑩者，为药无效，况非此者！设服荠苨⑪使六疾不瘳⑫。知人参为累，则茶累尽矣。

注释

①啜（chuò）：饮。

②醍醐、甘露：皆为古人心中最美妙的供品。醍醐，酥酪上凝聚的油，味甘美。甘露，即露水，古人说它是“天之津液”。

③卉莽：野草。

④上党：唐时郡名，治所在今山西长治市长子、潞城一带。

⑤百济、新罗：唐时位于朝鲜半岛上的两个小国，百济在半岛西南部，新罗在半岛东南部。

⑥高丽：唐时周边小国之一，即今朝鲜。

⑦泽州：今山西晋城一带。

⑧易州：今河北易县一带。

⑨幽州：今河北大兴一带。

⑩檀州：今河北密云一带。

⑪荠苨：一种形似人参的野果。苨，读作 ní。

⑫六疾不瘳：六疾，指人遇阴、阳、风、雨、晦、明六气而生的多种疾病。瘳，痊愈。

译文

茶的功用，因为它的性质冷凉，可以降火，作为饮料最适宜。品行优良、德性俭朴的人最爱饮它。如果有人感觉干热口渴、心胸郁闷、头疼脑痛、眼睛干涩、四肢烦乱、全身骨节不舒服，只要喝上四五口茶，就好像醍醐灌顶、喝了甘露

一样清爽甜美。但是,如果采摘得不适时,制造得不精细,夹杂着野草败叶,喝了就会生病。饮茶也会喝出毛病,就像人们吃人参也会受害一样。品质最好的人参出产于上党,品质中等的出产于百济、新罗,品质差的出产于高丽。而泽州、易州、幽州、檀州出产的人参,就没有什么疗效,更何况用不是人参的冒牌货来充真的人参呢!假如把荠苨假冒的人参喝了,那么人就有可能得多种疾病。知道了人参有时也会对人体有害处这个道理后,那么茶的不良影响,也就可明白了。

续茶经

原文

许慎《说文》:茗,茶芽也。

王褒《僮约》前云"炰鳖烹茶";后云"武阳买茶"。(注:前为苦菜,后为茗。)

张华《博物志》:饮真茶,令人少眠。

《诗疏》:椒树似茱萸[①],蜀人作茶,吴人作茗,皆合煮其叶以为香。

《唐书·陆羽传》:羽嗜茶,著《经》三篇,言茶之源、之具、之造、之

器、之煮、之饮、之事、之出、之略、之图尤备，天下益知饮茶矣。

《唐六典》：金英、绿片，皆茶名也。

注释

①茱萸：又名“越椒”“艾子”，是一种常绿带香的植物。

译文

许慎《说文解字》：茗，也就是茶。

王褒《僮约》的前面说：“炰鳖烹荼”；后面说：“武阳买茶”。（注：前面指的是苦菜，后面指的是茗。）

张华《博物志》：喝真正的茶，可以减少人的睡眠。

《诗疏》记载：椒树跟茱萸非常相似，蜀地人把它叫做茶，吴地人把它叫做茗，都是拿它的叶子煮出清香的气味。

《唐书·陆羽传》记载：陆羽十分喜欢喝茶，著有《茶经》三篇，说的是茶之源、茶之具、茶之造、茶之器、茶之煮、茶之饮、茶之事、茶之出、茶之略、茶之图等，渐渐天下的人都知道喝茶了。

《唐六典》：金英、绿片，都是茶叶的名称。

原文

《李太白集·赠族侄僧中孚玉泉仙人掌茶序》：余闻荆州玉泉寺近青溪诸山，山洞往往有乳窟①，窟多玉泉交流。中有白蝙蝠，大如鸦。按《仙经》：“蝙蝠②，一名仙鼠。千岁之后，体白如雪。栖则倒悬，盖饮乳水而长生也。”其水边处处有茗草罗生，枝叶如碧玉。惟玉泉真公常采而饮之，年八十余岁，颜色如桃花，而此茗清香滑熟异于他茗，所以能还童振枯，扶人寿也。余游金陵，见宗僧中孚示余茶数十片，拳然重叠，其状如掌。号为“仙人掌”茶。盖新出乎玉泉之山，旷古未觏③。因持之见贻④，兼赠诗，要余答之。遂有此作。俾后之高僧大隐，知“仙人掌”茶发于中孚禅子及青莲居士李白也。

注释

①乳窟(kū):指有石钟乳的山洞。石钟乳的形成是由于含碳酸石灰的泉水从岩缝隙下滴,其石灰质日久凝集,累累下垂,其状如钟之乳,故名,简称钟乳。过去,人们往往把它当成药,十分珍视。

②蝙蝠:一种哺乳动物,它的头和身体像老鼠,前后肢与身体有薄膜相连。喜在夜空中飞,捕食蚊蛾等。

③觏(gòu):看见、遇见。

④贻:这里作赠送讲。

译文

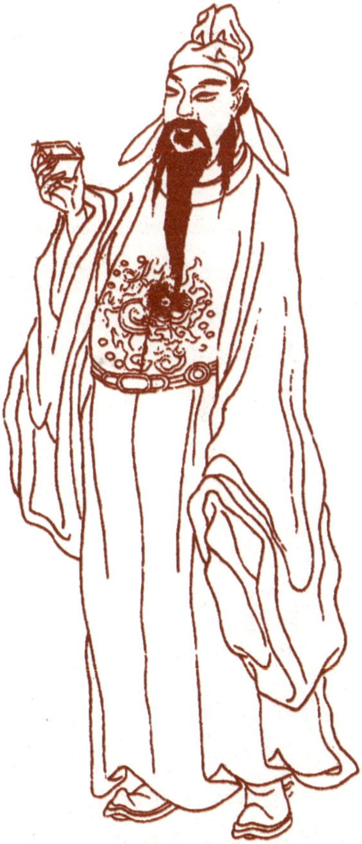

《李太白集·赠族侄僧中孚玉泉仙人掌茶序》:我听说在荆州玉泉寺附近青溪等山里,山洞里面往往有钟乳窟,窟里面大多有泉水流出。里面有白色的蝙蝠,如乌鸦一般大。按照《仙经》里面记载的:"蝙蝠,又叫做仙鼠。千年之后,身体如同雪一样洁白。栖息的时候是倒悬的,它就是因为饮用了钟乳水才长生的。"这种水边到处长着茶叶,枝叶像碧玉一样。玉泉真人常常采摘下来喝,他到了80多岁,脸色还和桃花一样,而这里的茶叶清香滑热也与其他茶叶不同,所以能够延年益寿、防止过早衰老。我到金陵游玩时,高僧中孚拿了几十片茶叶给我看,这种茶叶卷起来重叠在一起,形状就像"手掌"一样,所以叫做"仙人掌"茶。这是玉泉山新出产的,以前从来没有见过。因为他拿给我看完了之后又做了诗,要我答复,所以才有了这首诗。以后的高僧和出名的隐士,都知道"仙人掌"茶来源于中孚禅子以及青莲居士李白了。

原文

《皮日休集·茶中杂咏诗序》：自周以降，及于国朝茶事，竟陵子陆季疵[1]言之详矣。然季疵以前称茗饮者，必浑以烹之，与夫瀹蔬而啜者无异也。季疵之始为《经》三卷，由是分其源，制其具，教其造，设其器，命其煮。俾饮之者除痟而去疠，虽疾医之未若也。其为利也，于人岂小哉？余始得季疵书，以为备矣；后又获其《顾渚山记》[2]二篇，其中多茶事；后又太原温从云、武威段碣之各补茶事十数节，并存于方册。茶之事由周而至于今，竟无纤遗矣。

注释

①陆季疵：《新唐书》载：陆羽字鸿渐，一名疾，字季疵。复州竟陵（今湖北天门）人。

②《顾渚山记》：陆羽写的关于茶事的著作。顾渚：产茶之地，在浙江长兴。《茶谱记》载：陆龟蒙喜欢饮茶，在顾渚山下建有茶园。

译文

《皮日休集·茶中杂咏诗序》：从周朝以后到我朝关于茶的记录，竟陵陆季疵所说的最为详尽。然而在陆季疵称以前喝茶的人，都是糊里糊涂地烹制，跟我们这些学问浅薄的喝茶人没有什么差别。季疵最早写了《茶经》三卷，从此之后，区分了茶叶的来源，制造了工具，教人如何制茶，设计了器具，将它煮熟。喝茶能够消除疲劳防治疾病，即使是医生也不一定能够有这样的效果。它的好处，对人来说难道还小吗？我最初得到季疵书的时候，认为还有可以补充的；后来又得到了他的《顾渚山记》两篇，发现里面有很多关于茶的内容；再后来又从太原温从云、武威段碣之那里各自补充了关于茶的内容十几节，一起存放到书里面。关于茶的事情从周朝到现在，竟然再也没有一点的遗漏了。

原文

《封氏闻见记》：茶，南人好饮之，北人初不多饮。开元中，泰山灵岩寺有降魔师，大兴禅教[1]。学禅务于不寐，又不夕食，皆许饮茶。人自怀挟，到处煮饮。从此转相仿效，遂成风俗。起自邹、齐、沧、棣，渐至京邑，城市多开店铺煎茶卖之，不问道俗，投钱取饮。其茶自江淮而来，色额甚多。

《唐韵》：茶字，自中唐始变作茶。

注释

①禅教：指强调静坐敛心，专注一境，达到弃恶轻安的佛教。禅是梵文"禅那"（音译）的略称。

译文

《封氏闻见记》：茶，南方人喜欢喝，而北方人最初很少喝。开元年间，泰山灵岩寺有降魔师，大力倡导禅教。学禅不能睡觉，又不能吃晚饭，只允许喝茶。人们把茶叶夹在腋下，到处煮着喝。从此以后彼此之间开始争相效仿，于是形成了喝茶的风气。从邹、齐、沧、棣，渐渐传到了京都，城里有许多人开店铺专门煎茶卖。不论是否修道，花钱就能饮茶。他们的茶叶是从江淮运来的，颜色很重。

《唐韵》：茶字，是从中唐的时候才开始变为茶字的。

原文

裴汶《茶述》：茶，起于东晋，盛于今朝。其性精清，其味浩洁，其用涤烦，其功致和。参百品而不混，越众饮而独高。烹之鼎水，和以虎形，人人服之，永永不厌。得之则安，不得则病。彼芝术[1]黄精[2]，徒

云上药，致效在数十年后，且多禁忌，非此伦也。或曰：多饮令人体虚病风。余曰：不然。夫物能祛邪，必能辅正，安有蠲[3]逐聚病而靡[4]裨太和哉？今宇内为土贡实众，而顾渚、蕲阳、蒙山为上，其次则寿阳、义兴、碧涧、滬湖、衡山，最下有鄱阳、浮梁。今其精无以尚焉，得其粗者，则下里兆庶[5]，瓯碗纷糅。顷刻未得，则胃腑病生矣。人嗜之若此者，西晋以前无闻焉。至精之味或遗也。因作《茶述》。

注释

①芝术：芝即灵芝，生长于山地枯树根上，也可人工培植，可以入药。益精补气，强壮筋骨。古人视为仙草，可用作起死回生。

②黄精：百合科，多年生的草本植物，其茎横生地下，肉质肥大，可入药，补气润肥，健骨强身。

③蠲（juān）：免除。

④靡：无，没有。

⑤下里兆庶：指广大百姓。下里即乡里，兆庶形容众多。

译文

裴汶《茶述》中记载：茶起源于东晋，从我朝开始变得盛行。茶特别清爽，味道很好，可以祛除烦恼，调和机理。即使在上百种东西中都不会混，比所有饮品都好。茶用开水来烹制，浑然虎形，人人都喝，永远不会厌烦，喝了就好，没喝的就会生病。那些芝术、黄精，徒称为上药，效果要在几十年后才显现出来，而且还有很多禁忌，不能和茶相比。有人说：多喝茶会让人体格虚弱容易生病。我不这样认为。既然它能驱除邪气，那就一定能够辅助正气，怎么会有既能够使人沾染疾病而又能调和人身体的东西呢？现在各地出产的品种实在是太多了，顾渚、蕲阳、蒙山这些地方产的茶是上等的，其次就是寿阳、义兴、碧涧、滬湖、衡山，最差的有鄱阳、浮梁。现在得到上好的茶就不用说了，得到比较粗糙的，在乡下庶里，用瓯碗来喝。一会儿不喝，那么肠胃就会生病。人人都这么喜好它，这在西晋以前还没有听说过。因为害怕最精妙的味道遗失了，因此写了《茶述》。

原文

宋徽宗《大观茶论》：茶之为物，擅瓯闽之秀气，钟山川之灵禀。祛襟涤滞，致清导和，则非庸人孺子可得而知矣。冲淡闲洁，韵高致静，则非遑遽[①]之时可得而好尚矣。而本朝之兴，岁修建溪之贡，龙团，凤饼，名冠天下，而壑源之品。亦自此而盛。延及于今，百废俱举，海内宴然[②]，垂拱[③]密勿[④]，幸致无为。缙绅[⑤]之士，韦布[⑥]之流，沐浴膏泽，薰陶德化，咸化雅尚相推，从事茗饮。故近岁以来，采择之精，制作之工，品第之胜，烹点之妙，莫不盛造其极。呜呼！至治之世，岂惟人得以尽其材，而草木之灵者，变得以尽其用矣。偶因暇日，研究精微，所得之妙，后人有不知为利害者，叙本末二十篇，号曰《茶论》。一曰产地，二曰天时，三曰择采，四曰蒸压，五曰制造，六曰鉴别，七曰白茶，八曰罗碾，九曰盏，十曰筅，十一曰瓶，十二曰勺，十三曰水，十四曰点，十五曰味，十六曰香，十七曰色，十八曰藏，十九曰品，二十曰外焙。茗茶各以所产之地，如叶耕之平原、台星岩，叶刚之高峰青凤髓，叶思纯之大风，叶屿之屑山，叶五崇林之罗汉上水桑芽，叶坚之碎石窠、石臼窠（一作六窠）。叶琼、叶辉之秀皮林、叶师复、师贶之虎岩，叶椿之无双岩芽，叶懋之老窠园，各擅其美，未尝混淆，不可概举。焙人之茶，固有前优后劣，昔负今胜者，是以园地之不常也。

注释

①遑遽：匆忙、仓促。

②宴然：平安。

③垂拱：古代指天下太平无事，皇帝可以垂衣拱手，无为而治。《书·武成》："垂拱而天下治。"

④密勿：勤劳谨慎。《诗经》："黾勉从事，不敢告劳。"《汉书·刘向传》引作密勿。作机密讲，意指在天子之侧，掌管枢要政务。

⑤缙绅：亦作“搢绅”，旧时高级官吏的装束，通常作为官宦的代称。《晋书·舆服志》：所谓搢绅之士者，搢笏而垂绅带也。搢笏指插朝笏。绅指古代士大夫束在腰间的大带子。

⑥韦布：指韦带布衣。古代指未做官的人或隐居在山野的人所穿的粗陋服装。韦，熟牛皮。

译文

宋徽宗《大观茶论》：茶叶这种植物，长于瓯闽的秀气，饱含山川的灵禀。它能够祛除体内滞留之物，使人清醒调和，那就不是凡夫俗子可以知道的了。冲淡闲杂、高雅宁静，那就不是惊慌紧张的时候可以得到而崇尚的了。而本朝兴起的风气，每年在建溪制造贡茶，“龙团”“凤饼”由此天下闻名，而壑源那些品种，也是从这里开始繁盛起来的。延续到了现在，百废俱兴，宴请宾客时，都少不了它，幸好还不至于没有。上到王公贵族，下到平民百姓，沐浴在茶水之中，在它的熏陶影响之下，都很推崇这种高雅的风气，喝起茶来。所以近几年来，采摘的精细、制作的精良、品质的优良、烹煮的美妙，都达到了极致。哎呀！至于治理国家的道理，难道不是让每个人都能够完全发挥自己的才华，而草木这些有灵性的东西也能尽到它的作用吗？我在闲暇的时候，研究茶精妙的地方，所得到的好的感悟，恐怕后人不知道，所以从头到尾写了20篇，叫做《茶论》。第一说的是产地，二说的是天时，三说的是采摘，四说的是蒸压，五说的是制造，六说的是鉴别，七说的是白茶，八说的是罗碾，九说的是茶杯，十说的是筷子，十一说的是茶瓶，十二说的是勺子，十三说的是水，十四说的是点茶，十五说的是茶味，十六说的是香气，十七说的是颜色，十八说的是储藏，十九说的是品尝，二十说的是在外面烘焙。好的茶叶都有各个产地的特点，如平园、台星岩是在园子里种植，高峰青凤髓茶性刚，大风茶纯净，眉山茶产自岛上，罗汉上水桑芽产自五崇林，碎石窠、石臼窠茶坚实，秀皮林茶的叶子闪光，虎岩茶师复、师贶，无双岩芽似椿芽，老窠园茶叶茂。各有各的美妙之处，大不相同，不能够一一列举出来。制茶的人所焙出的茶，也有前面好而后来差，过去好而今天差的，那是因为茶的产地不一样。

原文

丁谓《进新茶表》：右件物产异金沙，名非紫笋。江边地暖，方呈"彼茁"之形，阙下[1]春寒，已发"其甘"之味。有以少为贵者，焉敢韫[2]而藏诸。见谓新茶，实遵旧例。

注释

①阙下：通称天子所居的地方为阙。阙下，指天子宫阙以下。古代大臣上书天子，不敢直接称呼，故说"阙下"。

②韫(yùn)：收藏。

译文

丁谓《进新茶表》：金沙出产一种茶，名叫非紫笋。江边很温暖，才能有这种茁壮的形态，阙下春天还冷，已经散发出了甘甜的香味。物以稀为贵，怎么还敢私自藏匿起来呢？见谓新茶，实遵旧例。

原文

蔡襄《进茶录表》：臣前因奏事，伏蒙陛下[1]谕臣先任福建运使日，所进上品龙茶，最为精好。臣退念草木之微，首辱陛下知鉴，若处之得地，则能尽其材。昔陆羽《茶经》，不第建安之品；丁谓《茶图》，独论采造之本。至烹煎之法，曾未有闻。臣辄条数事，简而易明，勒[2]成二篇，名曰《茶录》。伏惟清闲之宴，或赐观采。臣不胜荣幸。

注释

①陛下：陛，宫殿的台阶。陛下，这是对皇帝或国王的尊称。

②勒：这里作刻字用。

译文

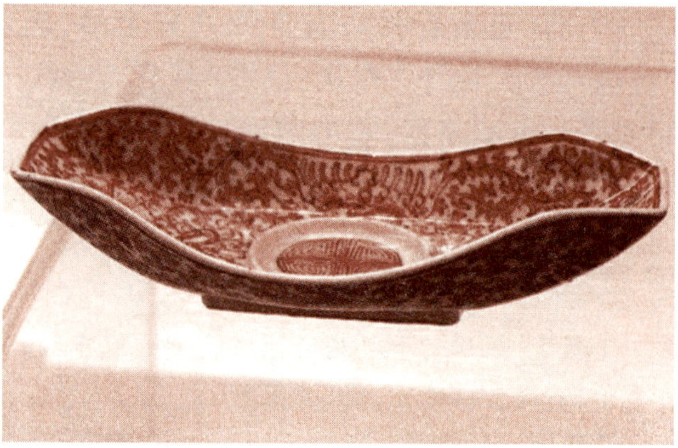

蔡襄《进茶录表》：臣以前因事奏请，听皇上说：以前臣任福建转运使的时候，所进贡的上等龙茶是最好的。臣想到草木的卑微，还要劳烦皇上您亲自来鉴定，如果处理得当的话，就能尽到它的作用了。前人陆羽所作的《茶经》，没有记载建安的茶叶；丁谓的《茶图》，又只说采摘茶叶这些最基本的事情。至于茶的烹煎方法，还没有听说过。所以我列出这些事情，简明扼要，写成两篇，起名为《茶录》。伏惟皇上在清闲的宴会上，能够让大家一起观看。那我就感到万分荣幸了。

原文

欧阳修①《归田录》：茶之品，莫贵于龙凤，谓之“团茶”，凡八饼重一斤。庆历中，蔡君谟始造小片龙茶以进，其品精绝，谓之“小团”，凡二十饼重一斤，其价值金二两。然金可有而茶不可得。每因南效致斋，中书、枢密院各赐一饼，四人分之。宫人往往缕金花于其上，盖其贵重如此。

注释

①欧阳修：字永叔，自号醉翁，晚年号六一居士，谥号文忠，世称欧阳文忠公，吉安永丰（今属江西）人（自称庐陵人），汉族，因吉州原属庐陵郡，出生于绵州（今四川绵阳），北宋时期政治家、文学家、史学家和诗人。

译文

欧阳修《归田录》：茶叶中的品种，最贵重的就是龙凤茶了，也作"团茶"，每8块茶饼重1斤。庆历年间，蔡君谟才开始制作小片的龙茶进贡，它的品质精绝，被称作"小团"，每20块重1斤，它的价钱相当于2两黄金。但是金子可以有而这样的好茶叶却不一定能够得到。每次南效致斋，也不过赐给中书、枢密院各一块，四个人一起分。宫里面的人往往还在它的上面用金花装饰上，由此可见它贵重的程度。

原文

赵汝砺《北苑别录》①：草木至夜益盛，故欲导生长之气，以渗雨露之泽。茶于每岁六月兴工，虚其本，培其末，滋蔓之草，遏②郁③之木，悉用除之，政所以导生长之气而渗雨露之泽也。此之谓开畬④。惟桐木则留焉。桐木之性与茶相宜。而又茶至冬则畏寒。桐木望秋而先落，茶至夏而畏日，桐木至春而渐茂。理亦然也。

注释

①《北苑别录》：这是一本记述茶事的书。专门记载宋皇家御用茶园北苑所出产的茶叶制法及品名的。北苑原是五代南唐朝廷所在地杭州一座宫苑，它监制福建建安所产的茶叶供皇帝贵族享用，因此称这种茶叶为北苑茶。到了宋代，便把建安凤凰山一带产的茶，都叫北苑茶。

②遏：阻止、制止。

③郁：这里指树木丛生。

④畬：烧榛种田，即在播种之前将田中的草木烧去，以灰做肥料。

译文

赵汝砺《北苑别录》：草木到了晚上更加兴盛，这是为了吸收生长所需的气息，吮吸雨露的精华。茶树在每年6月的时候修整，虚其本，培其末，把四周滋生的杂草和其他乱七八糟的树木都清理掉，这也是为了让茶能够吸收生长所需的气息,吮吸雨露的精华,这叫做开畲。只留下桐木,因为桐木与茶叶是相辅相成的,茶到冬天就怕寒冷,桐木到了秋天就先落下叶子来了,茶到了夏天就怕太阳晒,而桐木到了春天已经变得茂盛起来了,道理也是这样。

原文

王辟之《渑水燕谈》:建茶盛于江南,近岁制作尤精,龙团最为上品,一斤八饼。庆历中,蔡君谟为福建转运使,始造小团,以充岁贡[①],一斤二十饼,所谓上品龙茶者也。仁宗尤所珍惜,虽宰相未尝辄赐,惟郊礼致斋之夕,两府各四人,共赐一饼。宫人剪金为龙凤花贴其上。八人分蓄,以为奇玩,不敢自试,有佳客出为传玩。欧阳文忠公云:"茶为物之至精,而小团又其精者也。"嘉祐中,小团初出时也。今小团易得,何至如此多贵?

注释

①岁贡:古代诸侯或属国每年向朝廷进献礼品。

译文

王辟之《渑水燕谈》说:建茶盛行于江南,近几年来制作的尤其精良。最好的是龙团,1斤有8块。庆历年间,蔡君谟任福建转运使的时候,才开始制造小团,用来作为每年进贡的物品,1斤有20块,这就是所说的上等龙茶了。仁宗尤为珍惜,即使是宰相也没有赏赐过,只有在郊礼致斋的时候,两府各四个人,每府赏赐一块。宫里面的人把金纸剪成龙凤图形贴在它的上面。八个人分别保存起来,作为很奇特的物品,自己都不敢尝试,相当好的客人来了才拿出来把玩观赏。欧阳修曾说:"茶叶这种东西本身就很精细,而小团又更精细了。"嘉祐年

间，小团刚刚出来。现在，小团已经很容易就能够得到了，何至于如此昂贵呢？

原文

周辉《清波杂志》：自熙宁后，始贡“密云龙”①。每岁头纲修贡，奉宗庙及贡玉食外，赉②及臣下无几。戚里贵近丐赐尤繁。宣仁太后令建州不许造“密云龙”。受他人煎炒不得也。此语既传播于缙绅间。由是“密云龙”之名益著。淳熙间，亲党许仲启官苏沙，得《北苑修贡录》，序以刊行。其间载岁贡十有二纲，凡三等，四十有一名。第一纲曰“龙焙贡新”，止五十余銙③。贵重如此，独无所谓“密云龙”者。岂以“贡新”易其名耶？抑或别为一种，又居“密云龙”之上耶？

注释

①密云龙：茶名。陆羽写《茶经》时，只是笼统地说福建等十一州所产茶“往往得之，其味甚佳”。建安茶并不出名。唐贞元年间，常衮为建州刺史时，这里开始将茶“蒸焙而研之，谓之膏茶，其后始为饼样，贯其中，故谓之一串”。南唐时，把建安茶正式作为贡品，到了北宋，北苑茶更为皇家所专有。宋太宗为了显示皇家珍贵，命令专门制成龙团茶、凤团茶，以示同一般饮用茶区别。宋仁宗时，茶在加工技术上又取得进步，蔡襄在建安为官时，主持监制了小龙团茶，比龙、凤茶更好，成为当时茶的上乘。神宗熙宁年间，福州转运使贾青又创制了密云龙茶，蔡绦在《铁围山丛谈》中称赞道：“密云者，其云纹细密，更精绝于小龙团也。”

②赉（lài）：赐予，给。

③銙：宋代对饼茶的包装多以銙称。銙也作胯、夸，是袋的意思。贾青所造“密云龙”与北宋初年八饼为一斤的“大龙”“凤团”，蔡襄所造十饼为一斤的“小

龙团”都要小得多。它是二十饼为一斤，小巧、精致。因为是进贡皇帝的，所以包装上也极讲究。周密《武林旧事》形容包装皆方寸小銙，进御止百銙，护以黄罗软盝（竹盒子）……

译文

周辉《清波杂志》：自从熙宁年间以后，才开始进贡“密云龙”。每年开春的时候进贡第一纲，献给宗庙和皇宫大内之外，轮到臣子就没有多少了。亲戚和亲信请求赏赐的特别多。宣仁太后曾命令建州不许制造“密云龙”。其他人不能煎炒。这样的消息在官绅之间传播后，“密云龙”的名气因此更大了。淳熙年间，皇上的亲信许仲启到苏沙任职，得到了《北苑修贡录》，作序加以印刷发行。这里面记载每年的贡品十有两纲，共三个等次 41 种。第一纲叫“龙焙贡新”，只有 50 多銙。贵重到了这种地步，也只有所谓的“密云龙”了。但怎么又把它的名字改作“贡新”了呢？要么是还有另外一种，比“密云龙”还好？

原文

沈存中《梦溪笔谈》：古人论茶，惟言阳羡、顾渚、天柱、蒙顶之类，都未言建溪。然唐人重串茶粘黑者，则已近乎建饼矣。建茶皆乔木，吴、蜀惟丛茇[①]而已，品自居下。建茶胜处曰郝源、曾坑，其间又有坌根、山顶二品尤胜。李氏号为北苑，置使领之。

注释

①茇（bá）：草根。吴、蜀丛茇而生长的茶属草茶。

译文

沈括《梦溪笔谈》：古代的人评论茶，只有阳羡、顾渚、天柱、蒙顶这些，都没有提到建溪。然而唐朝的人重视串茶粘黑的，那就已经跟块状的建茶很相近了。建茶都是乔木，而吴、蜀两地只有聚在一起的草根而已，品质自然不好。好的建茶叫郝源、曾坑，这中间又有坌根、山顶这两个更好的品种。李氏把它叫做北苑，还设置专人管理。

原文

胡仔《苕溪渔隐丛话》：建安北苑，始于太宗太平兴国三年，遣使造之，取象于龙凤，以别人贡。至道间，仍添造石乳、蜡面。其后大小龙，又起于丁谓而成于蔡君谟。至宣、政间，郑可简以贡茶①进用，久领漕，添续入，其数渐广，今犹因之。

注释

①贡茶：指中国古代专门进贡皇室供帝王将相享用的茶叶。

译文

胡仔《苕溪渔隐丛话》：建安的北苑茶，在太宗太平兴国三年的时候开始制造，派专人制造，把它印成龙凤的样子，用来进贡。到了至道年间，才添加制造了石乳、蜡面。后来的大小龙茶，又开始于丁谓，而成形于蔡君谟的时候。到了宣、政年间，郑可简开始以贡茶进献，以后领了漕运，添加进去，数量渐渐多了起来，今天还因袭这种做法。

原文

细色茶五纲，凡四十三品，形制各异，共七千余饼，其间贡新、试新、龙团胜雪、白茶、御苑玉芽，此五品乃水拣，为第一；余乃生拣，次之。又有粗色茶七纲，凡五品。大小龙凤并拣芽，悉入龙脑①，和膏②为团饼茶，共四万余饼。盖水拣茶即社前者，生拣茶即火前者，粗色茶即雨前者。闽中地暖，雨前茶已老而味加重矣。又有石门、乳吉、香口三外焙，亦隶于北苑，皆采摘茶芽，送官焙添造。每岁縻③金共二万余缗④，日役千夫，凡两月方能迄事。第所造之茶不许过数，入贡之后市无货者，人所罕得。惟壑源诸处私焙茶，其绝品亦可敌官焙，自昔至今，亦皆入贡，其流贩四方者，悉私焙⑤茶耳。“北苑在富沙之北，隶建安县。去城二十五里，乃龙焙造贡茶之处，亦名凤凰山。自有一

溪,南流至富沙城下,方与西来水合而东。”

注释

①龙脑:宋代进贡的建茶,如大、小龙团等茶为了增加香气,最初也放入名贵香料,主要是龙涎香,又叫“脑子”或“龙脑”,这种香是海里“抹香鲸”肠内的分泌物,故又称“阿末香”。后来建茶制作更精,认为加入了这种香气会影响茶的真味,所以一般不再入香了。

②膏:陆羽《茶经》中说:饼茶要经过采、蒸、捣、拍、焙、穿、封七道工序制成。把蒸过的茶叶放在臼里捣烂成糊状,称为“膏”。把这种膏放在一定形状的模子里,拍打研磨成形后,退下茶模,烘焙干即为饼茶。宋代制造茶饼经过采、择、蒸、榨、研、造、过黄这七道工序。把蒸过的茶叶(茶黄)取出后,用清水淋几次,然后用小榨把水挤压干净,再用大榨尽力挤出茶汁,这种茶汁宋人叫“膏”。

③縻:浪费。

④缗(mín):古代穿铜钱用的绳子,引申为成串的铜钱,成了计量单位。

⑤私焙:凤凰山产的茶因品质高低不同而为两个地带,一叫壑源,一叫沙溪。前者茶味更浓,为皇家所占有,焙制出的茶为“正焙”,亦称“官焙”。后者茶味稍差,为民间所饮用,焙出的茶为“外焙”。壑源地带还有私人制作的茶,叫“私焙”。

译文

细色茶叶有5个系列,一共43个品种,制造的形状各有不同,共有7000多块,其中的贡新、试新、龙团胜雪、白茶、御苑玉芽这5种是在水里面挑拣的最好的;其他的都是直接挑拣的,稍微差一点。还有成色粗一点的茶叶7类,共5个品种。大小龙凤和拣芽,都加入了龙脑,制成圆形的茶饼,总共4万多块。盖水

拣茶也就是社前的茶，生拣茶是火前的，粗色茶就是雨前的。福建天气暖和，雨前的茶叶已经老了而且味道很重。又有石门、乳吉、香口这3种外面烘焙的品种，都是隶属于北苑的，它们都是把茶芽摘下来后，送到官焙里面去加工制作的。每年要花去一共两万多缗的钱，每天要雇佣上千人，历时两个月才能够完成贡茶的制造。这里制造的茶叶不允许超过规定的数量，进贡后市场上几乎就没有这种茶叶了，所以人们很难得到。只有壑源那些地方烘焙的私茶，其中的绝品好茶也能比得上官焙的茶叶，从过去到现在，北苑的茶全部都进贡了，卖到各个地方的，都是私自烘焙的。"北苑在富沙的北面，隶属于建安县，离城里25里远的地方，就是制造贡茶的地方——龙焙，也叫凤凰山。那里有一条小溪，往南流到富沙城的下面，才与西面来的水汇合在一起往东流去。"

原文

车清臣《脚气集》：《毛诗》云："谁谓荼苦，其甘如荠。"注：荼，苦菜也。《周礼》："掌荼以供丧事。"取其苦也。苏东坡诗云："周《诗》记苦荼，茗饮出近世。"乃以今茶为荼。夫茶，今人以清头目，自唐以来，上下好之，细民[1]亦日数碗，岂是荼也。茶之粗者是为茗。

注释

①细民：清代徽州称仆人为细民。这里指平民。

译文

车清臣《脚气集》：《毛诗》云："谁谓荼苦，其甘如荠。"注：荼，就是苦菜。《周礼》中记载：端荼去做丧事，主要是因它的苦。苏东坡诗云："周《诗》中记载茶叶很苦，但喝茶是从最近几年才开始的。"是把今天的茶认为是茶。茶叶，现在的人是用它来使头脑清醒的，从唐朝以来，自上而下人人都喜欢喝茶，就是普通的老百姓每天也要喝上几碗。怎么会是茶呢？比较粗糙的茶叫做茗。

原文

宋子安《东溪试茶录序》：茶宜高山之阴，而喜日阳之早。自北苑凤山，南直苦竹园头，东南属张坑头，皆高远先阳处，岁发常早，芽极肥乳，非民间所比。次出壑源岭，高土沃地，茶味甲于诸焙。丁谓亦云凤山高不百丈，无危峰绝崦，而冈翠环抱，气势柔秀，宜乎嘉植灵卉之所发也。又以建安①茶品甲天下，疑山川至灵之卉，天地始和之气，尽此茶矣。又论石乳出壑岭断崖缺石之间，盖草木之仙骨也。近蔡公亦云："惟北苑凤凰山连属诸焙，所产者味佳，故四方以建茶为名，皆曰北苑云。"

注释

①建安：今建瓯。

译文

宋子安《东溪试茶录序》：茶叶适合生长在高山的北面，并且早上有太阳照射的地方。从北苑的凤山，到南面的苦竹园，东南一直到远处的张坑头，都是又高且向阳的地方，每年很早的时候茶芽就发出，茶芽肥乳。不是其他的地方所能够相比的。其次是壑源岭，地势很高且土地肥沃，烘出来的茶味道比其他地方烘焙得好。丁谓也说凤山高不过百丈，没有危峰和陡峭的岩壁，但是却绿翠环绕，气势很秀美，适合于各种有灵气的花草树木生长。又因为建安茶的品质天下第一，所以有人认为山川之间最美好的灵气，天地之间最调和的气氛，都在建安茶里面。又说石乳出自壑岭的断崖缺石之间，是草木的仙骨。近来蔡公也说："只有北苑的凤凰山一带烘焙出产的茶叶味道最好，所以各个地方都认为建茶最为有名，也都说的是北苑所产的茶。"

原文

黄儒《品茶要录序》：说者尝谓陆羽《茶经》不第建安之品。盖前此茶事未甚兴，灵芽真笋往往委翳消腐而人不知惜。自国初以来，士大夫沐浴膏泽①，咏歌升平之日久矣。夫身世洒落，神观冲淡，惟兹茗饮为可喜。园林亦相与摘英夸异，制棬②鬻③新，以趋时之好。故殊异之品，始得自出于榛莽④之间，而其名遂冠天下。借使陆羽复起，阅其金饼，味其云腴，当爽然自失矣。因念草木之材，一有负瑰伟绝特者，未尝不遇时而后兴，况于人乎。

注释

①膏泽：比喻恩惠。沐浴膏泽意指蒙受皇天的恩惠。

②棬：古代制作茶饼专门用的模，也叫规。以铁制成。有圆的，有方的，还有的做花鸟形。将茶膏注入棬中，经过拍打，坚实后即成茶饼。

③鬻：卖。

④榛(zhēn)莽：泛指草木丛杂，荆棘丛生。

译文

黄儒《品茶要录序》：我曾经说陆羽的《茶经》里面没有把建安的茶叶排上名。这是因为从前喝茶的风气还不是很盛行，灵芽真笋往往腐烂掉而人们却并不知道去珍惜。自从我朝以来，各级官员接受上天的恩惠，歌舞升平的时间已经很长了。就算是出身寒微、衣冠很普通的人，也都喜欢喝茶。园林之间也互相摘英夸异，制棬出新，以迎合人们的喜好。所以上好的品种，才得以从草莽中脱颖而出，闻名天下。假如陆羽复生，看到这样好的茶叶，尝到这样美妙的茶叶，应该觉得很失落。念及草木这样的东西，有奇特品质的，未尝不是遇着时机然后兴起，何况是人呢！

原文

苏轼[1]《书黄道辅品茶要录后》：黄君道辅讳儒，建安人，博学能文，淡然精深，有道之士也。作《品茶要录》十篇，委曲微妙，皆陆鸿渐以来论茶者所未及。非至静无求，虚中不留，乌能察物之情如此其详哉。

注释

①苏轼：字子瞻，又字和仲，号东坡居士，汉族，眉州眉山（今属四川）人，与父苏洵、弟苏辙合称三苏。

译文

苏轼《书黄道辅品茶要录后》：黄君道，建安人，博学多才且能写得一手好文章，性格恬淡精深，是一个很有修养的人。他写了《品茶要录》10 篇，中间的精妙之处，是陆羽以后谈论茶的人所不能达到的。如果不是心中平静没有什么欲求，没有其他的顾虑，又怎么能够将物体观察得这么仔细呢！

原文

《茶录》：茶，古不闻食，自晋、宋已降，吴人采叶煮之，名为“茗粥”。

注释

（略）

译文

《茶录》：茶，古代没有听说有人食用，从晋、宋以后，吴地的人才采摘它的叶子煮好再饮用，叫做“茗粥”。

原文

叶清臣[1]《煮茶泉品》：吴楚山谷之间，气清地灵，草木颖挺，多孕茶荈。大率右于武夷者为白乳，甲于吴兴者为紫笋，产禹穴者以天章显，茂钱塘者以径山稀。至于桐庐之岩，云衢之麓，雅山著于宣、歙，蒙顶传于岷、蜀，角立差胜，毛举实繁。

注释

①叶清臣（公元1000～1049年）：北宋名臣，字道卿，苏州长洲（一作乌程，今浙江湖州）人。知永兴军时，修复三白渠，溉田六千顷，实绩显著，后人称颂。著作今存《述煮茶小品》等。

译文

叶清臣《煮茶泉品》：吴楚两地的山谷之间，空气清新土地肥沃，草木相当茁壮，生长着很多的茶叶。比武夷差的是白乳，比吴兴好的是紫笋，禹穴出产的以天章最为著名，钱塘的以径山最为稀有。至于桐庐的岩石，云衢的山脚，雅山出名于宣、歙，蒙顶流传于岷、蜀，各有区别，列举起来实在是太多了。

原文

周绛《补茶经》:芽茶只作早茶,驰奉万乘[①],尝之可矣。如一旗一枪[②],可谓奇茶也。

胡致堂曰:茶者,生人之所日用也。其急甚于酒。

注释

①万乘:周制,天子地方千里,出兵车万乘。诸侯地方百里,出兵车千乘。后世因此称天子为万乘。驰奉万乘,意指从很远的地方用快马把贡品奉送给天子。

②旗枪:茶叶的一种,茶叶为旗,其嫩茎为枪,故名旗枪。细小者尤佳,古代作为贡品。这种茶多产于霍山六安。

译文

周绛《补茶经》:芽茶只用来做早茶,驰奉万乘,尝到就可以了。如果是一旗一枪的茶,那就可以称得上是很奇特的茶了。

胡致堂说:茶叶,是我们每天都要用的东西,比酒还重要。

原文

陈师道《茶经从谈》:茶,洪之双井[①],越之日注[②],莫能相先后,而强为之第者,皆胜心耳。

注释

①双井:茶的一种,产于江西洪州(今江西修水县)。宋时由于黄庭坚的极力推崇,得以出名。这种茶产量很低。有一次向京师献茶,尽力搜罗,仅得一两斤。被称为色、香、味皆精好,为茗芽之冠。

②日注:茶的一种,产于浙江绍兴。会稽日铸山乃越王铸剑之地,他在别的

地方铸剑皆不成，到了这里一日铸成，故称日铸。山顶油车岭产茶名曰铸（注），芽长寸余，有麝气，但产量极少，欧阳修称它为浙江茶中第一。它与双井同为贡茶。

译文

陈师道《茶经丛谈》：茶，洪的双井，越的日注，不能辨别它们的前后，而非要给它们排序的，只是为了满足自己的心理而已。

原文

陈师道《茶经序》：夫茶之著书自羽始，其用于世亦自羽始，羽诚有功于茶者也。上自宫省，下逮邑里，外及异域遐陬①，宾祀燕飨，预陈于前；山泽以成市，商贾以起家，又有功于人者也，可谓智矣。《经》曰："茶之否臧②，存之口诀。"则书之所载，犹其粗也。夫茶之为艺下矣，至其精微，书有不尽，况天下之至理，而欲求之文字纸墨之间，其有得乎？昔者先王因人而教，因欲而治。凡有益于人者，皆不废也。

注释

①遐陬（zōu）：很远的地方和一些角落。

②否臧（zāng）：评论坏和好。

译文

陈师道《茶经序》：写茶的著作是从陆羽开始的，喝茶的盛行也是从陆羽开始的，陆羽对茶的普及来说确实有功劳。上到皇宫和各省大员，下到乡里，外到异域他乡，祀礼请

客，都把它摆在前面；山村和沼泽之地都成了集市，商贾因此而起家，对人又有功劳，可以说非常好了。《茶经》中说：辨别茶叶的好坏，有一定的诀窍。其实书中所说的，非常粗略。而茶叶的精妙之处，书上并不能完全说清楚，况且天下的真理，要想在文字和笔墨之间都得到，那又怎么可能呢？从前先王根据各人的实际而施以不同的教育方法，根据它的缺点来加以改进，只要是有益于人的，都不轻易放弃。

原文

吴淑[1]《茶赋》注：五花茶者，其片作五出花也。

姚氏《残语》：绍兴进茶，自高文虎始。

注释

①吴淑（公元947~1002年）：字正仪，润州丹阳人。纯静俊爽，属文敏速，善书，尤工篆籀以荐试学士院，授大理评事。预修《太平御览》《太平广记》《文苑英华》。

译文

吴淑《茶赋》中注解道：五花茶，它的叶子如同五朵花一样。

姚氏《残语》：绍兴进贡茶叶，是从高文虎开始的。

原文

王楙《野客丛书》：世谓古之茶，即今之茶。不知茶有数种，非一端也。《诗》曰"谁谓荼苦，其甘如荠"者，乃苦菜之荼，如今苦苣之类。《周礼》"掌荼"、毛诗"有女如荼"者，乃苕荼[1]之荼也，此萑苇之属。惟荼槚之荼，乃今之茶也。世莫知辨。

注释

①荼:读作tú。

译文

王楙《野客丛书》:人们说古代的荼,就是现在的茶。却不知道荼有好几种,并不是只有一种。《诗经》"谁谓荼苦,其甘如荠",其实指的是苦菜,就像现在的苦苣这类东西。《周礼》中的"掌荼"、毛诗中的"有女如荼",说的都是茗荼那种荼,都是萑苇一类。只有荼槚那种荼,才是现在的茶。可是世人却并不知道分辨。

原文

《魏王花木志》:茶叶似栀,可煮为饮。其老叶谓之荈,嫩叶谓之茗。

《瑞草总论》:唐宋以来有贡茶,有榷茶①。夫贡茶,犹知斯人有爱君之心。若夫榷茶,则利归于官,扰及于民,其为害又不一端矣。

注释

①榷茶:指专卖茶。

译文

《魏王花木志》:茶叶与栀子相似,可以煮好饮用。它的老叶称作荈,嫩叶称作茗。

《瑞草总论》:唐宋以来有贡茶,有榷茶。如果是贡茶,可以说明大家有爱君的心理。至于榷茶,那就是让官员得利,百姓遭殃了,它的危害还不止一点啊!

原文

元熊禾《勿斋集》：北苑茶焙记贡古也。茶贡不列《禹贡》《周·职方》而昉[1]于唐，北苑又其最著者也。苑在建城东二十五里，唐末里民张晖始表而上之，宋初丁谓漕[2]闽，贡额骤益，斤至数万。庆历承平日久，蔡公襄继之，制益精巧，建茶遂为天下最。公名在四谏官列，君子惜之。欧阳公修虽实不与，然犹夸侈歌咏之。苏公轼则直指其过矣。君子创法可继，焉得不重慎也。

注释

①昉：起始。

②漕：利用河道转运粮食叫漕运，这里丁谓担任了漕运史，宋称为漕司。

译文

元熊禾《勿斋集》：北苑烘焙茶叶进贡已经很久了。茶贡没有列在《禹贡》《周·职方》里，而兴起于唐代，北苑又是最著名的。北苑在建城东面约25里的地方，唐朝末年的时候百姓张晖才上表奏告。宋朝初年，丁谓任福建漕运史的时候，进贡的数量骤然增加，达到了几万斤。庆历承平之后，蔡襄继承了这种做法，制作得更为精良，建茶才成为天下最出名的茶。它的声名像显赫的高官一样，被大家所珍惜。欧阳修虽然实在不愿意这样，但是仍然用诗歌赞美它。苏轼则直接指出它的过失。君子创立的法例可以继承，但是不能不慎重。

原文

《说郛·臆乘》：茶之所产，六经载之详矣，独异美之名未备。唐宋以来，见于诗文者尤夥[1]，颇多疑似，若蟾背、虾须、雀舌、蟹眼、瑟瑟、沥沥、霭霭、鼓浪、涌泉、琉璃眼、碧玉池，又皆茶事中天然偶字也。

注释

①夥(huǒ)：同"伙"。

译文

《说郛·臆乘》：产的茶叶，六经上所记载的已经非常详尽了，但是唯独没有把异美的名字记录进去。唐宋以来，见诸诗文的茶的名称也很多，有很多相似的，像蟾背、虾须、雀舌、蟹眼、瑟瑟、沥沥、霭霭、鼓浪、涌泉、琉璃眼、碧玉池，都是茶事中天然形成的名字。

原文

《茶谱》：衡州[1]之衡山，封州之西乡，茶研膏为之，皆片团如月。又彭州[2]蒲村堋口，其园有"仙芽""石花"等号。

注释

①衡州：今衡阳市蒸湘区。

②彭州：今位于四川省会成都西北部。彭州是古蜀国建都立业的核心地区，自秦汉以来，建县设郡达2000多年，有着悠久的历史文明，素有"天府金盆"

"蜀汉名区"之美誉。

译文

《茶谱》:衡州的衡山,封州的西乡,把茶叶碾细制造,都制成了团,像月亮一样。还有彭州蒲村堋口,那里的茶园有"仙芽""石花"等称呼。

原文

明人《月团茶歌序》:唐人制茶碾末,以酥滫[1]为团,宋世尤精,元时其法遂绝。予效而为之,盖得其似,始悟古人咏茶诗所谓"膏油首面",所谓"佳茗似佳人",所谓"绿云轻绾湘娥鬟"[2]之句。饮啜之余,因作诗记之,并传好事。

注释

①滫:拌。

②绿云轻绾湘娥鬟:比喻茶叶像湘娥的发髻。楚辞里说相传湘夫人神灵住在洞庭湖君山,山的形状像十二个发髻。黄庭坚《雨中登岳阳楼望君山》诗中有"绾结湘娥十二鬟"之句。

译文

明代的人《月团茶歌序》:唐代的人制茶的时候把茶碾成粉末,便于制成圆形。宋代的时候制作得更加精良,元代的时候茶的制法就已经很绝妙了。我模仿它这样做,做得也很像,才开始领略到古代人咏茶诗中所说的"膏油首面""佳茗似佳人""绿云轻绾湘娥鬟"这样的句子。喝茶以外,作诗记下,并传播这样美妙的事情。

原文

屠本畯《茗笈评》:人论茶叶之香,未知茶花之香。余往岁[1]过友

大雷山中，正值花开，童子摘以为供，幽香清越，绝自可人，惜非瓯中物耳。乃予著《瓶史月表》，以插茗花为斋中清玩。而高濂《盆史》，亦载"茗花足助玄赏"云。

注释

①往岁：往年。

译文

屠本畯《茗笈评》：人们只说茶叶香，但是却不知道茶花的香。我去年经过大雷山的朋友那里，当时正好是茶花开的时候，童子把茶花摘下来供养。那种幽香飘到了很远的地方，特别的惹人喜爱，可惜它并不是小瓯中的物品。我写的《瓶史月表》，把插茶花当做是非常高雅的行为。而高濂的《盆史》中也记载有"茗花足助玄赏"这样的句子。

原文

《茗笈赞》[①]十六章：一曰溯源，二曰得地，三曰乘时，四曰揆制，五曰藏茗，六曰品泉，七曰候火，八曰定汤，九曰点沦，十曰辨器，十一曰申忌，十二曰防滥，十三曰戒淆，十四曰相宜，十五曰衡鉴，十六曰玄赏。

注释

①《茗笈赞》：明朝屠本畯编著。屠本畯，字田叔，又字豳叟，号汉陂，晚年自称憨先生、乖龙丈人等。浙江鄞县(今宁波)人。

译文

《茗笈赞》一共有十六章：一是追溯它的历史，二说的是产地，三是说时机，四是谈论制作的方法，五是说贮藏茶叶，六说的是品水，七说的是火候，八说的是定汤，九说的是煮茶的方法，十说的是辨别器具，十一说的是各种禁忌，十二说的是防滥，十三说的是防止混淆，十四说的是相宜，十五说的是鉴定，十六说的是观赏。

原文

谢肇淛《五杂组》：今茶品之上者，松萝也，虎丘也，罗岕也，龙井也，阳羡也，天池也。而吾闽武夷、清源、彭山三种，可与角胜。六安[1]、雁宕、蒙山三种，祛滞有功而色香不称，当是药笼中物，非文房佳品也。

注释

①六安：位于安徽西部，大别山北麓，俗称"皖西"。

译文

谢肇淛《五杂组》：现在茶叶中品质好的，有松萝、虎丘、罗岕、龙井、阳羡、天池这些。而我们闽地的武夷、清源、彭山这三种，可以和它们一争高下。六安、雁宕、蒙山这三种，能够祛除人体内的积滞，但是色香却不够，应该算作是药里面的品种，而不是文房的好品种。

原文

《西吴枝乘》：湖人于茗，不数顾渚，而数罗岕。然顾渚之佳者，其风味已远出龙井。下岕稍清隽，然叶粗而作草气。丁长孺尝以半角见饷，且教余烹煎之法，迨试之，殊类羊公鹤。此余有解有未解也。余

尝品茗，以武夷、虎丘第一，淡而远也。松萝、龙井次之，香而艳也。天池又次之，常而不厌也。余子琐琐，勿置齿喙[1]。

注释

①喙(huì)：嘴，特指鸟兽的嘴。勿置齿喙，意为不要插嘴。

译文

《西吴被乘》：湖人喝茶，不喜欢喝顾渚而偏好罗岕茶。但是上好的顾渚，其茶味已经远远好过龙井了。罗岕稍微清隽一点，但是叶子太粗还有草气。丁长孺曾经送半角罗岕茶给我，并且教给我烹煮的方法，我试了之后，觉得特别像羊公鹤。这是我所不能理解的。我品尝过的茶，以武夷、虎丘为第一，清淡而味久远。松萝和龙井要差一点，很香也很艳。天池就更差一些了，普通但不会令人厌烦。其他的就不值得一提了。

原文

屠长卿《考槃余事》：虎丘茶最号精绝，为天下冠，惜不多产。皆为豪右[1]所据，寂寞山家无由获购矣。天池青翠芳馨，啖之赏心，嗅亦消渴，可称仙品。诸山之茶，当为退舍。阳羡俗名罗岕，浙之长兴者佳，荆溪稍下。细者其价两倍天池，惜乎难得，须亲自收采方妙。六安品亦精，入药最效，但不善炒，不能发香而味苦，茶之本性实佳。龙井之山不过数十亩，外此有茶似皆不及。大抵天开龙泓美泉，山灵特生佳茗以副之耳。山中仅有一二家，炒法甚精。近有山僧焙者亦妙，真者天池不能及也。天目为天池、龙井之次，亦佳品也。《地志》云："山中寒气早严，山僧至九月即不敢出。冬来多雪，三月后方通行。其萌芽较他茶独晚。"

注释

①豪右：豪强，指势力强大的人。古代尚右，故豪右连用。

译文

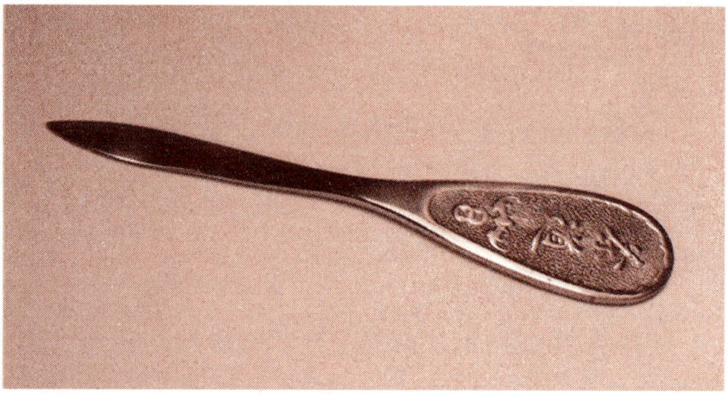

屠长卿《考槃余事》：虎丘茶是最精绝的，为天下第一，可惜出产的不多，都被豪门夺去了，像我们这样普通的人家是没办法得到的。天池青翠带有清香，喝着赏心，闻着都觉得能够解渴，可以称得上天上的仙品。其他山上的茶叶，都应当排在它的后面。阳羡俗名叫罗岕，浙江长兴出产的很好，荆溪的要稍微差一点。精细的罗岕价钱是天池的两倍，可惜很难得到，还必须亲自收集采摘的才好。六安那种也很好，用它做药物最好，但是如果不善于炒，就不能够让它里面的香气散发出来，嚼起来就觉得苦涩，其实茶叶的本性是很好的。龙井山上不过只有几十亩茶叶，这之外的茶叶虽与龙井相似但是都比不上这里的。大概是上天开了龙泓这样秀美的泉水，所以山灵秀特地生出了这样好的茶叶用来陪衬。山中只有一两家，他们的炒法很精湛。近来有山里的和尚烘焙得也很巧妙，真正的龙井就是天池也比不上啊！天目与天池、龙井相比要差一点，不过也是好茶。《地志》云："山中天寒得早，山里的和尚到了9月就都不敢出来了。冬天来了之后经常下雪，3月以后道路才可以通行，所以这里的茶树比其他地方的萌芽要晚。"

原文

包衡《清赏录》：昔人以陆羽饮茶比于后稷树谷，及观韩翃《谢赐茶启》云："吴王礼贤，方闻置茗；晋人爱客，才有分茶。"则知开创之功，非关桑苎老翁[1]也。若云在昔茶勋未普，则比时赐茶已一千五百串矣。

注释

①桑苎老翁：陆羽在上元初隐居在苕溪，自称桑苎翁，朝廷让他任太常寺太祝，不就，杜门著书，故人称桑苎老翁。

译文

包衡《清赏录》：前人用陆羽喝茶与后稷树谷相比，直至看到韩翃的《谢赐茶启》里面这样说："吴王礼贤下士，才开始放置茶水；晋人比较好客，才有分茶的习惯。"才知道开创喝茶这种习俗的功劳，并不归于陆羽！如果说以前喝茶还没有普及的话，那么到现在喝茶已经有1500年的历史了。

原文

陈仁锡[①]《潜確类书》："紫琳腴、云腴，皆茶名也。""茗花白色，冬开似梅，亦清香。"（按：冒巢民《岕茶汇钞》云："茶花味浊无香，香凝叶内。"二说不同，岂岕与他茶独异欤。）

注释

①陈仁锡（公元1581～1636年）：明代官员、学者，字明卿，号芝台，长洲（今江苏苏州）人。陈仁锡讲求经济，性好学，喜著述，有《四书备考》《经济八编类纂》《重订古周礼》等。

译文

陈仁锡《潜確类书》："紫琳腴、云腴，都是茶的名称。""茶树开白色的花，冬天开的时候与梅花很像，也很清香。"（按：冒巢民所著的《岕茶汇钞》中说："茶花的味道浓但是没有香味，香气都凝聚在叶子里面。"这两种说法不一样，怎么就只有岕与其他的茶不一样呢？）

原文

《农政全书》：六经中无荼，荼即茶也。

《毛诗》云："'谁谓荼苦，其甘如荠'，以其苦而味甘也。""夫茶灵草也，种之则利溥[1]，饮之则神清。上而王公贵人之所尚，下而小夫贱隶之所不可阙，诚民生食用之所资，国家课利之一助也。"

注释

①溥(pǔ)：广大普遍之意。

译文

《农政全书》：六经中没有茶，荼也就是茶。

《毛诗》云："'谁谓荼苦，其甘如荠'，就是说它苦中带甜。""茶是一种很有灵气的植物，种茶能够得到很多利益，喝茶能使人精神清爽。茶上被王公贵族所崇尚，下到普通的老百姓也不能够缺少，这的确已经成了百姓每天生活的必需品了，对于国家的税收也有帮助。"

原文

罗廪[1]《茶解》："茶固不宜杂以恶木，惟古梅、丛桂、辛夷、玉兰、玫瑰、苍松、翠竹，与之间植，足以蔽霜雪，掩映秋阳。其下可植芳兰、幽菊清芬之品。最忌菜畦相逼，不免渗漉，滓厥清真。""茶地南向为佳，向阴者遂劣。故一山之中，美恶相悬。"

注释

①罗廪:字高君,万历(公元1573~1620年)时浙江宁波人。能诗,工书。行草师二王及怀素。纵横变化,几入妙品。又工临摹,多嫁名鲜于枢。诗余画谱有其所书。

译文

罗廪《茶解》:茶树不适合与不好的树木掺杂种植,只有古梅、丛桂、辛夷、玉兰、玫瑰、苍松、翠竹和它一起夹杂着种植,足以遮挡风霜雨雪和秋天的阳光了。茶的下面可以种上兰花、幽菊这些清淡芳香的植物。茶园最忌讳靠近菜地,因为这样难免会有渗漉的时候,会妨碍茶的本质。茶地向南的好,背阴的要差一点。所以同一座山中,茶都有好坏之分。

原文

李日华《六研斋笔记》:茶事于唐末未甚兴,不过幽人雅士手撷于荒园杂秽中,拔其精英,以荐灵爽,所以饶云露自然之味。至宋设茗纲①,充天家②玉食,士大夫益复贵之。民间服习寖广,以为不可缺之物。于是营植者拥溉拿粪,等于蔬蔌。而茶亦颓其品味矣。人知鸿渐到处品泉,不知亦到处搜茶。皇甫冉《送羽摄山采茶》诗数言,仅存公案而已。

注释

①茗纲：指茶纲。货物结帮同行叫纲。宋代设纲运，专管大宗货物转运，转运时对车辆船只以若干数为一批，编立字号，以便稽查。由于当时每年要向朝廷进贡茶，各地也大量需用茶，所以专门设立了茶纲。

②天家：天子以天下为家，故称天家。

译文

李日华《六研斋笔记》：喝茶在唐朝末年的时候还不太盛行，不过只是隐士雅人摘于荒园杂秽中，撷取茶的精华，这样来自云露而又自然的味道。到了宋朝才有喝茶的讲究，也只是充当皇家的玉食，士大夫的珍品。渐渐地，民间喝茶的越来越多，茶也渐渐成了不能缺少的饮品。于是种植的人给它施肥浇水，等同于种植蔬菜。这样一来就损害了茶的品味。人们只知道陆羽到处品泉，却不知道他也到处搜集茶叶。皇甫冉在《送羽摄山采茶》诗中的几句话，就记载了这一点。

原文

徐岩泉[1]《六安州茶居士传》：居士姓茶，族氏众多，枝叶繁衍遍天下。其在六安一枝最著。为大宗；阳羡、罗岕、武夷、匡庐之类，皆小宗；蒙山又其别枝也。

注释

①徐岩泉：著有《六安州茶居士传》，他称佛茶为居士。

译文

徐岩泉《六安州茶居士传》：居士姓茶，族氏有很多，枝叶繁衍遍布天下。它在六安的一枝最出名，是大宗；阳羡、罗岕、武夷、匡庐这些，都是小宗；蒙山只不过是它的别枝罢了。

原文

乐思白《雪庵清史》：夫轻身换骨，消渴涤烦，茶荈之功，至妙至神。昔在有唐，吾闽茗事未兴，草木仙骨，尚閟其灵。五代之季，南唐采茶北苑，而茗事兴。迨宋至道初，有诏奉造，而茶品日广。及咸平、庆历中，丁谓、蔡襄造茶进奉，而制作益精。至徽宗大观、宣和间，而茶品极矣。断崖缺石之上，木秀云腴，往往于此露灵。倘微丁、蔡来自吾闽，则种种佳品，不几于委翳[①]消腐哉？虽然，患无佳品耳。其品果佳，即微丁、蔡来自吾闽，而灵芽真笋岂终于委翳消腐乎。吾闽之能轻身换骨，消渴涤烦者，宁独一茶乎？兹将发其灵矣。

注释

①翳（yì）：隐蔽。

译文

乐思白《雪庵清史》：茶能让人浑身轻松，脱胎换骨，解渴祛除烦恼，茶叶的功劳，非常神奇美妙。以前在唐代，我们闽地的茶事还不兴盛，草木的灵妙之处还没有完全发挥出来。五代的时候，南唐在北苑采茶，喝茶的风气才开始盛行起来。等到宋朝至道初年的时候，奉旨制造，茶叶的品种也日渐增多。到了咸平、庆历年间，丁谓、蔡襄造茶进贡，茶的制作就更精细了。到了宋徽宗大观、宣和年间，茶叶的品质达到极致。悬崖峭壁的上面，树木葱翠、浮云缭绕，这种地方往往就容易出产灵异的东西。如果丁谓、蔡襄来到我们这里的话，那这些好的品种，又怎么会让它无端腐烂呢？虽然是这样，还是怕没有好的品种。但是如果它的品种很好，没有丁谓、蔡襄来到我们这里，这样灵芽真笋岂不是最终要烂掉。我们这里能够使人浑身轻松、脱胎换骨、祛除口渴烦恼的东西，难道只有茶这一种吗？只是发挥出了它的灵气罢了。

原文

冯时可[1]《茶谱》：茶全贵采造，苏州茶饮遍天下，专以采造胜耳。徽郡向无茶，近出松萝，最为时尚。是茶始比丘大方，大方居虎丘最久，得采造法。其后于徽之松萝结庵，采诸山茶，于庵焙制，远迩争市，价忽翔涌。人因称松萝，实非松萝所出也。

注释

①冯时可：字元成，号文所，约生于嘉靖二十年左右，约卒于天启初年。他的一生淡泊名利，著述甚富，文学造诣颇高，与邢侗、王稚登、李维桢、董其昌被誉为晚明文学“中兴五子”。

译文

冯时可《茶谱》：茶关键在采摘，苏州的茶叶天下人都喜欢喝，那是因为它赢在采摘方面。徽郡一向都没有好茶叶，近来所出产的松萝最为时尚。其实这种茶叶最初是和尚大方造的，大方在虎丘住了很久，得到了茶的真正采造技巧。后来他在安徽的松萝住下，从各座山里面采来茶叶，在庵里焙制，远近都来买，价格飞涨。人们称它为松萝，其实并不是松萝出产的。

原文

胡文焕[①]《茶集》:茶至清至美物也,世皆不味之,而食烟火者又不足以语此。医家论茶,性寒能伤人脾。独予有诸疾,则必借茶为药石,每深得其功效,噫!非缘之有自,而何契之若是耶!

注释

①胡文焕:字德甫(一作德文),号全庵,《曲品》作金庵,一号抱琴居士,钱塘人。深通音律,善鼓琴,以刻书为事。著有《古器具名》《文会堂琴谱》《诗学汇选》等,《四库总目》盛传于世。

译文

胡文焕《茶集》:茶叶是至清至美的东西,世上的人都不能够完全品出它的味道,而像我们这些凡夫俗子又不足以说这样的话。医生说茶叶的性质是寒性的,会伤害人的脾胃。可是我有很多种病痛,还必须用茶水来做药引子,一直很有效。哎!如果不是缘自其本身的品性,又哪来这样的功用呢!

原文

《群芳谱》:蕲州蕲门团黄,有一旗一枪之号,言一叶一芽也。欧阳公诗有“共约试新茶,旗枪几时绿”之句。王荆公《送元厚之》句云“新茗斋中试一

旗”。世谓茶始生而嫩者为一枪,寖大开者为一旗。

注释

(略)

译文

《群芳谱》:蕲州蕲门的团黄,有一旗一枪的称号,也就是一叶一芽,欧阳修的诗里有“共约试新茶,旗枪几时绿”的句子。王荆公在《送元厚之》中有“新茗斋中试一旗”这样的句子。大家都说茶刚长出来的嫩的是一枪,叶子大开的是一旗。

原文

鲁彭《刻〈茶经〉序》:夫茶之为经,要矣。兹复刻者,便览尔。刻之竟陵者,表羽之为竟陵人也。按羽生甚异,类①令尹子文②。人谓子文贤而仕,羽虽贤,卒以不仕。今观《茶经》三篇,固具体用之学者。其曰伊公羹、陆氏茶,取而比之,实以自况。所谓易地皆然者非欤?厥后茗饮之风,行于中外。而回纥亦以马易茶,由宋迄今,大为边助。则羽之功,固在万世,仕不仕奚足论也。

注释

①类:像。

②令尹子文:指斗(dòu)毂(gòu)於(wū)菟(tú),春秋时楚国大臣。他姓斗,名毂於菟,字子文。传说他是一个云梦弃儿,由虎喂乳,为人收养成人。曾毁家纾难,楚成王八年任楚国令尹,掌管军政大权,直到三十五年。三任三已,面无喜愠之色。孔子称他忠心耿耿。

译文

鲁彭《刻〈茶经〉序》：为茶叶作书，是很重要的。现在重新印制，便于大家阅览。在竟陵刻印是因为陆羽是竟陵人。陆羽天生就不同于一般人，与令尹子文很类似。别人都说子文贤明所以才能做官，而陆羽虽然也很出众，但最终没有走仕途之道。现在看这三篇《茶经》，是具体使用的学问。人们说的伊公羹、陆氏茶，都是取自这里，其实是用自己来做比喻。所谓换了地方也是这样，并不是的。后来喝茶的风俗风行中外。而且回纥还用马来换取茶叶，从宋朝到现在，对边塞很有帮助。那么陆羽的功劳，当然就能永垂千古了，当不当官也就没有必要再去讨论了。

原文

沈石田《书岕茶别论后》：昔人咏梅花云"香中别有韵，清极不知寒"，此惟岕[①]茶足当之。若闽之清源、武夷，吴郡之天池、虎丘，武林之龙井，新安之松萝，匡庐之云雾，其名虽大噪，不能与岕相抗也。顾渚每岁贡茶三十二斤，则岕于国初，已受知遇。施于今，渐远渐传，渐觉声价转重。既得圣人之清，又得圣人之时，蒸、采、烹、洗，悉与古法不同。

注释

①岕（jiè）：这里指岕茶，产地在罗岕。罗岕在今浙江省长兴县。周高起《洞山齐茶系》说：罗岕去宜兴而南逾八九十里浙宜分界，只一山冈，冈南即长兴山，两峰相阻，介就夷旷者，人呼为岕云。在这里生长的茶有八九十处，以洞山之顶老庙后所产为上乘。每年出产不到二十斤，清淡而有后味。两山之间为之岕，一位姓罗的人曾在这里隐居，故又称罗岕。

译文

沈石田《书岕茶别论后》:以前的人咏叹梅花说"香中别有韵,清极不知寒",担得上这种赞美的只有岕茶了。像福建的清源、武夷,吴郡的天池、虎丘,武林的龙井,新安的松萝,匡庐的云雾,它们的名气虽然很大,但是还是不能和岕茶相比。顾渚每年进贡32斤茶叶,那就是说岕茶在本朝的初年,就已经受到重视了。到了今天,越来越盛行,身价越来越高。岕既得到了圣人之清,又得到了圣人之时,蒸、采、烹、洗,都与古代的做法不一样。

原文

李维桢《茶经序》:羽所著《君臣契》三卷,《源解》三十卷,《江表四姓谱》十卷,《占梦》三卷,不尽传,而独传《茶经》,岂他书人所时有,此其觭①长,易于取名耶?太史公曰:"富贵而名磨灭,不可胜数,惟俶傥②非常之人称焉。"鸿渐穷厄终身,而遗书遗迹,百世下宝爱之。以为山川邑里重。其风足以廉顽立懦,胡可少哉。

注释

①觭(qí):奇伟。

②俶傥(chù tǎng):卓异不凡。

译文

李维桢《茶经序》:陆羽所写的《君臣契》3卷,《源解》30卷,《江表四姓谱》10卷,《占梦》3卷,没有完全流传下来,而独独只有《茶经》流传下来了,这难道不是因为其他的书别人都有,而只有这本书是有自己特色、特长的,所以更容易出名吗？太史公说："富贵但是名声不好的人，多得简直没有办法计算，只有特别风流倜傥的人才能被人称颂。"陆羽一生都非常贫困，但是他的著作和足迹却留了下来，为后世的人们尊崇。他的风范足以教育后世，实在是不可缺少啊。

原文

杨慎①《丹铅总录》：荼，即古茶字也。周《诗》记荼苦，《春秋》书奇荼，《汉志》书荼陵。颜师古、陆德明虽已转入茶音，而未易字文也。至陆羽《茶经》、玉川《茶歌》、赵赞《茶禁》以后，遂以荼易茶。

注释

①杨慎（公元1488~1559年）：字用修，号升庵，杨廷和之子，公认为明朝三大才子之一，明代文学家，汉族，四川新都（今成都市新都区）人，祖籍江西庐陵。著有《古战场文》《黄叶》等。

译文

杨慎《丹铅总录》：荼也就是古代的茶字。周《诗》中记有荼苦，《春秋》写作奇荼，《汉志》写为荼陵。颜师古、陆德明虽然已改成了茶的读音，却没有改变荼字。到了陆羽的《茶经》、玉川的《茶歌》、赵赞的《茶禁》以后，才把荼改成茶。

原文

董其昌《茶董题词》:荀子曰:“其为人也多暇,其出入也不远矣。”陶通明曰:“不为无益之事,何以悦有涯之生。”余谓茗碗之事足当之。盖幽人高士,蝉蜕势利,以耗壮心而送日月。水源之轻重,辨若淄渑;火候之文武,调若丹鼎。非枕漱之侣不亲,非文字之饮不比者也。当今此事,惟许夏茂卿拈出。顾渚、阳羡,肉食者往焉,茂卿亦安能禁。一似强笑不乐,强颜无欢,茶韵故自胜耳。予夙秉幽尚,入山十年,差可不愧茂卿语。今者驱车入闽,念凤团龙饼,延津为论,岂必士思,如廉颇思用赵?惟是《绝交书》所谓“心不耐烦,而官事鞅掌①”者,竟有负茶灶耳。茂卿能以同味谅吾耶!

注释

①鞅掌:嵇康与山巨源《绝交书》中说:“心不耐烦,而官事鞅掌。”鞅掌,忙乱的意思。嵇康与山巨源(涛)都是“竹林七贤”之一,他们是好朋友,山涛曾想推荐嵇康代替自己任尚书吏部郎,嵇康表示不愿做官,特地写了这封《绝交书》,信中还强烈地表示对曹魏统治集团的不满,反对旧的礼法。

译文

董其昌《茶董题词》:荀子说:“他的为人很闲暇,出入的地方也不远。”陶通明说:“不做没有益的事情,怎么能够让漫长的一生充满快乐呢?”我说喝茶这件事,完全可以担当。所以说幽人雅士,脱离势利,用茶来耗费雄心壮志而消磨岁月。水源的好坏,可以品出它的出处,火候的大小,在丹鼎中调试。不是非常亲密的伴侣不算亲近,不是文雅的饮法不能与它们相比。现在这样的事情,也只允许夏茂卿做了。顾渚、阳羡,肉食者向往,茂卿怎么能够禁止得了呢？这就好比强笑不乐，强颜无欢，茶的韵味就在于自胜。我一直保持这样的高风亮节，到山里隐居10年，才不辜负茂卿所说。现在的人进入福建，心里想着龙凤茶，对它垂涎万分，这样想着，哪里还要有什么作为，像廉颇想被赵国所用那样呢？只是《绝交书》上所说的“如果你心里觉得不耐烦的话，那么所掌管的事情又怎么能够弄得好呢”，那就辜负了这么好的茶叶了。茂卿是能够理解我的心境的！

原文

童承叙[1]《题陆羽传后》：余尝过竟陵，憩羽故寺，访雁桥，观茶井，慨然想见其为人。夫羽少厌髡缁，笃嗜坟素，本非忘世者。卒乃寄号桑苎，遁迹苕霅，啸歌独行，继以痛哭，其意必有所在。时乃比之接舆，岂知羽者哉。至其性甘茗荈，味辨淄渑，清风雅趣，脍炙今古。张颠之于酒也，昌黎以为有所托而逃，羽亦以是夫。

注释

①童承叙：字汉臣，一字士畴，明代湖北沔城漕河人，学者、史学家、文学家，长于诗和古文，嘉靖皇帝老师。所撰《沔阳志》等著称于世。

译文

童承叙《题陆羽传后》：我曾经经过竟陵，在陆羽的寺庙里休憩停留，访问了雁桥，看了茶井，心里面特别想见他本人。陆羽不在乎艰苦和贫穷，只是特别爱好过清淡的生活，他本来不是避世的人。他之所以寄号桑苎，遁迹山林，特立独行，然后又忍不住痛哭，一定有他的用意。当时的那些人，怎么能够理解他呢？直到他醉心茶叶，辨别水质，清风雅趣，流传到了今天。张颠对于酒的喜好，昌黎认为他是有所寄托才逃避的，陆羽可能也是这样吧！

原文

《谷山笔麈》：茶自汉以前不见于书，想所谓槚者，即是矣。李赞谓古人冬则饮汤。夏则饮水，未有茶也。李文正《资暇录》谓：“茶始

于唐崔宁，黄伯思已辨其非，伯思尝见北齐杨子华作《邢子才魏收勘书图》，已有煎茶者。"《南窗记谈》谓："饮茶始于梁天监中，事见《洛阳伽蓝记》。及阅《吴志·韦曜传》，赐茶荈以当酒，则茶又非始于梁矣。"余谓饮茶亦非始于吴也。《尔雅》曰："槚，苦茶。"郭璞注："可以为羹饮。早采为茶，晚采为茗，一名荈。"则吴之前亦以茶作茗矣。第末[①]如后世之日用不离也。盖自陆羽出，茶之法始讲。自吕惠卿、蔡君谟辈出，茶之法始精。而茶之利国家且借之矣。此古人所不及详者也。

注释

①第末：到。

译文

《谷山笔麈》：茶在汉朝以前还没有记载，大概所说的槚就是茶吧。李贽认为古代的人冬天喝汤，夏天喝水，没有茶。李文正在《资暇录》说："茶叶开始于唐朝崔宁年间，黄伯思已经能够辨别它的好坏，伯思曾经看见了北齐杨子华画的《邢子才魏收勘书图》，已经有煎茶的人了。"《南窗记谈》说："喝茶开始于梁代天监年间，相关事情可以看《洛阳伽蓝记》。等到看了《吴志·韦曜传》，里面赏赐茶水当酒，那么说茶又并不是从梁朝开始的了。"我认为喝茶也不是从吴时开始的。《尔雅》说："槚，苦茶。"郭璞注解说："可以作为羹来喝。采得早的是茶，采得晚的是茗，也叫荈。"那么就是说吴以前就已经用茶泡水了。到了后来就成了每天不可缺少的东西了。自从有了陆羽，才有制茶的方法。从吕惠卿、蔡君谟这些人开始，茶的做法越来越精细，而茶对国家的贡献也由此而来。这些都是古代的人所没有详细说明的。

原文

王象晋[①]《茶谱小序》：茶，嘉木也。一植不再移，故婚礼用茶，从一之义也。虽兆自《食经》，饮自隋帝，而好者尚寡。至后兴于唐，盛于宋，始为世重矣。仁宗贤君也，颁赐两府，四人仅得两饼，一人分数钱耳。宰相家至不敢碾试，藏以为宝，其贵重如此。近世蜀之蒙山，每岁仅以两计。苏之虎丘，至官府预为封识，公为采制，所得不过数斤。岂天地间，尤物生固不数数然耶。瓯泛翠涛，碾飞绿屑，不藉云腴，孰驱睡魔？作《茶谱》。

注释

①王象晋（公元 1561～1653 年）：字荩臣、子进，又字三晋，一字康候，号康宇，自号名农居士。桓台新城（今属山东）人。明代文人、官吏、农学家，旁通医学。著有《群芳谱》。

译文

王象晋《茶谱小序》：茶树，是一种优良的植物。一旦种下了之后就不能再移植了，所以在婚礼上用茶，这是为了取从一而终这层意思。虽然最早见诸书籍的是《食经》，从隋帝的时候才开始喝茶，但是喜欢的人很少。后来到了唐朝才开始兴起，到宋朝的时候就很兴盛了，茶才被人们所重视。仁宗是一位贤明的君主，赏赐给两府茶饼，四个人才两块，一个人才分得了几钱。宰相也不敢随便碾试，把它藏起来当做珍品，它贵重到了这种程度。近来蜀地的蒙山茶，每年所产只能用两计。江苏的虎丘，到了时候官府也提前封识，公家去进行采摘，所能得到的也不过几斤。这就是说天地之间所生产的好东西数量是有限的。杯冷碧波，碾飞绿屑，不借助这么好的东西，怎么可以驱除睡魔？所以写了《茶谱》。

原文

陈继儒[1]《茶董小序》：范希文云："万象森罗中，安知无茶星。"余以茶星名馆，每与客茗战旗枪，标格天然，色香映发。若陆季疵复生，忍作《毁茶论》乎？夏子茂卿叙酒。其言甚豪。予曰，何如隐囊纱帽，翛然林涧之间，摘露芽，煮云腴，一洗百年尘土胃耶？热肠如沸，茶不胜酒；幽韵如云，酒不胜茶。酒类侠，茶类隐。酒固道广，茶亦德素。茂卿茶之董狐也，因作《茶董》。东佘陈继儒书于素涛轩。

注释

①陈继儒（公元1558~1639年）：明代文学家、书画家，字仲醇，号眉公、麋公。华亭（今上海松江）人。著有《梅花册》《云山卷》《妮古录》《陈眉公全集》《小窗幽记》等。

译文

陈继儒《茶董小序》：范希文说："万象森罗之中，怎么知道没有茶星呢！"我用茶星来作为客厅的名字，每当与客人一起品茶，风味天然，颜色和香味都散发出来了。如果陆羽在世的话，还忍心作《毁茶论》吗？夏茂卿说酒，他的语气特别自豪。我说，何不弃官归隐山林，在这样的山林涧水之间，采摘这么好的茶叶，煮成好茶，能一洗百年肠胃之中长期的沉积。热肠如沸，虽不比酒；说到清幽雅致，那酒就比不上茶水了。如果说酒如同侠士，那么茶就如同隐士。酒虽然很有劲道，茶的品德也很好。茂卿是茶的董狐，因此就作了《茶董》。东佘陈继儒写于素涛轩。

原文

夏茂卿《茶董序》：自晋唐而下，纷纷郴莒之会，各立胜场，品别淄渑，判若南董，遂以《茶董》名篇。语曰："穷《春秋》，演河图，不如载茗一车"，诚重之矣。如谓此君面目严冷，而且以为水厄，且以为乳妖，则请效綦毋先生无作此事。冰莲道人识[①]。

注释

①识：这里作"记"讲。记录，记载之意。

译文

夏茂卿《茶董序》：从晋唐以后，大家一起聚会，各自举行比赛，品尝水的出产地，就像史官商董一样评判，于是便作了《茶董》。里面说："穷《春秋》，演河图，不如载茗一车"，这确实过于言重了。如果说茶的面貌最冷峻，而且把它称为水厄，还被认为是乳妖，那就恳求大家不要效仿这样的事情。冰莲道人记。

原文

《本草》：石蕊，一名云茶。

卜万祺《松寮茗政》：虎丘茶，色味香韵，无可比拟。必亲诣茶所，手摘监制，乃得真产。且难久贮，即百端珍护，稍过时即全失其初矣。殆如彩云易散，故不入供御耶。但山岩隙地，所产无几，为官司禁据，寺僧惯杂赝种，非精鉴家卒莫能辨。明万历中，寺僧苦大吏需索，薙除殆尽。文肃公震孟作《薙茶说》以讥之。至今真产[①]尤不易得。

袁了凡《群书备考》:茶之名,始见于王褒《僮约》。

注释

①真产:真正的产品,这里指真正的虎丘茶。

译文

《本草纲目》:石蕊,也称作云茶。

卜万祺《松寮茗政》:虎丘茶,颜色和香味都很好,简直没有东西可以比拟的。必须亲自到出产茶叶的地方,用手采摘,才可以得到它的正品。而且很难保存,就算非常爱护,采摘时间稍过就完全失去了它最初的内蕴。就像天上的彩云容易扩散,所以并不把它拿上去进贡。况且山林空地所出产的不多,而且还被官家所掠夺,寺庙里的和尚总是喜欢在里面掺杂上赝品,不是行家恐怕是不能够判别的。明朝万历年间,寺庙里的和尚苦于被官吏搜刮,几乎一点都没有了。文肃公震孟写了《薙茶说》来讽刺它。到现在真正的虎丘茶也不容易得到。

袁了凡《群书备考》:茶的名字,最初见于王褒的《僮约》。

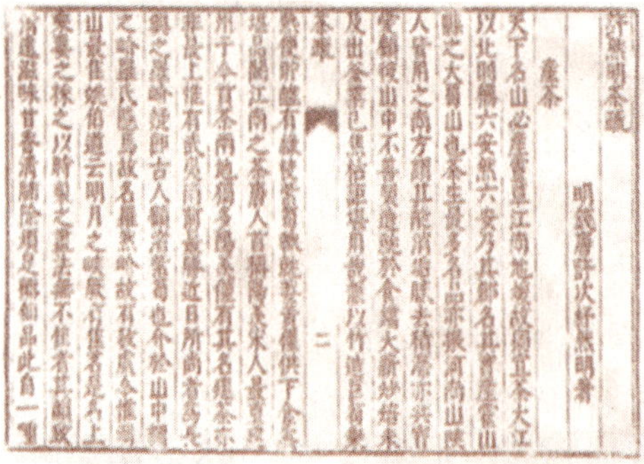

許然明茶疏

明錢塘許次紓然明著

產茶

原文

许次纾《茶疏》:唐人首称阳羡,宋人最重建州。于今贡茶,两地独多。阳羡仅有其名,建州亦上品,惟武夷雨前最胜。近日所尚者,为长兴之罗岕,疑即古顾渚紫笋。然岕故有数处,今惟峒山最佳。姚伯道云:"明月之峡,厥有佳茗。"韵致清远,滋味甘香,足称仙品。其在顾渚亦有佳者,今但以水口茶名之,全与岕别矣。若歙[①]之松萝,吴之虎丘,杭之龙井,并可与岕颉颃。郭次甫极称黄山,黄山亦在歙,去松萝远甚。往时士人皆

重天池，然饮之略多，令人胀满。浙之产曰雁宕、大盘、金华、日铸，皆与武夷相伯仲。钱塘诸山产茶甚多，南山尽佳，北山稍劣。武夷之外，有泉州之清源，倘以好手制之，亦是武夷亚匹。惜多焦枯，令人意尽。楚之产曰宝庆，滇之产曰五华，皆表表有名，在雁茶之上。其他名山所产，当不止此，或余未知，或名未著，故不及论。

注释

①歙(shè)：县名，安徽省南部的县。徽墨、歙砚为其特产。

译文

许次杼《茶疏》：唐朝的人最重视阳羡，宋朝人最重视建州。现在的贡茶，这两个地方最多。阳羡仅仅有它的名气，建州也有上好的品种，只有武夷雨前的茶叶是最好的。现在人所崇尚的，是长兴的罗岕，有人怀疑这就是古时候的顾渚紫笋。虽然岕茶有很多地方出产，现在只有峒山的最好。姚伯道说："明月之峡，厥有佳茗。"雅致清远，味道香甜，绝对可以称为是仙品。它在顾渚也有好的品种，现在把它叫做水口茶，都是因为要和岕茶相区别。如安徽歙州的松萝，吴地的虎丘，杭州的龙井，都可以与乔茶相比。郭次甫特别称赞黄山茶，黄山也在歙州，但是和松萝比起来却差得远了。以前的人都很重视天池，但是如果喝多了的话，就会觉得腹部胀满。浙江出产的雁宕、大盘、金华、日铸，都跟武夷的不相上下。钱塘各山出产的茶叶最多，南面山上的都是好茶，北面山上略微差一点。除了武夷以外，还有泉州的清源，如果是好手制作的话，也能跟武夷相比。可惜多半都焦枯了，令人不是很满意。楚地所出产的宝庆，云南所出产的五华，都特别有名，品质在雁茶之上。其他名山所出产的茶叶，应该还不止这么多，或者我还不知道，或者还没有出名，所以就没有谈到。

原文

李诩[1]《戒庵漫笔》：昔人论茶，以枪旗为美，而不取雀舌、麦颗。盖芽细则易杂他树之叶而难辨耳。枪旗者，犹今称壶蜂翅是也。

注释

①李诩（公元1506~1593年）：字原德，号戒庵，晚年以“戒庵老人”自居。著有《世德堂吟稿》四册，《名山大川记》八册，《心学摘要》一册，《续吴郡志》两册，《戒庵老人漫笔》八册，诗集《真率窝吟》等。

译文

李诩《戒庵漫笔》：从前的人论茶，认为旗枪最好，而不取雀舌、麦颗。茶如果叶细小，就容易夹杂其他树上的叶子，也就很难辨认了。被称为旗枪的，也就是现在所叫的壶蜂翅。

原文

《四时类要》：茶子于寒露候收晒干，以湿沙土拌匀，盛筐笼内，穰草[1]盖之，不尔即冻不生。至二月中取出，用糠与焦土种之。于树下或背阴之地开坎，圆三尺，深一尺，熟劚，著粪和土，每坑下子六七十颗，覆土厚一寸许，相离二尺，种一丛。性恶湿，又畏日[2]，大概宜山中斜坡、峻坂、走水处。若平地，须深开沟垄以泄水，三年后方可收茶。

注释

①穰草：稻草。

②畏日：怕太阳光。

译文

《四时类要》:茶籽在寒露的时候收回来晒干,用湿的沙土把它搅匀,放在筐笼里面,用稻草盖在上面,这样就不会冻坏从而不长。到2月中旬的时候取出来,用糠和焦土种起来。在树下或者背阴的地方挖一个坑,圆3尺,深1尺,挖好之后,放进粪和土,每一个坑里面种下六七十粒种子,盖上1寸厚的土,隔2尺,就可以再种一丛。茶的本性怕湿,又怕太阳,大多适合在山中的斜坡、高而陡峭的山坡、走水的地方种植。如果是平地,那就需要挖很深的沟来放水,3年后就可以采收茶叶。

原文

张大复《梅花笔谈》:赵长白作《茶史》,考订①颇详,要以识其事而已矣。龙团、凤饼、紫茸、拣芽,决不可用于今之世。予尝论今之世,笔贵而愈失其传,茶贵而愈出其味。天下事,未有不身试而出之者也。

注释

①考订:考证和修订。

译文

张大复《梅花笔谈》:赵长白所著的《茶史》,考证和修订得都很详细,了解茶事都可以在里面查找。龙团、凤饼、紫茸、拣芽,绝对不可以用在现在。我曾经讨论当今之世,难于动笔而使很多东西失传了,茶越贵越能品尝出其中的味道。天下的事情没有不亲自尝试就能得出的。

原文

文震亨《长物志》:古今论茶事者,无虑数十家,若鸿渐之《经》,君

谟之《录》，可为尽善。然其时法，用熟碾为丸、为挺，故所称有“龙凤团”、“小龙团”、“密云龙”、“瑞云翔龙”。至宣和间，始以茶色白者为贵。漕臣郑可简始创为银丝水芽，以茶剔叶取心，清泉渍之，去龙脑诸香，惟新镑小龙蜿蜒[①]其上，称“龙团胜雪”。当时以为不更之法，而吾朝所尚又不同。其烹试之法，亦与前人异。然简便异常，天趣悉备，可谓尽茶之味矣。而至于洗茶、候汤、择器，皆各有法，宁特侈言乌府、云屯等目而已哉。

注释

①蜿蜒（wān yán）：曲折爬行的样子。

译文

文震亨《长物志》：从古到今谈论茶的，不止几十家，像陆羽的《茶经》，蔡襄的《茶录》，可以说是非常好的了。但是当时的做法是把它碾熟，做成丸子，很坚硬，所以又叫做“龙凤团”“小龙团”“密云龙”“瑞云翔龙”。到了宣和年间，才开始以白色的茶为贵。漕臣郑可简最先制造了银丝水芽，把茶剔除叶子取出它的心，用清水洗干净，放进龙脑等香料，只有新镑小龙蜿蜒其上，被称为“龙团胜雪”。当时以为这种制作方法不会再改变，到我朝又变得不同了。它的烹制方法，也和前人的不一样。但是更加的简便了，天然的香味都补充进去了，可以说是尽得茶叶的味道。而至于洗茶、候汤、选择器具，都有各自的方法，更不要多说乌府、云屯这些名目了。

原文

《虎丘志》：冯梦桢云：“徐茂吴品茶，以虎丘为第一。”

周高起《洞山茶系》：岕茶之尚于高流，虽近数十年中事，而厥产

伊始，则自卢仝隐居洞山，种于阴岭，遂有茗岭之目。相传古有汉王者，栖迟茗岭之阳，课童艺茶，踵卢仝幽致，故阳山所产，香味倍胜茗岭。所以老庙后一带茶，犹唐宋根株[1]也。贡山茶今已绝种。

注释

①根株：品种。

译文

《虎丘志》：冯梦桢说："徐茂品尝茶，认为虎丘茶是第一。"

周高起《洞山茶系》：岕茶是茶叶之中的上好品种，虽然这是近几十年的事，但是最初则是产自卢仝隐居的洞山，种在北面的山岭上，所以才有茗岭这样的称呼。传说古时候的汉王，住在茗岭的南面，令书童专门艺茶，尝出了卢仝的幽致，所以山南面所出产的岕茶，香味比茗岭的更好。所以老庙后面一带的茶叶，都是唐宋时期留下来的品种。洞山茶现在已经没有了。

原文

徐㶿《茶考》：按《茶录》诸书，闽中所产茶，以建安北苑为第一，壑源诸处次之，武夷之名未有闻也。然范文正公《斗茶歌》云："溪边奇茗冠天下，武夷仙人从古栽。"苏文忠公云："武夷溪边粟粒芽，前丁后蔡相笼加[1]。"则武夷之茶在北宋已经著名，第未盛耳。但宋元制造团饼，似失正味。今则灵芽仙萼，香色尤清，为闽中第一。至于北苑壑源，又泯然无称。岂山川灵秀之气，造物生殖之美，或有时变易而然乎？

注释

①笼加：加以种植。

译文

徐𤊹《茶考》：根据《茶录》等书的说法，闽中所出产的茶叶以建安北苑的为最好，壑源等地方的差一点，武夷的名字还没有听说过。但是范文正所著的《斗茶歌》说："溪边奇茗冠天下，武夷仙人从古栽。"苏文忠公说："武夷的溪水边有茶芽，丁谓和蔡襄先后加以种植。"也就是说武夷茶在北宋就已经很出名了，只是没有流传下来而已。但是宋朝和元朝所制造的团状茶叶似乎失去了它本来的味道。现在的灵芽仙萼，香味和颜色特别清新，是闽中最好的。至于北苑的壑源，又埋没无名了。难道山林的秀美、造物的美妙，有时候也会发生变化吗？

原文

劳大与《瓯江逸志》：按茶非瓯产地，而瓯亦产茶，故旧制以之充贡，及今不废。张罗峰当国，凡瓯中所贡方物，悉与题蠲[①]，而茶独留。将毋以先春之采，可荐馨香，且岁费物力无多，姑存之。以稍备芹献之义耶！乃后世因按办之际，不无恣取，上为一，下为十，而艺茶之圃遂为怨丛。惟愿为官于此地者，不滥取于数外，庶不致大为民病。

注释

①蠲：读作 juān。

译文

劳大与《瓯江逸志》：茶叶并不是瓯出产的，但是瓯也出产茶叶，所以从前也把它用来充当贡品，直到现在仍然没有被废除。张罗峰掌权的时候，只要是瓯中所进贡的物品都清理出来，只留下了茶叶。如果在早春的时候采摘，可以使它变得清香无比，而且每年所花费的气力很多，姑且存留下来，略微表达进献的心意。到了后来办理的时候，收取变得无数目可言，上面是一，下面是十，而种茶的园圃就怨声四起。希望这里的官员，不要擅自索要，也不至于给老百姓造成太大的灾害。

原文

《天中记》：凡种茶树必下子，移植则不复生。故俗聘妇①，必以茶为礼，义固有所取也。

《事物记原》：榷茶起于唐建中、兴元之间。赵赞、张滂建议税其什一。

《枕谭》：古传注："茶树初采为茶，老为茗，再老为荈。"今概称茗，当是错用事也。

注释

①聘妇：娶媳妇。

译文

《天中记》：要想种茶树一定要先下种子，茶树移植之后就不可能再成活了，所以说娶媳妇必须要用茶叶作为礼物，也是取它的从一而终之意。

《事物记原》：榷茶兴起于唐朝建中、兴元年间。赵赞、张滂建议收取其十分之一的税收。

《枕谭》：古代的书中有："茶树初采为茶，老为茗，再老的为荈。"现在则统一称作茗，应该是用错了的原因。

原文

熊明遇[1]《岕山茶记》：产茶处，山之夕阳胜于朝阳，庙后山西向，故称佳。总不如洞山南向，受阳气特专，足称仙品云。

冒襄《岕茶汇钞》：茶产平地，受土气多，故其质浊。岕茗产于高山，浑是风露清虚之气，故为可尚。

注释

①熊明遇（公元1580~1650年）：字良孺，号坛石，江西南昌进贤人。工诗善文，当时颇享盛名。著有《南枢集》《青玉集》《格致草》《绿云楼集》等。

译文

熊明遇《岕山茶记》：产茶的地方，山上夕阳照的地方比朝阳照的地方要好，庙后山向西，所以茶好。但总也比不上洞山南面的，因为阳光充足，所以产的茶被称为仙品。

冒襄《岕茶汇钞》：平地出产的茶叶，受到的土气太多，所以质地浑浊。岕茶产于高山，经历了风霜雨露的洗礼，所以是好茶。

原文

吴拭云：武夷茶赏自蔡君谟始，谓其味过于北苑、龙团，周右文极抑之。盖缘山中不谙制焙法，一味计多徇利之过也。余试采少许，制以松萝法，汲虎啸岩下语儿泉烹之，三德俱备，带云石而复有甘软气。乃分数百叶寄右文，令茶吐气，复酹[1]一杯，报君谟于地下耳。

注释

①酹：读作 lèi。

译文

吴拭说：武夷茶被欣赏是从蔡君谟开始的，说它的味道比北苑、龙团的要好，周右文却特别贬低它。只是因为山中的人不懂得它的焙制方法，一味追求钱财的错误。我曾经试着采摘了一点，用松萝的方法来焙制，汲取虎啸岩下的语儿泉水烹制，三种优点都具备了，带云石而又有香甜的气味。于是分了几百片送给右文，等茶泡好了，再洒一杯在地上，以报君谟地下有知。

原文

释超全[1]《武夷茶歌注》：建州一老人始献山茶，死后传为山神，喊山之茶始此。

《中原市语》：茶曰渲老。

注释

①释超全：生卒不详，明末清初人，俗姓阮，号梦庵，厦门人。本名吴锡，或旻锡，字畴生，从文忠公曾樱为学，随师助郑成功抗清。著《海上见闻录》二卷、《慢亭游》诗文一卷。其中的《武夷茶歌》等诗文对我国史学研究很有价值。

译文

释超全《武夷茶歌注》：建州有一位老人最早进献山上的茶叶，据说死后变成了山神，喊山茶就是从此而生的。

《中原市语》：茶又被称作渲老。

原文

陈诗教《灌园史》：予尝闻之山僧言，茶子数颗落地，一茎而生，有似连理，故婚嫁用茶，盖取一本之义。旧传茶树不可移，竟有移之而生者，乃知晁采寄茶，徒袭影响[①]耳。

注释

①袭影响：捕风捉影。

译文

陈诗教《灌园史》：我曾经听山里面的和尚说，几颗茶籽落到地上，一旦生长出来，就像连理一样，因此婚嫁的时候用茶，就是用这里面同根的意思。以前听说茶树不能移植，竟然有移植了之后仍然活着的，由此可知这种说法也只是捕风捉影而已。

原文

唐李义山以对花啜茶为杀风景。予苦渴疾，何啻[①]七碗，花神有知，当不我罪。

《金陵琐事》：茶有肥瘦，云泉道人云："凡茶肥者甘，甘则不香。

茶瘦者苦，苦则香。"此又《茶经》《茶诀》《茶品》《茶谱》之所未发。

注释

①何啻：何况，况且。

译文

唐朝的李义山认为对着花喝茶是杀风景的事情。我在口渴的时候，何止喝七碗，如果花神知道的话，应该不会怪罪于我的。

《金陵琐事》：茶叶有肥有瘦，云泉道长说："凡是茶叶肥厚的，味道很甜，但是不香。茶叶瘦小的就显得苦涩，但苦的则香。这又是《茶经》《茶诀》《茶品》《茶谱》之中所没有记录的。"

原文

野航道人朱存理云："饮之用必先茶，而茶不见于《禹贡》，盖全民用而不为利。后世榷茶立为制，非古圣意也。陆鸿渐著《茶经》，蔡君谟著《茶谱》。孟谏议寄庐玉川三百月团，后侈至龙凤之饰，当责备于君谟。然清逸高远，上通王公，下逮林野①，亦雅道也。"

注释

①林野：普通老百姓。

译文

野航道人朱存理说："首先用来喝的是茶，而茶在《禹贡》里面看不到，所以全民都喝却不为谋利。后世制定榷茶的制度，并不是古人真正的意思。陆羽写《茶经》，蔡君谟写《茶谱》。孟谏议寄给庐玉川的三百月团，后来奢侈到用龙凤装饰，应该责备于君谟。然而清逸高远，上到王公贵族，下到平常百姓，也是一件很有雅致的事情。”

原文

佩文斋《广群芳谱》：茗花即食茶之花，色月白而黄心，清香隐然，瓶之高斋，可为清供佳品。且蕊在枝条，无不开遍[1]。

注释

①开遍：全开，这里指花都开满了。

译文

佩文斋《广群芳谱》：茗花就是所喝的茶的花，花为月白色的，蕊是黄色的，隐约有清香，用瓶子养在书斋里，可以作为清供佳品。而且花蕊在枝条的上面，全部都开满了。

原文

王新城《居易录》：广南人以荖为茶。予顷著之《皇华记闻》。阅《道乡集》有《张纠送吴洞荖》绝句，云："茶选修仁方破碾，荖分吴洞忽当筵。君谟远矣知难作，试取一瓢江水煎。"盖[1]志完迁昭平时作也。

注释

①盖：这是。

译文

王新城《居易录》：广南人把蔹作为茶叶。我写了《皇华记闻》。看到《道乡集》里面有《张纠送吴洞蔹》绝句，说："茶选修仁方破碾，蔹分吴洞忽当筵。君谟远矣知难作，试取一瓢江水煎。"这是志完迁到昭平时候作的。

原文

《分甘余话》：宋丁谓为福建转运使，始造"龙凤团"茶上供，不过四十饼。又圣中，又造小团，其品过于大团。神宗时，命造"密云龙"，其品又过于小团。元祐初，宣仁皇太后曰："指挥建州，今后更不许造'密云龙'，亦不要团茶。拣好茶吃了，生得甚好意智。"宣仁改熙宁之政，此其小者。顾其言，实可为万世法。士大夫家，膏粱子弟，尤不可不知也。谨[1]备录之。

注释

①谨：严谨，这里作因此讲。

译文

《分甘余话》：宋朝的丁谓任福建转运使的时候，才开始制造"龙凤团"茶叶上供，也不过40块。天圣年间，又制造了小团，它的品质超过大团。神宗的时候，命令制作"密云龙"，它的品质又胜过小团。元祐初年，宣仁皇太后说："让建州以后不准再制造'密云龙'了，也不要团茶。选择好的茶叶来吃，生得甚好意智。"宣仁改变了熙宁时的方法，这是小事情，根据这种说法，实在应该为世代所效仿。官绅世家，膏粱子弟，尤其不能不知道啊。因此记录在此。

原文

《百夷语》:茶曰芽。以粗茶曰芽以结,细茶曰芽以完。缅甸夷语,茶曰腊扒,吃茶曰腊扒仪索。

徐葆光[①]《中山传信录》:琉球呼茶曰札。

注释

①徐葆光(公元?~1723年):字亮直,江苏长洲人。诸生,负盛名。葆光工诗古文辞,著有《二友斋文集》十卷,《诗集》二十卷,《海舶集》三卷,及《中山传信录》六卷,均收入《清史列传》并传于世。

译文

《百夷语》:茶又称为芽。把粗茶称为芽以结,细茶称为芽以完。缅甸又把茶叶叫做腊扒,喝茶说成是腊扒仪索。

徐葆光《中山传信录》:台湾把茶叫做札。

原文

《武夷茶考》:按丁谓制"龙团",蔡忠惠制"小龙团",皆北苑事。其武夷修贡,自元时浙省平章高兴始,而谈者辄称丁、蔡。苏文忠公诗云:"武夷溪边粟粒芽,前丁后蔡相笼加。"则北苑贡时,武夷已为二公赏识矣。至高兴武夷贡后,而北苑渐至无闻。昔人云,茶之为物,涤昏雪滞,于务学勤政未必无助,其与进荔枝、桃花者不同。然充类至义,则亦宦官、宫妾之爱君也。忠惠直道高名。与

范、欧相亚，而进茶一事乃侪晋公。君子举措，可不慎欤[1]。

注释

①欤：读作 yú。

译文

《武夷茶考》：丁谓制造“龙团”，蔡忠惠制造“小龙团”，都是北苑的事情。武夷进贡，是从元代时候浙江省平章高兴那个时候开始，但是谈论的都是丁谓、蔡君。苏文忠公的诗云：“武夷的溪边有茶叶，丁谓、蔡襄先后在那里种植过。”那么谈到北苑进贡的时候，武夷茶叶已经得到这两人的欣赏了。到了高兴、武夷进贡之后，北苑慢慢地就不怎么听说了。古人说，茶这种东西，能够祛除疲劳，驱除体内的残留物体，对于我们的学习、勤于政务来说不一定没有好处，它们与进献的荔枝、桃花不一样。但是和它们相同之处在于，都是宦官、宫内的妃嫔们所喜欢的。蔡忠惠以正直闻名，与范、欧相似，而献茶这件事情却与晋公不相上下。君子的举措，可以不慎重吗？

原文

《随见录》：按沈存中《笔谈》云：“建茶皆乔木，吴、蜀惟丛茇而已。”以余所见，武夷茶树俱系丛茇，初无乔木，岂存中未至建安欤？抑当时北苑与此日武夷有不同欤？《茶经》云：“巴山、峡川有两人合抱者”，又与吴、蜀丛茇[1]之说互异。姑识之以俟参考。

注释

①茇：草根。

译文

《随见录》：按照沈括《梦溪笔谈》中所说的："建茶都是乔木，吴、蜀只是草根罢了。"根据我所见过的武夷的茶树，也都是丛生的草根，最终也没有乔木，难道沈括没有到过建安吗？也许当时的北苑与现在的武夷有所不同吧！《茶经》云："巴山、峡川有两人合抱者"，又跟吴、蜀丛生草根的说法不一样。姑且放在这里以供参考。

原文

《万姓统谱》载：汉时人有荼恬，出《江都易王传》。按《汉书》：荼恬苏林曰，荼食邪反，则荼本两音，至唐而荼、茶始分耳。

焦氏说：楷茶曰玉茸。［补］

注释

（略）

译文

《万姓统谱》记载：汉朝的时候有荼恬，出自《江都易王传》。根据《汉书》中的荼恬苏林说，"荼"的发音是食邪反切，那么荼本来就有两种读音，到了唐朝才把荼和茶分开。

焦氏说：楷茶又叫玉茸。［补］

二 茶之具

茶经

原文

篮[①]：一曰篮，一曰笼。一曰筥[②]。以竹织之，受五升，或一斗、二斗、三斗者，茶人负以采茶也。（籝，音盈，《汉书》所谓"黄金满籝，不如一经[③]。"颜师古[④]云："籝，竹器也，容四升耳。"）

灶：无用突者[⑤]。

釜：用唇口者。

甑[⑥]：或木或瓦，匪腰而泥。篮以箅之，篾以系之[⑦]。始其蒸也，入乎箅；既其熟也，出乎箅。釜涸，注于甑中，（甑，不带而泥之。）又以榖木枝三亚者制之，（亚字当作桠，木桠枝也。）散所蒸芽笋并叶，畏流其膏[⑧]。

杵[⑨]臼：一名碓[⑩]。惟恒用者为佳。

规：一曰模，一曰棬[⑪]。以铁制之，或圆、或方、或花。

承：一曰台，一曰砧[⑫]。以石为之。不然，以槐、桑木半埋土中，遣[⑬]无所摇动。

襜[⑭]：一曰衣。以油绢[⑮]或雨衫单服败者为之。以襜置承上，又以规置襜上，以造茶也。茶成，举而易之。

芘莉[⑯]：一曰籝子，一曰蒡莨[⑰]。以二小竹，长三尺，躯二尺五寸，柄五寸。以篾织方眼，如圃人箩，阔二尺，以列茶也。

棨[⑱]：一曰锥刀。柄以坚木为之。用穿茶也。

朴：一曰鞭。以竹为之。穿茶以解[19]茶也。

焙[20]：凿地深二尺，阔二尺五寸，长一丈。上作短墙，高二尺，泥之。

贯[21]：削竹为之，长二尺五寸。以贯茶焙之。

棚：一曰栈。以木构[22]于焙上，编木两层，高一尺，以焙茶也。茶之半干，升下棚；全干，升上棚。

穿：江东、淮南剖竹为之；巴山峡川，纫榖皮为之。江东以一斤为上穿，半斤为中穿，四五两为小穿。峡中以一百二十斤为上穿，八十斤为中穿，四五十斤为小穿。穿，旧作钗钏[23]之"钏"字。或作贯"串"。今则不然，如"磨、扇、弹、钻、缝"五字，文以平声书之，义以去声呼之，其字以"穿"名之。

育：以木制之，以竹编之，以纸糊之。中有隔，上有覆，下有床。旁有门，掩一扇。中置一器，贮塘煨火。令煴煴然[24]。江南梅雨时，焚之以火。（育者，以其藏养为名。）

注释

①籯（yíng）：竹制的箱子、笼子、篮子等用来盛放物品的器具。

②筥（jǔ）：圆形的盛物竹器。

③黄金满籯，不如一经：语出《汉书·韦贤传》。说的是留给儿孙满箱黄金，不如留给他们一本经书。

④颜师古：名籀。唐初经学家，曾注《汉书》。

⑤无用突者：突，烟囱。成语有"曲突徙薪"。

⑥甑（zèng）：古代用来蒸食物的炊器。即今蒸笼。

⑦篮以箄之，篾以系之：箄，读作 bì。蒸笼中的竹屉。篾，读作 miè。长条细薄竹片，在此处是指从甑中取出箄的提耳。

⑧膏：这里指茶汁。

⑨杵（chǔ）：捣物棒槌。

⑩碓（duì）：用来捣物的石臼。

⑪棬(quān):圈形无底模。
⑫砧:切或捶东西时垫在地上的物体。
⑬遣:使其之意。
⑭襜(chān):古代一种短的便衣,这里指系在衣服前面的围裙。
⑮油绢:丝绸之类。
⑯芘莉:芘,读作 bì。芘莉,竹制的盘子类器具。
⑰篣筤(páng láng):笼子、盘子一类的盛物器具。
⑱棨(qǐ):穿茶饼时用的锥刀。
⑲解:搬运之意。
⑳焙:烘干,指烘焙茶饼的地沟。
㉑贯:穿茶的圆竹条。
㉒构:架。
㉓钗钏:妇女头上的饰物。
㉔令煴煴然:煴,读作 yūn。没有火焰的火。煴煴然,火光微弱的样子。

译文

籝:又叫篮,又叫笼,又叫筥。用竹编织,容积五升,或一斗(一斗=十升)、二斗、三斗,是茶农背着采茶用的。(籝,《汉书》音盈,所说的:"黄金满籝,不如一经"的"籝"。颜师古说:"籝,是竹编器具,可盛四升。")

灶:不要用有烟囱的(使火力集中于锅底)。

锅:用锅口有唇边的。

甑:木制或陶制。腰部用泥封好,甑内放竹篮做甑箅,用竹片系牢。开始蒸的时候,叶子放到箅里;等到熟了,从箅里倒出。锅里的水煮干了,从甑中加水进去,(甑,不要细腰的像系了腰带的那种,接缝处一定用泥封严。)再把有三个枝桠的木棍削制成搅拌器,(亚字应是"桠",就是树木的枝桠。)蒸后的嫩芽叶及时摊开,防止茶汁流走。

杵臼:又名碓(用以捣碎蒸熟的芽叶),以经常使用的为好。

规:又叫做模,或者叫做棬。用铁制造而成,有圆形、方形、花形三种。

承:又叫台,又叫砧。用石制成。如用槐树、桑树做,就要把下半截埋进土中,使它不能摇动。

襜:又叫做衣。用油布或雨衫、单衣剪成一片就制成了。把襜布铺在砧板上,再把模放到襜布上,然后拍打即可制成茶饼。茶饼拍成后,取出茶饼和襜布,再拍打时另外换一块。

芘莉:又称为籯子,或叫蒡莨。用两块小竹片,各长三尺,其中竹身长二尺五寸,手柄长五寸。竹身上用竹篾织成方眼格子,就像农民用的箩,宽度为二尺,是用来摆放茶饼的。

棨:又叫锥刀。用坚实的木料做柄,用来给饼茶穿洞眼。

朴:又叫做鞭。用竹子制作而成。是用来串联茶饼并送到焙炉上去的用具。

焙:地上挖坑深二尺,宽二尺五寸,长一丈。上砌矮墙,高二尺,用泥抹平整。

贯:用竹削制而成。长二尺五寸。串上茶饼以供焙烤之用。

棚:又叫栈。用木料做成架子,放在焙上,分上下两层,相距一尺,用来烘焙茶。茶半干时,由架底升到下层;全干,升到上层。

穿:江东、淮南一带的人用竹篾制作而成,巴山峡川一带的人用谷皮搓制而成。江东一带,把重量一斤的茶饼串成大穿,半斤重的茶饼串成中穿,四五两重的茶饼串成小穿。三峡一带,把120斤的茶饼串叫大穿,80斤的茶饼串叫中穿,四五十斤的茶饼串叫小穿。“穿”字,过去曾经写成钗钏的“钏”字,或者写成贯串的“串”字。如今不这样写,就像“磨、扇、弹、钻、缝”五个字,书面上的字形读平声,如果按着另一意思用,则又读去声,所以就用“穿”字来称呼这种扎成串的茶饼。

育:用木制成框架,竹篾编织外围,再用纸裱糊。中有间隔,上有盖,下有托盘。旁开一扇门,掩一扇门。中间放一器皿,盛有火灰,使有火无焰。江南梅雨季节,加火除湿。(这温室之所以叫做育,就是因为它可以收藏和养育茶饼而命名的。)

续茶经

原文

《江西志》:余干县冠山有陆羽茶灶。羽尝凿石为灶,取越溪水煎茶于此。

陶穀《清异录》：豹革为囊，风神呼吸之具也。煮茶啜之，可以涤滞思而起清风。每引此义，称之为水豹囊[1]。

注释

①水豹囊：茶的别称。

译文

《江西志》：余干县冠山有陆羽的茶灶。陆羽曾在这里凿石造灶，他取来越溪的水在这里煎茶。

陶穀《清异录》：用豹革做成囊，这是传说中风神用来盛风的工具。用来煮茶，喝了以后能够消除疲劳，让人神清气爽。根据此义引申，称它为水豹囊。

原文

《曲洧旧闻》：范蜀公[1]与司马温公[2]同游嵩山，各携茶以行。温公取纸为帖，蜀公用小木合子盛之，温公见而惊曰："景仁乃有茶具也。"蜀公闻其言，留合与寺僧而去。后来士大夫茶具，精丽极世间之工巧，而心犹未厌。晁以道尝以此语客，客曰："使温公见今日之茶具，又不知云如何也。"

注释

①范蜀公：宋，范镇，字景仁，成都华阳人，曾封蜀郡公。他与司马光是莫逆之交，许多看法一致。宋史称："议论如出一口，且约生则互为传，死则作铭。"

②司马温公：宋，司马光，字君实，陕州夏县人，进士出身，历仕仁宗、英宗，神宗时因反对王安石变法，出居洛阳。高太后临朝，被任为宰相，尽改新法。在相位八个月而卒，赠太师温国公。生前与范镇交谊极深，曾为范立传，范则为司马光作铭。司马光是一位史学家，著有《资治通鉴》传世。

译文

《曲洧旧闻》:范镇和司马光一同到嵩山游玩,他们都带着茶叶。司马光用纸当帖子包茶,范镇用小木盒装茶,司马光看见后惊叹道:"景仁真有茶具啊!"范镇听他这么说,把盒子留给寺庙里的和尚就走了。后来仕宦家的茶具,精美程度可以穷尽世间一切的精巧,但仍觉不够。晁以道曾经跟客人谈起此事,客人说:"如果司马温公见到今天的茶具,不知道又会说些什么。"

原文

《北苑贡茶别录》:茶具有银模、银圈、竹圈、铜圈等。

梅尧臣《宛陵集·茶灶》诗:"山寺碧溪头,幽人绿岩畔。夜火竹声干,春瓯茗花乱。兹无雅趣兼,薪桂烦燃爨①。"又《茶磨》诗云:"楚匠斫山骨,折檀为转脐。乾坤人力内,日月蚁行迷。"又有《谢晏太祝遗双井茶五品茶具四枚》诗。

注释

①爨:读作 cuàn。

译文

《北苑贡茶别录》:茶具中有银制的模子、银制的圈、竹子做的圈、铜制的圈等。

梅尧臣《宛陵集·茶灶》里有诗说:"山寺碧溪头,幽人绿岩畔。夜火竹声干,春瓯茗花乱。兹无雅趣兼,薪桂烦燃爨。"(描写了在深山古寺前的溪水岩畔,凿石为灶,燃竹煮花的情景,十分形象生动。)又在《茶磨》诗中云:"楚匠斫山骨,折檀为转脐。乾坤人力内,日月蚁行迷。"又有《谢晏太祝遗双井茶五品茶具四枚》诗。(都很有意境。)

原文

《武夷志》:五曲朱文公书院前,溪中有茶灶。文公诗云:“仙翁遗石灶,宛在水中央。饮罢方舟去,茶烟袅细香。”

《群芳谱》:黄山谷云:“相茶瓢与相筇竹[1]同法,不欲肥而欲瘦,但须饱风霜耳。”

注释

①筇(qióng)竹:古书上说的一种竹子,可以做手杖。

译文

《武夷志》:五曲朱文公书院前,在溪水中建起了茶灶。文公诗云:“仙翁遗石灶,宛在水中央。饮罢方舟去,茶烟袅细香。”(诗意清新恬淡,野趣盎然。)

《群芳谱》:黄山谷说:“选茶瓢和选筇竹的方法相同,不应该过粗而应该选细小的,但必须是饱经风霜的老竹。”

原文

乐纯《雪庵清史》:陆叟[1]溺[2]于茗事,尝为《茶论》,并煎炙之法,造茶具二十四事,以都统笼贮之。时好事者家藏一副,于是若韦鸿胪、木待制、金法曹、石转运、胡员外、罗枢密、宗从事、漆雕秘阁、陶宝文、汤提点、竺副帅、司职方辈,皆入吾篇中矣。

注释

①陆叟:指陆羽,老者为叟。
②溺:这里指沉迷。

译文

乐纯《雪庵清史》:陆羽沉溺在茶事里,曾写过《茶论》、煮茶的方法和制造茶器的24种说明,都是比较系统的论述。有好事的人家里藏有一副,于是像韦鸿胪、木待制、金法曹、石转运、胡员外、罗枢密、宗从事、漆雕秘阁、陶宝文、汤提点、竺副帅、司职方等,都在我的收藏范围内。

原文

许次杼《茶疏》:"凡士人登山临水,必命壶觞,若茗碗薰炉,置而不问,是徒豪举耳。余特置游装,精茗名香,同行异室。茶罂、铫、注、瓯、洗、盆、巾诸具毕备,而附香奁①、小炉、香囊、匙、箸。……未曾汲水,先备茶具,必洁,必燥。瀹时壶盖必仰置,磁盂勿覆案上。漆气、食气,皆能败茶。"

注释

①香奁(lián):放梳妆用品的器具。

译文

许次杼所著《茶疏》说:"只要是文人雅士游山玩水,一定会带茶壶和酒杯,如果准备了茶碗薰炉却放在一旁不加理睬,这是徒劳之举。我特意准备了出行的服装,精选茶叶,一起出行。茶罂、铫子、注、茶瓯、洗、盆、毛巾等物一应俱全,再加上香匣子、小炉、香囊、匙、筷子。……打水之前,先把茶具准备好,必须是清洁、干燥的。冲茶时必须把壶盖仰放在桌上,瓷杯不要扣在案台上。否则油漆的气味、食物的气味,都会破坏茶的本味。"

原文

朱存理《茶具图赞序》：饮之用必先茶，而制茶必有其具。赐具姓而系名，宠以爵，加以号，季宋之弥文；然精逸高远，上通王公，下逮林野，亦雅道也。愿与十二先生周旋，尝山泉极品以终身，此间富贵也，天岂靳乎哉！

注释

（略）

译文

朱存理《茶具图赞序》中讲：饮用的物品中茶叶是首选，而制作茶叶必须要有工具。这些用具都被赐了姓名，加爵冠号，都是宋代流行的文字，清逸高远。上自王公贵族，下到山野村夫，都把它奉为高雅之道。我曾经用过12种茶具，尝到了山泉中的极品，认为这就是平生最值得纪念的事情了，天上也不过是这样吧。

原文

审安老人茶具十二先生姓名：
韦鸿胪丈鼎：景旸，四窗闲叟；
木待制利济：忘机，隔竹主人；
金法曹研古：元锴，雍之旧民；
铄古：仲鉴，和琴先生；
石转运凿齿：遄行，香屋隐君；
胡员外惟一：宗许，贮月仙翁；

罗枢密若药:传师,思隐寮长;
宗从事子弗:不遗,扫云溪友;
漆雕秘阁承之:易持,古台老人;
陶宝文去越:自厚,兔园上客;
汤提点发新:一鸣,温谷遗老;
竺副帅善调:希默,雪涛公子;
司职方成式:如素,洁斋居士。

注释

(略)

译文

审安老人这12种茶具的名称:
韦鸿胪文鼎:名景旸,号四窗闲叟;
木待制利济:名忘机,号隔竹主人;
金法曹研古:名元锴,号雍之旧民;
铄古:名仲鉴,号和琴先生;
石转运凿齿:名遄行,号香屋隐君;
胡员外惟一:名宗许,号贮月仙翁;
罗枢密若药:名传师,号思隐寮长;
宗从事子弗:名不遗,号扫云溪友;
漆雕秘阁承之:名易持,号古台老人;
陶宝文去越:名自厚,号兔园上客;
汤提点发新:名一鸣,号温谷遗老;
竺副帅善调:名希默,号雪涛公子;
司职方成式:名如素,号洁斋居士。

原文

高濂《遵生八笺》:茶具十六事,收贮于器局内,供役于苦节君者,故立名管之。盖欲归统于一,以其素有贞心雅操,而自能守之也。商像,古石鼎也,用以煎茶。降红,铜火箸也,用以簇火,不用联索为便。

递火，铜火斗也，用以搬火。团风，素竹扇也，用以发火。分盈，挹水勺也，用以量水斤两，即《茶经》水则也。执权，准茶秤也，用以衡茶，每勺水二斤，用茶一两。注春，磁瓦壶也，用以注茶。啜香，磁瓦瓯也，用以啜茗。撩云，竹茶匙也，用以取果。纳敬，竹茶橐也，用以放盏。漉尘，洗茶篮也，用以浣茶。归洁，竹筅帚也，用以涤壶。受污，拭抹布也，用以洁瓯。静沸，竹架，即《茶经》支镬也。运锋，刺果刀也，用以切果。甘钝，木砧墩也。

注释

（略）

译文

高濂《遵生八笺》中写道：16种茶具，全部贮藏到箱子里面，以供烹茶时使用，将每种茶具命上名字方便管理。应该将它们放到一起，因为它们一向有很好的品质，能够保持操守。商像，古代石制的鼎，可以煎茶。降红，铜筷子，可以拢火，不连起来用方便。递火，就是铜火斗，可以搬火。团风，就是竹扇，可以扇风。分盈，就是水勺，用来度量水的多少，就是《茶经》中水的标准。执权，就是称茶的秤，用来称量茶的重量，每勺水有2斤，可以用茶叶1两。注春，就是瓷瓦壶，可以倒茶。啜香，瓷瓦瓯，可以喝茶。撩云，竹子做的匙，可以取果子。纳敬，竹子做的茶盘，可以放茶杯。漉尘，就是洗茶的器具，可以洗茶。归洁，竹制的扫帚，可以清洗茶壶。受污，擦拭的抹布，可以清洁茶瓯。静沸，竹架，就是《茶经》里面的支镬。运锋，就是果刀，可以切果子。甘钝，就是砧墩。

原文

《王友石谱》：竹炉并分封茶具六事：苦节君，湘竹风炉也，用以煎茶，更有行省收藏之。建城，以箬为笼，封茶以贮庋[①]阁。云屯，磁瓦

瓶,用以勺泉以供煮水。水曹,即瓷缸瓦缶,用以贮泉以供火鼎。乌府,以竹为篮,用以盛炭,为煎茶之资。器局,编竹为方箱,用以总收以上诸茶具者。品司,编竹为圆撞提盒,用以收贮各品茶叶,以待烹品者也。

注释

①庋(guǐ):放东西的架子。

译文

《王友石谱》:竹炉和茶具共6种:苦节君,就是湘竹做的风炉,可以煎茶,也有人喜欢收藏它。建城,用竹子做的笼子,可以将茶叶放在中间的阁子里。云屯,瓷瓦瓯,用于舀泉水来烧水的。水曹,就是瓷瓦锅,用来储存泉水以供煮茶时用。乌府,用竹子做的篮子,可以装煎茶时烧火的木炭,是煎茶必备的材料。器局,用竹子编成的方形箱子,将上面所有的茶具收到里面。品司,用竹子编成的圆形的可以提的盒子,可以装各种茶叶,以便用来煮茶。

原文

屠赤水《茶笺》:茶具,湘筠焙,焙茶箱也。鸣泉,煮茶瓷罐。沉垢,古茶洗。合香,藏日支茶瓶,以贮司品者。易持,用以纳茶,即漆雕秘阁。

屠隆《考槃余事》:构一斗室相傍书斋,内设茶具,教一童子专主茶役,以供长日清谈,寒宵兀坐①。此幽人②首务,不可少废者。

注释

①兀坐:危坐、端坐。

②幽人:文人雅士。

译文

屠赤水《茶笺》:茶具,湘筠焙,烘焙茶叶的箱子。鸣泉,煮茶的瓷罐。沉垢,古代洗茶的用具。合香,收藏日常用的茶瓶时,用它来装茶具。易持,用来装茶叶的,就是漆雕秘阁。

屠隆《考槃余事》:在靠近书房的小屋里,置办一套茶具,让一个童子专门负责煮茶,以便长日清谈,寒宵夜读。这是文人雅士不能缺少的。

原文

《灌园史》:庐廷璧嗜茶成癖,号茶庵①。尝蓄元僧讵可庭茶具十事,具衣冠拜之。

王象晋《群芳谱》:闽人以粗瓷胆瓶贮茶。近鼓山支提②新茗出,一时尽学新安,制为方圆赐具,遂觉神采奕奕不同。

注释

①茶庵:茶屋,称人为茶庵,言其酷爱饮茶。

②支提:塔的别名,有舍利为塔,无舍利为支提。

译文

《灌园史》记载:庐廷璧好茶成瘾,号为茶庵。曾经为了向元僧讨教茶具的10件事,特意整理好衣冠去拜访。

王象晋《群芳谱》:福建人用粗瓷胆瓶装茶。最近鼓山支提有了新茶叶,顿时全都学习新安,制成方形和圆形的茶具,就觉得神采奕奕与众不同。

原文

冯可宾《岕齐茶笺·论茶具》:茶壶,以窑器①为上,锡次之。茶杯汝、官、哥、定如未可多得,则适意为佳耳。

注释

①窑器：窑里烧出来的器具。

译文

冯可宾《岕齐茶笺·论茶具》：茶壶，用窑里烧出来的器具最好，锡制的就要差一点。茶杯汝、官、哥、定这些地方出品的瓷器都是不可多得的上品，只要自己喜欢就可以了。

原文

李日华《紫桃轩杂缀》：昌化茶大叶如桃枝柳梗，乃极香。余过逆旅偶得，手摩其焙甑三日，龙麝[1]气不断。

注释

①龙麝：龙指龙涎香。它是抹香鲸肠胃中的病体分泌物，像结石一样，排出后飘浮海上或冲上海岸。把它加热后成为液体，具有持久的香气。麝即香獐子，雄的脐部有香腺，能分泌麝香，成为香料或药材。

译文

李日华《紫桃轩杂缀》：昌化的茶叶像桃树的叶子和柳树的梗那么大，非常香。我曾在旅途中偶然得到，手在制茶的焙甑上摩挲3天，香气不断。

原文

臞仙云：古之所有茶灶，但闻其名，未尝见其物，想必无如此清气

也。予乃陶土粉以为瓦器,不用泥土为之,大能耐火。虽猛焰不裂。径不过尺五,高不过二尺余,上下皆镂[1]铭、颂、箴[2]戒之。又置汤壶于上,其座皆空,下有阳谷之穴,可以藏瓢瓯之具,清气倍常。

注释

①镂:雕刻花纹。

②箴(zhēn):劝告、劝诫。

译文

臞仙说:古代的茶灶,只能听到它的名字,看不到这种东西,估计没有这样的清气。我用陶土粉烧成瓦器,不用泥土烧制,陶土粉更耐火,即使是很猛烈的火焰也不会被烧裂。它的直径不到1.5尺,高不过2尺多一点,通身都雕刻铭、颂、箴,用来警示后人。又把汤壶放在它的上面,其他的位置都是空的,下面还有打开的空地方,可以装瓢瓯等物品,气味十分清香。

原文

《重庆府志》:涪江青蟡石为茶磨极佳。

《南安府志》:崇义县出茶磨,以上犹县石门山石为之尤佳。苍磬[1]缜密,镌琢[2]堪施。

注释

①磬(yí):黑色美石。

②镌琢:刻石为镌,治玉为琢。

译文

据《重庆府志》记载：涪江的青蝾石做茶磨最好。

《南安府志》记载：崇义县出严茶磨，石门山的石头最好。那里的石头质地纹理缜密，很适合雕琢。

原文

闻龙《茶笺》：茶具涤毕，覆于竹架，俟其自干为佳。其拭巾只宜拭外，切忌拭内。盖布帨虽洁，一经人手极易作气。纵器①不干，亦无大害。

注释

①器：喝茶的用具。

译文

闻龙《茶笺》：茶具洗完后，要把它倒放在竹架上，让它自行变干最好。只能用抹布擦它的外面，绝对不要擦拭它的里面。虽然布很干净，但是只要经过人手就容易产生异味。即使喝茶时器具不太干，也没有关系。

三　茶之造

茶经

原文

凡采茶，在二月、三月、四月之间。茶之笋者，生烂石沃土，长四五寸，若薇、蕨始抽，凌露采焉[①]。茶之芽者，发于藂薄之上[②]，有三枝、四枝、五枝者，选其中枝颖拔[③]者采焉。其日，有雨不采，晴有云不采，晴，采之、蒸之、捣之、拍之、焙之、穿之、封之，茶之干矣。

注释

①若薇、蕨始抽，凌露采焉：薇、蕨，都是野菜。凌，带着。

②藂薄：指有灌木、杂草丛生的地方。《汉书注》："灌木曰丛。"扬雄《甘草赋注》："草丛生曰薄。"

③颖拔：肥壮。

译文

采茶都在(唐历)二月、三月、四月间。茶芽嫩得像竹笋的，大都生长在山洼石隙的肥沃土壤中，等新芽条长到四五寸的时候，就像薇、蕨等野菜新发的嫩芽细枝，这时要踏着早晨的露水及时采摘。茶的嫩芽，通常都生长在灌木杂草丛生的茶丛里。抽出的嫩枝有三枝、四枝、五枝，应该选取其中主枝挺拔的采摘。

下雨的时候不要采摘,多云间晴天也不要采摘。天气晴朗了,就采茶、蒸青、捣碎、拍压、焙干、串扎、包封,这样茶饼就完全制成干透的了。

原文

茶有千万状,卤莽①而言,如胡人靴者,蹙缩然;(京锥文也②。)犎牛臆者,廉襜然③;(犎,音朋,野牛也。)浮云出山者,轮囷④然;轻飙⑤拂水者,涵澹⑥然。有如陶家⑦之子,罗膏土以水澄泚⑧之;(谓澄泥也。)又如新治地者,遇暴雨流潦之所经;此皆茶之精腴⑨。有如竹箨⑩者,枝干坚实,艰于蒸捣,故其形籭簁⑪然;(上离下师)。有如霜荷者,茎叶凋沮⑫,易其状貌,故厥状委⑬悴然。此皆茶之瘠老者也。

注释

①卤莽:粗略,大概。

②京锥文也:京,高大。锥,刀锥。文,同"纹"。全句意为:大钻子刻钻而成的花纹。

③臆者,廉襜然:臆,指牛胸肩部位的肉。廉,边侧。襜,帷幕。全句意为:牛胸肩部位的肉,像侧边的帷幕。

④轮囷:轮,车轮。囷,圆顶的仓。意为:像车轮、圆仓那样卷曲盘曲。

⑤飙(biāo):大,这里泛指风。

⑥涵澹:水波动。

⑦陶家:制陶者。

⑧澄泚(dèng cǐ):沉淀澄清。

⑨腴(yú):肼,肥沃。

⑩竹箨:竹笋的外壳。箨,读作 tuò。

⑪籭簁:两字意思相通,读音亦同:shī,皆为竹器。《集韵》说就是竹筛。

⑫凋沮:委败的样子。

⑬委：通萎，萎凋。

译文

茶的形状千姿百态，大致说，有的像胡人的靴子褶皱蹙缩；（像用钻子钻刻的皱纹。）有的像野牛胸肩上突起的肉；有的像侧面墙壁上悬挂的帷帐；有的像浮云出山卷曲盘曲；有的如同清风吹拂的水面微波荡漾；有的如同陶工筛出的陶泥，用水澄清后，细润光滑；（澄泚，就是用水把泥澄清。）有的像新开垦的土地，遇到大雨冲刷，形成了条条沟壑。这些都是优良丰厚的好茶的形状。有的茶如同竹笋的硬壳，枝干坚硬，很难蒸熟捣烂，好像破竹筛一样。还有的好像经霜打过的荷花，枝干和花朵都衰颓凋谢，改变了原来的形态，显得枯萎干黄。这些都是粗老品质低的茶叶。

原文

自采至于封，七经目。自胡靴至于霜荷，八等。或以光黑平正言佳者，斯鉴之下也。以皱黄坳垤[①]言佳者，鉴之次也。若皆言佳及皆言不佳者，鉴之上也。何者？出膏者光，含膏者皱，宿制者则黑，日成者则黄；蒸压则平正，纵之则坳垤；此茶与草木叶一也。茶之否臧[②]，存于口诀。

注释

①坳垤：土地低下处叫做坳，小土堆叫做垤。形容茶饼表面的凹凸不平。

②否臧：否，读作 pǐ，贬，非议。臧，褒奖。

译文

茶叶的制作，从采摘到封装，经过七道工序。从类似靴子的皱缩状到类似经霜荷叶的衰萎状，共八个等级。有人认为黑泽光亮形体平整的茶饼品质好，这是不高明的鉴别品评；有人认为色泽黄褐形体多皱的茶饼品质好，这是中等眼力的鉴别品评。如果对这两种茶饼，既能说出它的优点又能说出它的缺点，这才是鉴别品评茶叶的行家。为什么这样说呢？因为茶饼表面有茶汁浸润时颜色就光润；茶汁没有流出而含在茶饼里，表面就干缩起皱，制作时间久了过了夜的茶饼颜色就黑，当天制成的茶饼颜色就黄；蒸得透、压得紧，茶饼就平整；不认真蒸压，茶饼就起皱凹凸不平。茶叶和其他草木叶子都是这种性质。茶制得好坏，有一套口头传授的鉴别方法，不能仅仅用"好"或"不好"来评论。

续茶经

原文

《唐书》：太和七年正月，吴蜀贡新茶，皆于冬中作法为之。上务恭俭，不欲逆物性，诏所在贡茶，宜于立春后造。

《北堂书钞·茶谱续补》云：龙安造骑火茶[①]，最为上品。骑火者，言不在火前，不在火后作也。清明改火，故曰火。

注释

①骑火茶：古代习俗，清明节前三日是寒食节，家家都不点火做饭，只是寒食，到了清明这天开始举火。所谓骑火茶就是制茶的时间不在举火前，也不在举火后，故称骑火茶。是宋代在龙安造的最好的一种茶。立春后第五个戊日为春社，是祭祀土神，祈求丰收的节日，简称社日。春社前的茶是最好的茶。

译文

《唐书》：太和七年的正月，吴蜀两地进贡新茶，都是冬天制作的，皇上主张恭俭，不想违背事物的习性，因此下诏命令两地在立春后制造贡茶。

《北堂书钞·茶谱续补》云：龙安造的骑火茶最好。所谓的骑火，是制茶的时间既不在火前，也不在火后。是在清明改火的时候，所以叫火。

原文

《大观茶论》："茶工作于惊蛰[①]，尤以得天时为急。轻寒英华渐长，条达而不迫，茶工从容致力，故其色味两全。故焙人得茶天为度。""撷[②]茶以黎明，见日则止。用爪[③]断芽，不以指揉。凡芽如雀舌谷粒者，为斗品[④]。一枪一旗为拣芽，一枪二旗为次之，余斯为下。茶之始芽萌，则有

白合，不去害茶味。既撷则有乌蒂，不去害茶色。”“茶之美恶，尤系于蒸芽、压黄之得失。蒸芽欲及熟而香，压黄欲膏尽亟止。如此则制造之功十得八九矣。”“涤芽惟洁，濯器惟净，蒸压惟其宜，研膏惟熟，焙火惟良。造茶先度日晷⑤之长短，均工力之众寡，会采择之多少，使一日造成，恐茶过宿，则害色味。”“茶之范度⑥不同，如人之有首面也。其首面之异同，难以概论。要之，色莹彻而不驳⑦，质缜⑧绎而不浮，举之凝结，碾之则铿然，可验其为精品也。有得于言意之表者。”“白茶自为一种，与常茶不同。其条敷阐⑨，其叶莹薄。崖林之间，偶然生出，有者不过四五家，生者不过一二株，所造止于二三铐而已。须制造精微，运度得宜，则表里昭澈，如玉之在璞，他无与伦也。”

注释

①惊蛰：二十四节气之一，大约在阳历三月六日前后。这时天气转暖，渐有春雷，冬眠动物将出土活动。我国大部分地方将进入春耕季节。

②撷：摘取。

③爪：这里指手指甲。

④斗品：极品，指最好的茶。

⑤日晷：按照日影测定时刻的一种仪器。也叫日规。

⑥范度：指品种质量。

⑦驳：指颜色不纯，交杂别的颜色。

⑧缜：细密。

⑨敷阐：形容茶树枝条多且向外伸展。

译文

《大观茶论》：“茶叶在惊蛰的时候制作，最重要的是赢得天时。寒气消减，万物开始生长，枝叶发新芽，茶工从容工作，茶的色味齐全。所以说烘焙茶叶还要看天气。”“在黎明时采茶，太阳一出来就停止。用指尖掐断茶芽，不要用手指头去揉它。像雀舌那样的芽就是上好的品种。一枪一旗叫拣芽，一枪二旗差一点，剩下的都是下品。茶刚发芽的时候，会有白色的叶子，如果不去掉，就会破坏茶叶的味道。掐断茶芽时会有黑色的根蒂，不去掉就会影响茶的颜色。”“茶叶的好坏，蒸芽、压黄的时候最重要。蒸芽应等到熟得发出香味的时候，压黄应

等到汤水尽了的时候。要是按照这样做，那十之八九已经制作成功了。”“茶芽必须要洗干净，洗茶的器具也必须干净，蒸压应该合适，研膏的时候要等到变热，烘焙的时候火要好。造茶要先计算一天的劳作时间，需要多少工，采摘多少茶叶，当天采当天做，避免过夜，否则会影响茶的颜色和味道。”“茶的成色有区别，就像人的相貌。人的相貌不一样，难以一一说出。总之，颜色纯净不杂，质地缜密不散，拿起来结成一块，碾的时候声音很脆，就可以说明这是好的品种。依照此法便可得到好茶。”“白茶是很特别的一种，同其他的茶叶不一样。它的枝条很多，叶子薄而且光洁。是在悬崖和树林之间偶尔生出来的，只有四五家有这种树，能够成活的只有一两株，出产的茶也不过两三锛而已。只有制作得很精细、操作得很正确，才能使里外一样光洁清澈，就像没有琢磨的璞玉一样，其他的都不能跟它比。”

原文

蔡襄①《茶录》：茶味主于甘滑，惟北苑、凤凰山连属诸焙，所造者味佳。隔溪诸山，虽及时加意制作，色味皆重，莫能及也。又有水泉不甘，能损茶味，前世之论《水品》者以此。

注释

①蔡襄(公元1012~1067年)：字君谟，汉族，仙游人，原籍仙游枫亭乡东垞村，后迁居莆田蔡垞村。书法造诣颇深，素有“苏、黄、米、蔡”四大书家的说法。蔡襄书法以其浑厚端庄，淳淡婉美，自成一体。

译文

蔡襄《茶录》：茶的味道主要是甘甜润滑，只有北苑、凤凰山一带的茶场，造出的茶叶味道最好。隔溪的这些山，虽然能够及时制作，但颜色和味道都很重，不能跟它比。有的泉水不是很甘甜，会损害茶叶的味道，前人所著的《水品》说的就是这个道理。

原文

《东溪试茶录》:"建溪茶比他郡最先,北苑、壑源者尤早。岁多暖则先惊蛰十日即芽;岁多寒则后惊蛰五日始发。先芽者,气味俱不佳,惟过惊蛰者最为第一。民间常以惊蛰为候。诸焙后北苑者半月,去远则益晚。""凡断芽必以甲,不以指。以甲则速断不柔,以指则多湿易损。择之必精,濯之必洁,蒸之必香。火之必良,一失其度,俱为茶病。""芽择肥乳,则甘香而粥面著盏而不散。土瘠而芽短,则云脚涣乱,去盏而易散。叶梗长,则受水鲜白;叶梗短,则色黄而泛。乌蒂、白合,茶之大病。不去乌蒂,则色黄黑而恶。不去白合,则味苦涩。蒸芽必熟,去膏必尽。蒸芽未熟,则草木气存。去膏未尽,则色浊而味重。受烟则香夺①,压黄则味失,此皆茶之病也。"

注释

①香夺:失去了香味。

译文

《东溪试茶录》:"建溪的茶叶比其他地方的茶叶都要早,北苑、壑源的就更早了。如果天气暖和在惊蛰前 10 天就已经发芽了;天气冷的话惊蛰过后 5 天开始发芽。惊蛰前发的芽,气味都不好,只有惊蛰之后的才最好。民间常常把惊蛰作为制茶的节气。其他地方烘焙的时间要比北苑晚半个月左右,如果距离远的话那就更晚了。”“一般要掐断茶芽,只能用指甲而不能用手指。用指甲掐容易断而且不会让它变软,用手指掐容易揉伤茶叶。采摘的时候一定要精细,清洗的时候一定要干净,蒸的时候要闻到它散发出香味。火的大小一定要控制好,只要一个环节没有把握好尺度,茶叶就会出现毛病。”“比较肥厚的茶芽泡出来的水香甜,把水倒进杯子里香味也不会消散。土地贫瘠的茶芽自然就会短些,那样云脚就显得涣散,放进杯子里容易消散。叶梗长的话,见到了水就会鲜白;叶梗短的话,颜色就容易泛黄。黑色的根蒂、白色的叶子,这些都是茶叶的弊病。如果不去掉黑色的根蒂,颜色就黑而且难看。不去掉白色的叶子,味道就很苦涩。蒸芽的时候必须要熟,去膏的时候一定要干净。如果芽没蒸熟,那样就会残留草木的气息。膏不耗干,颜色就会浑浊而且味道很苦。被烟熏了的话就会失去香味,压黄了就失去了它的味道,这些都是茶叶制作时的弊病。”

原文

《北苑别录》:“御园四十六所,广袤[①]三十余里。自官平而上为内园,官坑而下为外园。方春灵芽萌坼,先民焙十余日。如九窠、十二陇、龙游窠、小苦竹、张坑、西际,又为禁园之先也。而石门、乳吉、香口三外焙,常后北苑五七日兴工。每日采茶、蒸榨,以其黄悉送北苑并造。”“造茶旧分四局。匠者起好胜之心,彼此相夸。不能无弊。遂并而为二焉。故茶堂有东局、西局之名,茶铐有东作、西作之号。凡茶之初出研盆,荡之欲其匀,揉之欲其腻,然后入圈制铐,随笪过黄有方。故铐有花铐,有大龙,有小龙,品色不同,其名亦异。随纲系之于贡茶云。”

“采茶之法,须是侵晨,不可见日。晨则夜露未晞[②],茶芽肥润。见日则为阳气所薄[③],使芽之膏腴[④]内耗。至受水而不鲜明。故每日常以五更挝[⑤]鼓集群夫于凤凰山,(山有伐鼓亭[⑥],日役[⑦]采夫二百二十二人。)监采官人给一牌,入山至辰刻,则复鸣锣以聚之,恐其逾时贪多务得也。大抵采茶亦须习熟,募夫之际必择土著[⑧]及谙[⑨]晓之人,非特识茶发早晚所在,而于采摘亦知其指要耳。”“茶有小芽,有中芽,有紫芽,有白合,有乌蒂,不可不辨。小芽者,其小如鹰爪。初造龙团胜雪、白茶。以其芽先次蒸熟,置之水盆中,剔取其精英,仅如针小。谓之水芽。是小芽中之最精者也。中芽,古谓之一枪二旗是也。紫

芽，叶之紫者也。白合，乃小芽有两叶抱而生者是也。乌蒂，茶之带头是也。凡茶，以水芽为上，小芽次之，中芽又次之。紫芽、白合、乌蒂，在所不取。使其择焉而精，则茶之色味无不佳。万一杂之以所不取，则首面不均，色浊而味重也。”“惊蛰节万物始萌。每岁常以前三日开焙，遇闰[10]则后之，以其气候少迟故也。”“蒸芽再四洗涤，取令洁净，然后入甑，俟汤沸蒸之。然蒸有过熟之患。有不熟之患。过熟则色黄而味淡，不熟则色青而易沉，而有草木之气。故惟以得中为当。”“茶既蒸熟，谓之茶黄，须淋洗数过，（欲其冷也。）方入小榨，以去其水，又入大榨，

以出其膏。（水芽则以高榨压之，以其芽嫩故也。）先包以布帛，束以竹皮，然后入大榨压之，至中夜取出揉匀，复如前入榨，谓之翻榨。彻晓奋击，必至于干净而后已。盖建茶之味远而力厚，非江茶之比。江茶畏沉[11]其膏，建茶惟恐其膏之不尽。膏不尽则色味重浊矣。”“茶之过黄，初入烈火焙之，次过沸汤爁[12]之，凡如是者三，而后宿一火，至翌日[13]，遂过烟焙之，火不欲烈，烈则面泡而色黑。又不欲烟，烟则香尽而味焦。但取其温温而已。凡火之数多寡，皆视其銙之厚薄。銙之厚者，有十火至于十五火；銙之薄者，六火至于八火。火数既足，然后过汤上出色。出色之后，置之密室，急以扇扇之，则色泽自然光莹矣。”“研茶之具，以柯[14]为杵[15]，以瓦为盆，分团酌水，亦皆有数。上而胜雪，白茶以十六水，下而拣芽之水六，小龙凤四，大龙凤二，其余皆一十二焉。自十二水而上，曰研一团，自六水而下，曰研三团至七团。每水研之，必至于水干茶熟而后已。水不干，则茶不熟，茶不熟，则首面不匀，煎试易沉。故研夫尤贵于强有力者也。尝谓天下之理，未有不相须而成者。有北苑之芽，而后有龙井之水。龙井之水清而且甘，昼夜酌之而不竭，凡茶自北苑上者皆资焉。此亦犹锦[16]之于蜀江，胶[17]之于阿井也，讵不信然。”

注释

①袤：指南北距离的长度。

②晞（xī）：干燥。夜露未晞，指夜里的露水未干。

③薄：迫近。

④膏腴：膏腴原指土地肥沃，这里用指茶的肥壮、精华。

⑤挝（zhuā）：敲打。

⑥伐鼓亭：击鼓亭。

⑦役：这里作使用讲。

⑧土著：本地人。

⑨谙：熟悉。

⑩闰：这里指阴历的闰月。阴历每一大月三十日，每一小月二十九日，一年十二个月与阳历相比，差十日二十一小时。所以三年要增加一闰月，而气温也随之变化。

⑪沉：指没入水中，这里用作怕把茶膏流尽。

⑫爁（làn）：炙烤。这里作烫用。

⑬翌日：明天。

⑭柯：草木的枝茎，这里指树的枝干。

⑮杵：舂物所用之棒。

⑯锦：古代从三国时起，四川的织锦特别著名，到宋代蜀锦工艺更精。其他地方产的锦也通称蜀锦。这里说蜀锦之所以好与蜀水的好有一定关系，用以比喻北苑茶与龙井水的关系。

⑰胶：指阿胶。阿胶是一种滋补性质的药，产于山东东阿县，它用县阿井水煎黑驴皮制成，其佳者带琥珀色、透明、无臭味。《水经注》记载：“东阿城北门内西侧皋上有大井，其巨如轮，深七尺，岁常煮膠入贡。”用阿胶与阿井水的关系比喻北苑茶与龙井水的关系。

译文

《北苑别录》：“御用的园地共有46处，方圆有30多里。官平往上是内园，官坑以下的是外园。在春天御园的茶要比民间早烘焙十几天，例如九窠、十二陇、龙游窠、小苦竹、张坑、西际这些地方,又在禁园的前面,而石门、乳吉、香口这3处外焙,常常在北苑烘焙后5到7天开工。每天采茶、蒸榨,制好后送到北苑一起制造。""以前制造茶叶的时候分为4个部分。茶匠因为有好胜的心理,相互之间爱攀比,不可能不出问题,于是就把它合成两个步骤。所以在茶堂里面有东局和西局的说法,茶铸里面有东作、西作的称呼。凡是刚出研盆的茶叶,都应该将它搅拌均匀,揉到细滑,然后再放进圈子里制成铸,放在席子上晒成黄色。这里面有花铸、有大龙、有小龙,品种不同,它的名称也就不同,主要是按照贡茶的要求制作。"

"采茶的时间,应该在清晨,不能等到太阳出来。早晨采摘是因为夜间的露水还没有干,茶芽肥大而且湿润。出太阳后茶叶受到了阳光的侵害,茶芽里面的内蕴就会耗尽,茶放进水里颜色不鲜明。所以每天在五更的时候召集一群人到凤凰山,(山上有伐鼓亭,每天需要使用222个人)监采官每人给一个牌子,入山采茶,到了辰时,就重新鸣锣聚拢,怕他们一味贪多而超过时间采些没用的。大多数的采茶人都知道怎样采茶,招募人员的时候一定要选择当地懂茶的人,不但要懂茶叶的习性,还要知道采茶的要求。""茶叶有小芽、中芽、紫芽、白合、乌蒂,不能分辨不清。小芽就像鹰爪一样小。最初的时候造的是龙团胜雪、白茶,要先将茶芽蒸熟,放进水盆里,挑选出里面的精英,小的像针一样,被称为水芽,它是小芽中最好的品种。中芽,古代叫做一枪二旗。紫芽,叶子是紫色的。白合,就是抱着小芽生长的两片叶子。乌蒂,就是带头的茶叶。所有的茶叶中,水芽是最好的,小芽稍微差一点,中芽更差。紫芽、白合、乌蒂根本就不能要。只要精心挑选,茶的颜色和味道就没有不好的。如果没挑拣干净,看起来就会不均匀,颜色浑浊而且味道太重。""惊蛰时万物开始萌生。每年在节前三天开始焙茶,遇到闰年就往后推一点,这是因为气候有点迟。""蒸芽要反复清洗,把它洗得清洁干净,然后再放进甑里装起来,等水开了再蒸。蒸芽就怕茶叶过熟或不熟。过熟的茶叶颜色就会变黄而且味道很清淡,不熟的茶叶颜色就会泛青而且容易沉积下去,还带有草木的气味。所以只有火候合适才行。""茶叶蒸熟,就叫茶黄,必须先淋洗几遍,(让它变冷)才能放进小榨里面,主要是去掉中间的水分,再放进大榨里面,可以把汁榨出来。(水芽就用高榨压,因为它的芽比较嫩。)榨的时候先用布帛包起来,用竹皮捆绑,然后放进大榨里面压着,压到半夜再取出来揉均匀,重新放进榨里面再榨,叫做翻榨。通宵击打,榨干以后才可以。建茶的味道深远厚重,这不是江茶可以比拟的。江茶怕榨得太干,建茶就怕榨不干。如果膏不尽的话,茶的颜色就会浑浊。味道就会很重。""茶过黄以后,放进烈火里面烘焙,然后再放进开水里面,这样重复三次,再放到火上烘焙一夜,到了第二天,再过烟烘焙,火候不要过大,过大就会外面肿胀,颜色很黑,

更不要被烟熏了，被烟熏了就会失去香味而且还带焦味。用温火就可以了。火候的强弱，要根据铐的厚薄而定。如果铐是厚的，那就用十到十五的火；如果是薄的，就用六到八成的火候。火候够了，再过汤去色。出色之后，放进密室里，马上用扇子扇风，这样颜色就会很光洁了。”“研茶的器具，最好用木杆瓦盆，分团过滤的水，都有一定的规定。胜雪、白茶这样的好茶用十六的水，拣芽这样的茶叶用六分水，小龙凤用四分，大龙凤用二分，其余都用十二分。十二分水往上的，研一团。六分水往下的研三到七团。每次用水研的时候，必须等到水干茶熟了才可以。水不干茶就不会熟，看起来就会不够均匀，煎试的时候容易有沉淀。所以研的器具必须是结实有力的东西。这是天下皆知的道理。没有不长胡须就成人的。先有北苑的茶叶，才有龙井的水。龙井的水清澈甘甜，就算日夜不停地喝都不会干涸，北苑制茶都用它。这里的泉水比蜀江的水好，井水不可能有这么好，不要不相信。”

原文

姚宽[①]《西溪丛语》：建州龙焙面北，谓之北苑。有一泉极清淡，谓之御泉。用其池水造茶，即坏茶味。惟龙团胜雪、白茶二种，谓之水芽，先蒸后拣。每一芽先去外两小叶，谓乌蒂；又次取两嫩叶。谓之白合；留小心芽置于水中，呼为水芽。聚之稍多，即研焙为二品，即龙团胜雪、白茶也。茶之极精好者，无出于此。每铐计工价近二十千，其他皆先拣而后蒸研，其味次第减也。茶有十纲，第一纲第二纲太嫩，第三纲最妙，自六纲至十纲，小团至大团而止。

注释

①姚宽：字令威，号西溪，会稽嵊县（今浙江省嵊县）人。宋代词人。著有

《弩守书》《西溪集》《史记注》《战国策补注》《西溪丛语》等。

译文

姚宽《西溪丛语》:建州焙茶的地方面朝北方,所以叫北苑。有一眼泉水特别的清淡,被称为御泉。用这个泉里的水泡茶,会破坏茶叶的味道。只有龙团胜雪、白茶两种可以,被称为水芽。这两种茶叶都是先蒸再挑拣。每一片茶芽要先去掉外面的两片小叶子,也就是乌蒂;然后再取出两片嫩叶子,叫做白合;将茶芽小心地放在水里,被称为水芽。聚多一点,就研制成两种,就是龙团胜雪和白茶。最好的茶,都是从这里出产的。每铸计算工价差不多二十千,其他的都是先挑拣再蒸研,味道越来越差。茶叶分成十纲,第一纲、第二纲太嫩了,第三纲最好,从第六纲到第十纲,小团到大团为止。

原文

黄儒《品茶要录》:"茶事起于惊蛰前,其采芽如鹰爪。初造曰试焙,又曰一火,其次曰二火。二火之茶,已次一火矣。故市茶芽者,惟伺出于三火前者为最佳。尤喜薄寒气候,阴不至冻。芽登时尤畏霜,有造于一火二火者皆遇霜,而三火霜霁[①],则三火之茶胜矣。晴不至于暄[②],则谷芽含养约勒[③]而滋长有渐,采工亦优为矣。凡试时泛色鲜白,隐于薄雾者,得于佳时而然也。有造于积雨者,其色昏黄,或气候暴暄,茶芽蒸发,采工汗手熏渍,拣摘不洁,则制造虽多,皆为常品矣。试时色非鲜白,水脚微红者,过时之病也。""茶芽初采,不过盈筐而已,趋时争新之势然也。既采而蒸,既蒸而研。""蒸或不熟,虽精芽而所损已多。试时味作桃仁气者,不熟之病也。惟正熟者味甘香。""蒸芽以气为候,视之不可以不谨也。试时色黄而粟纹大者,过熟之病也。然过熟愈于不熟,以甘香之味胜也。故君谟论色,则以青白胜黄白。而余论味,则以黄白胜青白。"

"茶蒸不可以逾久，久则过熟。又久则汤干而焦釜[4]之气出。茶工有泛薪汤以益之。是致熏损茶黄。故试时色多昏黯，气味焦恶者，焦釜之病也。建人谓之热锅气。""夫茶本以芽叶之物就之棬[5]模。既出棬，上笪[6]焙之，用火务令通彻，即以灰覆之，虚其中，以透火气。然茶民不喜用实炭，号为冷火。以茶饼新湿，急欲干以见售，故用火常带烟焰。烟焰既多，稍失看候，必致熏损茶饼。试时其色皆昏红，气味带焦者，伤焙之病也。""茶饼先黄而又如阴润者，榨不干也。榨欲尽去其膏，膏尽则有如干竹叶之意。惟喜饰首面者，故榨不欲干，以利易售。试时色虽鲜白，其味带苦者，渍膏之病也。""茶色清洁鲜明，则香与味亦如之。故采佳品者，常于半晓间冲蒙云雾而出，或以瓷罐汲新泉悬胸臆间[7]，采得即投于中，盖欲其鲜也。如或日气烘烁，茶芽暴长，工力不给，其采芽已陈而不及蒸，蒸而不及研，研或出宿而后制，试时色不鲜明，薄如坏卵气者，乃压黄之病也。""茶之精绝者曰斗，曰亚斗，其次拣芽。茶芽，斗品虽最上，园户或止一株，盖天材间有特异，非能皆然也。且物之变势无常，而人之耳目有尽，故造斗品之家，有昔优而今劣、前负而后胜者。虽人工有至有不至，亦造化推移不可得而擅也。其造，一火曰斗。二火曰亚斗，不过十数镑而已。拣芽则不然，遍园陇中择其精英者耳。其或贪多务得，又滋色泽，往往以白合盗叶间之。试时色虽鲜白，其味涩淡者，间白合盗叶之病也。"（一凡鹰爪之芽，有两小叶抱而生者，白合也。新条叶之初生而白者，盗叶也。造拣芽者，只剔取鹰爪，而白合不用，况盗叶乎。）"物固不可以容伪，况饮食之物，尤不可也。故茶有入他草者，建人号为入杂。镑列入柿叶，常品入桴槛叶，二叶易致，又滋色泽，园民欺售直而为之。试时无粟纹古香，盏面浮散，隐如微毛，或星星如纤絮者，入杂之病也。善茶品者，侧盏视之，所入之多寡，从可知矣。向上下品有之，近虽镑列，亦或勾使。"

注释

①霁：停止。

②暄（xuān）：太阳光的热。

③约勒：指约束茶的生长适应气候的变化。

④焦釜:锅烧焦了。

⑤棬(guān):这里指制茶的模型。

⑥笪(dá):粗竹席。

⑦悬胸臆间:挂在胸前。

译文

黄儒《品茶要录》:"制茶要在惊蛰前开始,采下的芽像鹰爪一样细小。开始制造的时候叫试焙,又叫第一火,后面的是二火,二火的茶叶,已经比一火的差了。因此市场上的茶叶,只有在三火以前出来的茶叶才是最好的。特别喜欢天气稍冷一些,气候虽然阴冷但还不至于冻的时候采摘茶叶。芽出的时候最怕风霜,有的在一火二火遇到了风霜,到了三火霜就没有了,那么三火的茶叶就要好一些。天晴太阳还没出来,茶芽吸收养分而渐渐生长,采摘的人要仔细挑选。只要是试制的时候颜色很鲜白的,是经历过薄雾且在最佳时机采摘的。有的茶叶在雨水多的时候制作,颜色就会昏暗,或者气候非常炎热的时候,采摘人手里的汗沾在茶叶上面,摘下来的茶叶就不太干净,所以制造出来的虽然很多,都是很普通的茶叶。试的时候如果颜色不是鲜白的,水脚有一点泛红,这是因为时间太长了。""开始时采摘的茶芽很少,只是刚好装满筐子,都是为了要趋时争新。采回来后就蒸,蒸了以后再研。""如果没有蒸熟的话,即使是精芽也会受损。如果试的时候有桃仁气息,那就是没有蒸熟。只有正好熟了的味道才会甜美。""蒸芽要看火候,一定要谨慎小心。试的时候如果颜色泛黄而且有很大的粟纹的,这是因为蒸得过熟了。然而过熟比不熟要好,甘甜和香味要强一些。所以君谟谈论颜色,认为青白比黄白好。而我说论味道,黄白比青白好。""蒸茶的时候时间不可以太长,时间长就过熟,容易把水烧干,会出现焦烂的气味。蒸茶的人在烧干后加进水来弥补,是使茶叶变黄的重要原因。试的时候颜色昏暗,气味有些焦恶,都是蒸烂的缘故。建人把它叫做热锅气。""茶本来是用茶芽上棬模来制作的。既然有了棬模就应该放在匾上烘焙,用火烘的时候一定要让它全部变热,再将茶叶覆盖在上面,使它的中间变空,这样可以透出火气。但是茶民不喜欢用实炭,称为冷火。新茶饼有湿气,茶民着急烘干后售出,所以用火常常带有火焰。火焰过大,如果稍微没有照看好,就会熏坏茶叶。如果试的时候颜色是昏红的,那是因为没有烘焙好。""茶叶先是黄色而后又变得很阴润的,那就是没有榨干。榨的时候应该将它的膏去尽,膏尽就像干竹叶一样。有人只是把表面弄得干并不榨干,这样可以多卖钱。试的时候,如果它的颜色虽鲜白,但带有苦味,这是因为没有榨干。""茶的颜色干净鲜明,那么香气和味道都会好。所以采摘上好茶叶的人,常常是在半夜的时候顶着云雾去采,或者在瓷罐里灌上新汲的泉水放在胸前,采摘后立即放进水里,这是为了保持它的新鲜。如果等到太阳出来阳光照射,茶芽暴长时采摘,如没有及时加工,采摘来的茶芽积在一起还来不及去蒸,蒸了又赶不上研,研了以后又要等到第二天再制作,试茶时颜色不鲜明,略带有臭蛋味,那是因为压黄了。""茶叶中的精品,称为斗、亚斗,其次拣芽。茶芽,斗品虽然最好,一个园户也许只有一棵。所以说天材之间也有差异,不能都是这样。而且物体的变化无常,人的耳朵和眼睛能力又有限,所以制作出斗品的人家,有以前好而今天差、前面不好而后面要强一些的。虽然人的力量有的能达到有的达不到,这也是造化推移而不能够改变的。他们制造的时候一火为斗,二火为亚斗,也不过十几铸而已。拣芽就不是这样了,那就是在整个园子里面选择精英。茶农可能有一味贪多的,又为加重颜色,就把白合、盗叶掺杂在里面。试茶时如果颜色鲜白而味道苦涩清淡,就是其中掺杂了白合、盗叶的缘故。"(凡是像鹰爪那样的小芽,有两片很小的叶子合抱在一起生长的,就是白合了。新的枝条和叶子刚生长出来的时候是白色的,就是盗叶。制造拣芽的人,只是拣取中间的鹰爪,连白合都不用,何况是盗叶呢?)"任何东西都不可以掺假,饮食之物更不可以。茶中如果有其他的杂草,建人称为入杂。茶中有加入柿叶的,一般的品种有加入桴槛叶的,两种叶子容易混淆,又能够滋润颜色,茶民就这样欺售而多获利。如果没有粟纹而且不甘香,杯子的水面有浮散的东西,就像是微小的细毛,或者像天上的星星一样,都是加入了杂质的缘故。善于品茶的人将茶杯侧过来看,加入多少杂质,就都可以知道了。所有的品种里都有掺假,即使列入铸茶的,也可能有。"

原文

《万花谷》:龙焙泉在建安城东凤凰山,一名御泉。北苑造贡茶,

社前芽细如针。用此水研造，每片计工直[①]钱四万分。试其色如乳，乃最精也。

注释

①直：通“值”。

译文

《万花谷》：龙焙泉在建安城东侧的凤凰山上，又叫御泉。北苑制造贡茶，茶芽像针一样细小。用这里的水研造，每片计工钱四万分。如果它的颜色白得像乳，那就是最好的了。

原文

《文献通考》：宋人造茶有二类，曰片，曰散。片者即龙团旧法，散者则不蒸而干之，如今时之茶也。始知南渡[①]之后，茶渐以不蒸为贵矣。

注释

①南渡：东晋及南宋偏安时代的代称。这里指宋时金兵入侵。徽、钦二帝被掳，高宗建都临安，史称南宋。因为渡过长江建都，故又说是南渡。

译文

《文献通考》：宋朝的人制造两种茶叶，分为片和散。所谓片，就是龙团旧法，所谓的散，就是茶叶不蒸直接把它晒干，就像今天的茶叶一样。这样才知道在南渡以后，没有蒸过的茶叶才算好。

原文

《学林新编》：茶之佳者，造在社前；其次火前，谓寒食前也；其下则雨前，谓谷雨前也。唐僧齐己诗曰："高人爱惜藏岩里，白甀[1]封题寄火前。"其言火前，盖未知社前之为佳也。唐人于茶，虽有陆羽《茶经》，而持论未精。至本朝蔡君谟《茶录》，则持论精矣。

注释

①甀(zhuì)：盛水浆的小口瓮。这里作装茶用。

译文

《学林新编》：好的茶叶，应在社前就是惊蛰季节的前面制作；其次在火前，就是寒食节的前面；再次就是雨前，就是谷雨季节的前面。唐代僧人齐己有诗说："高人爱惜藏岩里，白甀封题寄火前。"之所以说在火前，那是因为他不知道社前的是最好的。就唐人论茶而言，虽然有陆羽的《茶经》，但是里面的观点也不太准确。到了本朝蔡君谟的《茶录》，论述就很精确了。

原文

《苕溪诗话》：北苑，官焙也，漕司岁贡为上；壑源，私焙也，土人亦以入贡，为次。二焙[1]相去三四里间，若沙溪，外焙也，与二焙绝远，为下。故鲁直诗："莫遣沙溪来乱真。"是也。官焙造茶，常在惊蛰后。

注释

①二焙：两种烘焙的方法。

译文

《苕溪诗话》:北苑,是官府焙茶的地方,漕司每年都要向皇上进贡;壑源,是私人焙茶的地方,那里的人也将它进献给皇上,但是茶叶还是稍差些。两地相隔了三四里远,如果是沙溪,那就是外焙,跟上面两种烘焙万法相比,就差得远了,是下等。所以鲁直有诗说:“莫遣沙溪来乱真。”就是这样。官府烘焙茶叶,常常在惊蛰以后。

原文

朱翌《猗觉寮记》:唐造茶与今不同,今采茶者得芽即蒸熟焙干,唐则旋摘旋炒。刘梦得《试茶歌》:“自傍芳丛摘鹰嘴,斯须[1]炒成满室香。”又云:“阳崖阴岭各不同,未若竹下莓苔地。”竹间茶最佳。

注释

①斯须:很快。

译文

朱翌《猗觉寮记》:唐代制造茶叶跟现在不同,现在采茶的人采茶后马上蒸熟再焙干,唐人则是即采即炒。刘梦得《试茶歌》:“自傍芳丛摘鹰嘴,斯须炒成满室香。”又说:“阳崖阴岭各不同,未若竹下莓苔地。”生长在竹林间的茶叶最好。

原文

《武夷志》:通仙井在御茶园,水极甘洌,每当造茶之候,则井自溢,以供取用。

《金史》:泰和五年春,罢[1]造茶之防。

注释

①罢：废除。

译文

《武夷志》：通仙井在御茶园里，水质非常甘洌，每当制造茶叶的时候，井水就会自然溢满，供人们使用。

《金史》：泰和五年的春天，废除了造茶的禁令。

原文

张源《茶录》："茶之妙，在乎始造之精，藏之得法，点之得宜。优劣定于始铛，清浊系乎末火。""火烈香清，铛[1]寒神倦。火烈生焦，柴疏失翠。久延则过熟，速起却还生。熟则犯黄，生则著黑。带白点者无妨，绝焦点者最胜。""藏茶切勿临风近火。临风易冷，近火先黄。其置顿之所，须在时时坐卧之处，逼近人气，则常温而不寒。必须板房，不宜土室。板房温燥，土室潮蒸。又要透风，勿置幽隐之处，不惟易生湿润，兼恐有失检点。"

注释

①铛(chēng)：就是鬴、锅。鬴有足者为锅。

译文

张源《茶录》："茶的妙处，在于制造时候的精良，贮藏得当，泡茶的方法得当。品质好坏最重要的是开始的时候，清浊的关键在后面的火候上。""火烈就有清香，能够防寒去除疲劳。火大容易烘焦，柴少就会失去翠色。时间长就太熟，时间短就会不熟。熟了就会泛出黄色，生的就呈现黑色。带白点没关系，一点不焦的最好。""储藏茶叶的地方千万不要在风口和靠近火的地方。通风，茶叶就容易受冷，靠近火容易使茶变黄。应该放在我们经常坐卧的地方，靠近人气，就会保持温热而且不会寒冷。必须是板房，不适合土房子。木板房子温暖干燥，土房子里潮湿蒸热。而且还要透气，不要放在过于隐蔽的地方，那样不仅容易潮湿，而且还容易忘记查看。”

原文

谢肇淛《五杂组》：“古人造茶，多舂令细，末而蒸之。唐诗‘家僮隔竹敲茶臼’是也。至宋始用碾。若揉而焙之，则本朝始也。但揉者，恐不及细末之耐藏耳。”“今造团之法皆不传。而建茶之品，亦远出吴会诸品下。其武夷、清源二种，虽与上国争衡，而所产不多，十九赝鼎。故遂令声价靡复不振。”“闽之方山、太姥、支提，俱产佳茗，而制造不如法，故名不出里闬①。予尝过松萝，遇一制茶僧，询其法，曰：‘茶之香，原不甚相远，惟焙之者火候极难调耳。茶叶尖者太嫩，而蒂多老。至火候匀时，尖者已焦，而蒂尚未熟。二者杂之，茶安得佳？’制松萝者，每叶皆剪去其尖蒂，但留中段，故茶皆一色。而工力烦矣，宜其价之高也。闽人急于售利，每斤不过百钱，安得费工如许？若价高，即无市者矣。故近来建茶所以不振也。”

注释

①闬：读作 bì。

译文

谢肇淛《五杂组》：“古代的人造茶，大多数将它舂细，然后再蒸。唐代诗中的‘家童隔竹敲茶臼’说的就是这个。到了宋朝的时候才开始用碾。将它揉在一起烘焙，那是本朝才开始的。但是揉的茶，恐怕没有细末容易收藏。”“现在造茶团的方法没有留传下来，但建茶的质量，也远远在吴会其他品种以下。其中武夷、清源两种茶，虽然能与那些上好的品种相抗衡。然而产量不多，十之八九是假货，才让它的身价委靡不振。”“福建的方山、太姥、支提，都出产好茶叶，但没有好的制造方法，所以名气没有传出去。我曾经经过松萝，遇见一个制茶的和尚，询问他的诀窍，他说：‘茶叶的香味，本来相差并不太多，只是烘焙的时候火候特别难把握。茶叶尖部太嫩，而蒂部太老。到火候调和的时候，尖部已经焦枯，而根部还没有熟。两者掺杂在一起，茶叶怎么会好呢？’制造松萝的时候，每片叶子都要剪掉尖部和蒂部，只留下中间的部分，这样茶就是一样的了。只是在刀工方面过于烦琐，所以价格很高。闽人急于卖出赚钱，每斤不过卖百钱，怎么会费这么多的周折呢？如果价格太高，就可能没有人来买。所以近来建茶一直不好。”

原文

罗廪《茶解》：“采茶制茶，最忌手汗、体膻、口臭、多涕、不洁之人及月信妇人，更忌酒气。盖茶酒性不相入，故采茶制茶，切忌沾醉。”“茶性淫①，易于染著，无论腥秽及有气息之物不宜近，即名香②亦不宜近。”

注释

①淫：沾染其他的东西。

②名香：著名的香味。

译文

罗廪《茶解》：“在采茶和制茶的时候，最忌讳手上有汗，身体有异味，口臭、多鼻涕、不干净的人和月经期妇人，更忌讳酒气。这是因为茶和酒的性质不合，所以采摘茶叶制茶，最忌讳的就是喝了酒去碰茶叶。”“茶容易沾染其他的东西，所以无论是腥秽还是有其他异味的东西都不适合接近，即使是很著名的香也不适合靠近。”

原文

许次杼《茶疏》："岕茶非夏前不摘。初试摘者，谓之开园，采自正夏，谓之春茶。其地稍寒，故须待时，此又不当以太迟病之。往时无秋日摘者，近乃有之。七八月重摘一番，谓之早春。其品甚佳，不嫌少薄。他山射利，多摘梅茶，以梅雨时采故名。梅茶苦涩，且伤秋摘，佳产戒之。""茶初摘时，香气未透，必借火力以发其香。然茶性不耐劳，炒不宜久。多取入铛，则手力不匀。久于铛中，过熟而香散矣。炒茶之铛，最忌新铁。须预取一铛以备炒，毋得别作他用。一说惟常煮饭者佳，既无铁腥，亦无脂腻。炒茶之薪，仅可树枝，勿用干叶。干则火力猛炽，叶则易焰[①]、易灭。铛必磨洗莹洁，旋[②]摘旋炒。一铛之内，仅可四两，先用文火炒软，次加武火催之。手加木指，急急炒转，以半熟为度，微俟香发，是其候也。""清明太早，立夏太迟，谷雨前后，其时适中。若再迟一二日，待其气力完足，香烈尤倍，易于收藏。""藏茶于庋阁，其方宜砖底数层，四围砖砌，形若火炉，愈大愈善，勿近土墙。顿瓮其上，随时取灶下火灰，候冷簇于瓮傍。半尺以外，仍随时取火灰簇之，令里灰常燥，以避风湿。却忌火气入瓮，盖能黄茶耳。日用所须，贮于小瓷瓶中者，亦当箬包苎扎，勿令见风。且宜置于案头，勿近有气味之物，亦不可用纸包。盖茶性畏纸，纸成于水中，受水气多也。纸裹一夕既，随纸作气而茶味尽矣。虽再焙之，少顷即润。雁宕诸山之茶，首坐此病。纸帖贻远，安得复佳。""茶之味道，而性易移，藏法喜温燥而恶冷湿，喜清凉而恶郁蒸，宜清触而忌香惹。藏用火焙，不可日晒。世人多用竹器贮茶，虽加箬叶拥护，然箬性峭劲，不甚伏贴，风湿易侵。至于地炉中顿放，万万不可。人有以竹器盛茶，置被笼中，用火即黄，除火即润。忌之！忌之！"

注释

①易焰:容易使火焰过大,过猛。

②旋:随,随时,及时。

译文

许次杼《茶疏》:“一定在夏天之前采摘岕茶。开始采摘的时候,被称为开园,采摘到正夏的时候,就称为春茶。如果那里的气候稍微冷一点的话,就需要等一段时间,但是又不要犯太迟的毛病。以前没有在秋天采摘的,近几年开始有了。七八月的时候再采摘一次,被称为早春,它的质量很好,就是有点少。有的山上为了追求利益,大多去摘梅茶,因为它是在梅雨的时候采摘的。梅茶有些苦涩,而且会影响秋天采摘,好的品种要忌讳摘梅茶。”“开始采摘的茶叶,香气没有完全散发,必须要借助火力让它的香气散发出来。但是茶叶的本性耐不住劳顿,炒的时间不应过长。如果锅里放得太多,炒时手上的力就不均匀。放在锅里面的时间过长,茶叶过熟香气就散尽了。炒茶的锅最忌讳的就是新铁。必须准备一口炒茶时专用的锅,不能炒别的东西。也有人说经常煮饭的锅最好,既没有铁的腥味,也没有油脂的腻味。炒茶用的柴火,只能用树枝,不能用干叶子。因为干叶子容易使火力过猛,叶子容易产生火焰而且燃烧得很快。必须要把锅洗干净再炒茶叶,随摘随炒。一锅里,只能放进4两,先用文火将它炒软,再用武火催化。用手加木指快速翻炒,到半熟为止,有一点香味散发出来,就到火候了。”“清明的时候太早,立夏又太迟了,谷雨的前后,是最佳时间段。如果再迟一两天,等茶叶的气力足够、香气更好的时候,就适合收藏了。”“将茶叶放在庋阁的里面,它的底部垫上几层砖,四周也用砖围起来,就像火炉一样,越大越好,不要靠近土墙。把坛子放在它的上面,随时弄掉灶下的灰,冷却了之后放在坛子的旁边。半尺以外,仍然用火灰围起来,使里面的灰能够长期保持干燥,可以避免风和潮气。但千万不能让火气进到坛子里面,否则会使茶叶变黄。把平时要用的茶,放到小瓷瓶里面,也应该用箬叶包起来,千万不要被风吹。而且适合放在案头,不要接近有气味的物体,也不可以用纸包。因为茶的本性很怕纸,纸是从水中来的,纸里有很多水气。在纸里面裹了一个晚上,茶叶的味道就没有了。如果再烘焙一次,马上就会变潮了。雁宕等山的茶叶,最容易患上这个毛病。纸贴在茶叶上面,怎么能变得好呢?”“茶叶的味道很清淡,而且性质很容易转变,储藏的方法是喜欢温暖干燥而讨厌冰冷潮湿,喜欢清凉而讨厌蒸热，喜欢清淡而忌讳香气。用火烘焙了以后收藏，不能让太阳直晒。大家多用竹器来装茶，虽然加上了竹叶来保护，但是竹叶有力道，不会服帖，风和湿气容易侵入。至于放在地炉里，那就更不可取了。有的人用竹器来装茶，放在笼中，用火烤就会变黄。没有火就会潮，千万不要！千万不要！”

原文

闻龙《茶笺》：“尝考《经》言茶焙甚详。愚谓今人不必全用此法。予构一焙室，高不逾寻，方不及丈，纵广正等。四围及顶绵纸密糊，无小罅隙，置三四火缸于中，安新竹筛于缸内，预洗新麻布一片以衬之。散所炒茶于筛上，阖户而焙。上面不可覆盖，以茶叶尚润，一覆则气闷罨黄，须焙二三时，俟润气既尽，然后覆以竹箕。焙极干出缸，待冷，入器收藏。后再焙，亦用此法，则香色与味犹不致大减。”“诸名茶法多用炒，惟罗岕宜于蒸焙，味真蕴藉，世竞[1]珍之。即顾渚、阳羡，密迩洞山，不复仿此。想此法偏宜于岕，未可概施诸他茗也。然《经》已云，‘蒸之焙之’，则所从来远矣。”“吴人绝重岕茶，往往杂以黑箬，大是阙事。余每藏茶，必令樵青入山采竹箭箬，拭净烘干，护罂四周，半用剪碎拌入茶中。经年发覆，青翠如新。”“吴兴姚叔度言，茶若多焙一次，则香味随减一次。予验之良然。但于始焙时，烘令极燥，多用炭箬，如法封固，即梅雨连旬，燥仍自若。惟开坛频取，所以生润，不得不再焙耳。自四月至八月，极宜致谨。九月以后，天气渐肃，便可解严矣。虽然，能不弛懈尤妙。”“炒茶时须用一人从傍扇之，以祛热气，否则茶之色香味俱减，此予所亲试。扇者色翠，不扇者色黄。炒起出铛时，置大瓷盆中，仍须急扇，令热气稍退。以手重揉之，再散入铛，以文火炒干之。盖揉则其津上浮，点时香味易出。田子艺以生晒不炒不揉者为佳，其法亦未之试耳。”

注释

①竞：都，全。

译文

闻龙《茶笺》:“曾经考证《茶经》,里面详细地介绍焙茶的方法。我认为现在不必完全按照这个方法。我盖了一间用来烘茶的房,高不超过8尺,长不过1丈,纵深和长相同。四周和顶部用绵纸糊得很细密,没有一点缝隙,放进三四个火缸,把新的竹筛放在缸里,预先洗一片新的麻布放在上面。将炒的茶叶散放在上面,关上窗户进行烘焙。上面不能盖东西,因为茶叶还很湿润,一旦盖上就会气息不通、颜色变黄,必须烘焙两三个小时,等到湿润的气息尽了的时候,再盖上竹箕。直到烘焙得非常干的时候再取出,冷却以后放进器具里面。收藏后再进行烘焙,也用这个办法,那么香气和味道就不会有太大的变化。”“各种名茶大多用炒,只有罗岕适合蒸焙,味道蕴藉在里面,人们都很珍惜它。即使顾渚、阳羡、密迩洞山,也可以按照这种方法。我想这种方法只适宜岕茶吧,不可把它使用在其他的茶叶上面。《茶经》上已经说了:‘蒸之焙之’,就说明这种说法已经有很长时间了。”“吴地的人特别重视岕茶,经常将黑色的竹叶夹杂在里面,这是个非常严重的错误。我每次收藏茶叶的时候,一定要让年轻的樵民到山里面去采摘箭竹的叶子,擦拭干净后烘干,围在茶缸的四周,留一半剪细了拌进茶叶的里面。过了一年再打开,还像刚摘的时候一样青翠。”“吴兴的姚叔度说,茶多烘焙一次,香味就会减一次。我验证以后果然是这样。但是开始烘焙的时候,要把茶叶烘焙得特别干燥,多用炭和竹叶,想办法牢固封存,即使下了很长时间的雨,仍然会非常干燥。只有经常打开坛子取茶叶,才容易使它受潮,只好再次烘焙了。四月到八月,最容易出现这样的事情。九月以后,天气渐渐干爽,就不怕打开了。虽然是这样,如果不经常开取就更好了。”“炒茶的时候需要一个人在旁边扇风,可以去除热气,否则茶的颜色和香味都会受到损害,这是我亲自试验过的。扇了的话,颜色是青翠的,如果不扇的话颜色就是黄的。炒好出锅以后,放进大的瓷盆里,仍然需要用力地扇,这样热气能够稍微减少一些。再用手揉它,然后放入锅里,用文火干炒。如果揉的话茶叶就容易上浮,倒水的时候香味就容易散发出来。田子艺认为生晒不炒不揉的茶叶最好,这个办法还没有试过。”

原文

《群芳谱》:以花拌茶,颇有别致。凡梅花、木樨、茉莉、玫瑰、蔷薇、兰、蕙、金橘、栀子、木香之属,皆与茶宜。当于诸花香气全时摘

拌，三停茶，一停花，收于瓷罐中，一层茶一层花，相间填满，以纸箬封固入净锅中，重汤煮之，取出待冷，再以纸封裹。于火上焙干贮用。但上好细芽茶，忌用花香。反夺其真味。惟平等①茶宜之。

注释

①平等：普通，一般。

译文

《群芳谱》里说：用花来拌茶，会很别致。像梅花、桂花、茉莉、玫瑰、蔷薇、兰花、蕙、金橘、栀子、木香这些，都适合拌进茶里。应在这些花的香气浓的时候摘下来同茶拌在一起，三份茶叶，一份花，收起来放进瓷罐里，一层茶叶一层花间隔着填满，用纸和竹片封好放进干净的锅里，再放进汤里煮，取出来等冷却了以后，再用纸封裹起来，放在火上焙干储存起来待用，但是上好的细芽茶，不必用花香，否则会夺走它本来的味道。只有一般的茶叶才适合。

原文

《云林遗事》：莲花茶：就①池沼中，于早饭前日初出时，择取莲花蕊略绽者，以手指拨开，入茶满其中，用麻丝缚扎。定经一宿，次早连花摘之，取茶纸包晒。如此三次，锡罐盛贮，扎口收藏。

注释

①就：生长在。

译文

《云林遗事》：莲花茶，生长在池沼里，在早饭之前、太阳刚出来的时候选择刚刚绽放的莲花蕊，用手指拨开，往里面放满茶叶，用麻丝捆扎起来。过一夜，第二天早上同花一起采摘，用茶叶纸包起来晾晒，像这样反复三次。再用锡制的罐子装起来，把口封好收藏。

原文

邢士襄《茶说》：凌露无云，采候之上。霁日①融和，采候之次。积日重阴，不知其可。

注释

①霁日：有太阳的日子。

译文

邢士襄《茶说》：带着露水又没有云的时候，是采摘的最好时机。太阳出来很暖和的话，采摘的时机就差一点。太阳被云遮住的阴天，不知道是不是适合。

原文

田艺蘅《煮泉小品》：芽茶以火作者为次，生晒者为上，亦更近自然，且断烟火气耳。况作人手①器不洁，火候失宜，皆能损其香色也。生晒茶瀹之瓯中，则旗枪舒畅，青翠鲜明，香洁胜于火炒，尤为可爱。

注释

①作人手：指茶工的手。

译文

田艺蘅《煮泉小品》里记载：茶芽用火烘焙的不算好，晒干的茶叶最好，也更接近自然的本色，而且没有烟焰的气味。况且茶工的手和器具不干净，火候不合适，都会破坏茶叶的香味和颜色。把生晒的茶叶放在瓯里，那样旗枪就显得舒畅，青翠鲜明，又香又干净比火炒的好，更加可爱。

原文

《洞山茶系》：岕茶采焙定以立夏后三日，阴雨又须之。世人妄云"雨前真岕"，抑亦未知茶事矣。茶园既开，入山卖草枝者。日不下二三百石。山民收制，以假混真。好事家躬往予租，采焙戒视惟谨，多被潜易真茶去。人至竞相高价分买，家不能二三斤。近有采嫩叶、除尖蒂、抽细筋焙之，亦曰片茶。不去尖筋，炒而复焙，燥如叶状，曰摊茶，并难多得。又有俟茶市将阑，采取剩叶焙之，名曰修山茶，香味足而色差老，若今四方所货岕片，多是南岳片子，署为"骗茶"可矣。茶贾炫人，率以长潮等茶，本岕亦不可得。噫！安得起陆龟蒙于九京，与之赓《茶人》诗也。茶人皆有市心[1]，今予徒仰真茶而已。故余烦闷时，每诵姚合《乞茶诗》一过。

注释

①市心：卖东西挣钱的心理。

译文

《洞山茶系》载：岕茶摘下后烘焙的时间定在立夏后的第三天，如果遇到阴雨就需要多等几天。人们都说"雨前真岕"，也许并不知道有关茶的事情。茶园开了以后，到山里面卖草枝的，每天不少于两三百石。山里的农民收下，用来以假乱真。谨慎的人家亲自去看护，采摘和烘焙的时候看得很认真，大多能得到真正的茶叶。人们竞相用高价采买，一家不过两三斤。最近有把采摘的嫩叶去掉叶尖和叶蒂、抽出细筋来烘焙的，也被称为片茶。如果不去掉尖和筋，炒完再烘焙,就会像叶子一样干枯,被称为摊茶,也很少见。还有在茶市快完的时候,采摘剩下的叶子来烘焙,又叫修山茶,虽然香味很浓但是颜色会很老,就像现在各地卖的岕片,大多是南岳的片子,可以把它叫做“骗茶”了。通常都是有很多茶叶商人等着购茶,可是又没有办法得到本岕。唉!怎么对得起陆龟蒙在九京的时候,跟之赓做的《茶人》诗呢?茶人都有卖钱的心理,现在我们只能仰望着真茶了。所以我在烦闷的时候,就念着姚合的《乞茶诗》。

原文

《月令广义》:“炒茶每锅不过半斤,先用干炒,后微洒水,以布卷起,揉做。”“茶择净微蒸,候变色摊开,扇去湿热气。揉做毕,用火焙干,以箬叶包之。语曰:‘善蒸不若善炒,善晒不若善焙。’盖茶以炒而焙者为佳耳。”

《农政全书》:“采茶在四月。嫩则益人,粗则损人。茶之为道,释滞去垢,破睡除烦,功则著矣。其或采造藏贮之无法,碾焙煎试之失宜,则虽建芽浙茗,只为常品耳。此制作之法,宜亟[1]讲也。”

注释

①亟(jí):急切;迫切。

译文

《月令广义》:“炒茶的时候一锅茶不能超过半斤,先干炒,再往上面洒水。用布卷起来揉。”“挑出干净的茶叶稍微蒸一下,等到颜色变了再摊开,把湿气、热气扇去。揉好后,用火将湿气烘焙干净,再用竹叶包起来。有人说:‘会蒸不如会炒,会晒不如会烘焙。’茶叶炒后烘焙是最好的。”

《农政全书》说:“采茶的时间在四月。嫩茶对人有益,过于粗糙的茶对人有害。茶的作用是去除内脏里滞留的东西,可以让人少睡,消除疲劳,功劳非常大。如果采摘、制造、贮藏不讲方法,碾细煎煮又没有把握好分寸,即使是建茶、浙茗,也只能成为很平常的品种。这种制作方法,真应该多讲。”

原文

冯梦祯[1]《快雪堂漫录》："炒茶锅令极净。茶要少，火要猛，以手拌炒令软净，取出摊于匾中，略用手揉之。揉去焦梗，冷定复炒，极燥而止。不得便入瓶，置于净处，不可近湿。一二日后再入锅炒，令极燥，摊冷，然后收藏。""藏茶之罂，先用汤煮过烘燥。乃烧栗炭透红投罂中，覆之令黑。去炭及灰，入茶五分，投入冷炭，再入茶，将满，又以宿箬叶实之，用厚纸封固罂口。更包燥净元气味砖石压之，置于高燥透风处，不得傍墙壁及泥地方得。"

注释

①冯梦祯（公元1548~1595年）：字开之，号具区，又号真实居士，浙江秀水（今嘉兴）人。梦祯因家藏王羲之《快雪时晴帖》名其堂曰"快雪"。著有《快雪堂集》六十四卷，《快雪堂漫录》一卷，及《历代贡举志》，均《四库总目》并传于世。

译文

冯梦桢《快雪堂漫录》："炒茶的锅要非常干净。茶叶要少，火势要猛烈，用手去拌炒，等茶软了再取出来摊开，放进匾里，用手轻轻揉茶。揉去已经变焦的茶梗，冷却以后再炒，炒到完全干燥为止。炒完不要马上放进瓶子里，放在干净且远离潮湿的地方。一两天后再放进锅里炒，等干燥、冷却以后再收藏。""贮藏茶叶的瓶子，先用水煮再烘干。把烧红的果炭放进瓶里面，盖上之后让它变黑。再去掉炭和灰，倒进一半茶叶，将冷炭放进去，再放茶叶，快满的时候再装进干竹叶塞实，用很厚的纸封住瓶口。再包上干燥而且没有气味的砖石压在瓶口，放在干燥通风的高处，不能靠着墙壁和有泥土的地方。"

原文

屠长卿《考槃余事》:"茶宜箬叶而畏香药,喜温燥而忌冷湿。故收藏之法,先于清明时收买箬叶[①],拣其最青者,预焙极燥,以竹丝编之。每四片编为一块,听用。又买宜兴新坚大罂,可容茶十斤以上者,洗净焙干听用、山中采焙回,复焙一番,去其茶子、老叶、梗屑及枯焦者,以大盆埋伏生炭,覆以灶中敲细,赤火既不生烟,又不易过。置茶焙下焙之,约以二斤作一焙。别用炭火入大炉内,将罂悬架其上,烘至燥极而止。先以编箬衬于罂底,茶焙燥后,扇冷方入。茶之燥,以拈起即成末为验。随焙随入,既满又以箬叶覆于茶上,每茶一斤约用箬二两。罂口用尺八纸焙燥封固,约六七层,压以方厚白木板一块,亦取焙燥者。然后于向明净室或高阁藏之。用时以新燥宜兴小瓶,约可受四五两者,另贮。取用后随即包整。夏至后三日再焙一次,秋分后三日又焙一次,一阳后三日又焙一次,连山中共焙五次。从此直至交新,色味如一。罂中用浅,更以燥箬叶满贮之,虽久不浥。""又一法,以中坛盛茶,约十斤一瓶。每年烧稻草灰入大桶内,将茶瓶座于桶中,以灰四面填桶,瓶上覆灰筑实。用时拨灰开瓶,取茶些少,仍复封瓶覆灰,则再无蒸坏之患。次年另换新灰。""又一法,于空楼中悬架,将茶瓶口朝下放,则不蒸。缘蒸气自天而下也。""采茶时,先自带锅入山,别租一室,择茶工之尤良者,倍其雇值。戒其搓摩,勿使生硬,勿令过焦。细细炒燥,扇冷方贮罂中。""采茶,不必太细,细则芽初萌而味欠足;不可太青,青则叶已老而味欠嫩。须在谷雨前后,觅成梗带叶微绿色而团且厚者为上。更须天色晴明,采之方妙。若闽广岭南,多瘴疠之气,必待日出山霁,雾瘴岚气收净,采之可也。"

注释

①箬叶：竹叶。

译文

屠长卿《考槃余事》："茶叶适合用竹叶包而忌讳用香叶，喜欢温暖干燥而忌讳阴冷潮湿的地方。所以收藏的办法是，先在清明的时候买一些竹叶，拣最青的预先烘焙干燥，用竹丝编起来，每四片编成一块，留着待用。再买来宜兴新坚可盛10斤以上茶叶的大瓶，洗干净烘干后备用。从山里采来焙过的茶叶。回来后再烘焙一次，去掉里面的茶子、老叶、梗屑和焦枯的东西，用大盆装生炭，放进灶里敲细后点起火，火焰既不生烟，又不容易使火过大。把火放在茶焙下面烘焙，一次大约烘焙两斤。另将炭火放进大炉里，把瓶架在上面，烘到干燥为止。先把编好的竹叶放在下面，茶叶烘焙干燥后扇冷，再放进去。以捻起成粉末为茶叶的干燥标准。焙好后马上放进去，满了以后将竹叶盖在茶叶的上面，每1斤茶叶大约要用2两竹叶。瓶口用8尺大小的干燥纸封紧。大约有六七层，压上一块白色的木板，也必须是烘干了的。然后放在明朗而且干净屋里的高阁上面。用的时候用干燥的宜兴小瓶子，大约可放四五两茶叶，另外储存。取用以后马上包起来整理好。夏至过后3天再烘焙一次。秋分后3天再焙一次，重阳后3天又焙一次，连山中总共焙了5次。此后直到新茶到来的时候，颜色和味道会始终如一。如果瓶子里的茶不满，应用干燥的竹叶填满，存放很长时间也不会潮湿。""还有一个办法，用中等大的坛子盛茶，一瓶大约能盛10斤。每年把烧的稻草灰放进大桶里，将茶瓶放进大桶，将桶的四周填满灰，瓶子的上面也用灰压实。用的时候拨开灰打开瓶子，取出少量的茶叶，再封好茶瓶盖上灰，那样就没有蒸坏的顾虑了。第二年再换上新灰。""还有一个办法，在空楼里悬上一个架子，将茶瓶口朝下放，那样就不会有蒸热的问题。因为蒸热的气息是从上往下走的。""采茶的时候自己带锅进山，另外租用一间房子，挑选采茶技术好的工人，用双倍的工价雇用。不要用手揉搓，不要让茶叶生硬，避免过焦。慢慢地将茶叶炒干，将茶叶扇冷后再贮藏到瓶中。""采的茶不能过细，太细是因为茶芽刚长出来味道还不足。不能太青，青就说明叶子已经老了，味道欠嫩。必须在谷雨的前后，找带叶子的成梗，微绿色团状而且很厚的为最好。天色晴朗的时候采摘才好。像闽广岭南多有瘴疠之气，必须要等到太阳出山，雾瘴之气散尽后，才可以采摘。"

原文

冯可宾《岕茶笺》:"茶,雨前精神未足,夏后则梗叶太粗。然以细嫩为妙,须当交夏时。时看风日晴和,月露初收,亲自监采入篮。如烈日之下,应防篮内郁蒸,又须伞盖,至舍速倾于净匾内薄摊,细拣枯枝、病叶、蛸丝、青牛之类,一一剔去,方为精洁也。""蒸茶须看叶之老嫩,定蒸之迟速,以皮梗碎而色带赤为度。若太熟,则失鲜。其锅内汤须频换新水,盖熟汤①能夺茶味也。"

注释

①熟汤:这里指的是热水。

译文

冯可宾《岕茶笺》:"茶叶,雨水之前还没有长好。夏至以后梗叶就会太粗了。所以要采到细嫩的好茶叶,必须等到春夏交替之际,在风和日丽的时候,露水刚开始收敛,亲自监督采摘到篮子里。如果是在烈日下,应该避免篮子里蒸热,需要用伞遮盖,到家以后马上倒进干净的匾里薄薄地摊开,仔细挑出枯枝、病叶、蛸丝、青牛这些东西,一一去掉。才能称为干净。""蒸茶时要根据叶子的老嫩,来决定蒸的时间。以皮梗破碎而颜色带一点赤红为标准。如果太热,就不新鲜了。锅里的水必须时常更换,因为热水会夺走茶叶的味道。"

原文

陈眉公《太平清话》：吴人于十月中采小春茶，此时不独逗漏花枝，而尤喜日光晴暖。从此蹉过，霜凄雁冻，不复可堪矣。

眉公云：采茶欲[1]精，藏茶欲燥，烹茶欲洁。

注释

①欲：应该。

译文

陈眉公《太平清话》：吴地的人在十月的时候采摘小春茶，这时不仅花枝逗漏，而且阳光晴暖。如果错过这个时候，就是霜凄雁冻，不再适合采摘。

眉公说：采摘茶叶时要精细，贮藏茶叶应该干燥，烹制茶水应该清洁。

原文

吴拭云：山中采茶歌，凄清哀婉，韵态[1]悠长，一声从云际飘来，未尝不潸然堕泪。吴歌未便能动人如此也。

注释

①韵态：这里指的是唱歌者的声音。

译文

吴拭说：山中的采茶歌凄清委婉，声音悠长，声音好像是从云际里飘来的。让人潸然泪下。即使是吴歌也不能让人这样感动。

原文

熊明遇《岕山茶记》：贮茶器中，先以生炭火煅过，于烈日中曝[①]之，令火灭，乃乱插茶中，封固罂口[②]，覆以新砖，置于高爽近人处。霉天雨候，切忌发覆[③]，须于清燥日开取。其空缺处，即当以箬填满，封闭如故，方为可久。

《雪蕉馆记谈》：明玉珍、子昇，在重庆取涪江青蟆石为茶磨，令宫人以武隆雪锦茶碾，焙以大足县香霏亭海棠花，味倍于常。海棠无香，独此地有香，焙茶尤妙。

《诗话》：顾渚涌金泉，每岁造茶时，太守先祭拜，然后水稍出。造贡茶毕，水渐减，至供堂茶毕，已减半矣。太守茶毕，遂涸。北苑龙焙泉亦然。

注释

①曝：晒。

②罂口：瓶口。

③发覆：打开。

译文

熊明遇《岕山茶记》：要将茶叶储存在器具里，先用生炭火煅烧瓶子，在烈日下晒过，火灭后，再把茶叶倒进里面。将瓶口封好，在上面压上新砖块，放在高处清爽易接近人的地方。下雨天千万不要打开，一定要等到天晴的时候再打开。取完茶后瓶子会不满，应用竹叶填满，像以前一样封闭起来，这样才能使茶保持的时间更长。

《雪蕉馆记谈》记载：明朝玉珍、子昇，在重庆取涪江青蟆石当茶磨，让宫里的人用武隆雪锦茶碾，加进大足县香霏亭的海棠花烘焙。焙出的茶味道比平常的茶要好得多。海棠本来没有香味，只有这个地方的海棠花香，用它来焙茶最好。

《诗话》记载：顾渚有涌金泉，每年造茶的时候，太守先祭拜，然后水才冒出来。造完了贡茶，水就变少了，到供堂的茶造完了的时候，水流已经减少了大半。太守造好茶后，水就干涸了。北苑的龙焙泉也是这样。

原文

《紫桃轩杂缀》："天下有好茶，为凡手[1]焙坏。有好山水。为俗子妆点坏。有好子弟，为庸师教坏。真无可奈何耳。""匡庐顶产茶，在云雾蒸蔚中，极有胜韵，而僧拙于焙，瀹之为赤卤，岂复有茶哉。戊戌春小住东林，同门人董献可、曹不随、万南仲，手自焙茶，有'浅碧从教如冻柳，清芬不遣杂花飞'之句。既成，色香味殆绝。""顾渚，前朝名品，正以采摘初芽，加之法制，所谓'罄一亩之入，仅充半环'，取精之多，自然擅妙也。今碌碌诸叶茶中，无殊菜沈，何胜括目。""金华仙洞与闽中武夷俱良材，而厄于焙手。""埭头本草市溪庵施济之品，近有苏焙者，以色稍青，遂混常价。"

注释

①凡手：普通人的手。

译文

《紫桃轩杂缀》："天下本来有好茶，却被一些普通人焙坏了。有好的山水，却被凡夫俗子玷污了。有好的子弟，却被平庸的老师教坏了。真是无可奈何啊！""匡庐的山顶出产茶叶，在云雾的衬托下，别有韵致，但和尚烘焙的技术太糟糕，泡出的茶像红卤。哪里还有好茶呢？戊戌的春天在东林住了一段时间，同门的董献可、曹不随、万南仲亲自烘焙茶叶，有'浅碧从教如冻柳，清芬不遣杂花飞'的句子。制成以后，色香味都非常好。""顾渚是前朝茶叶中著名的品种，正是用采摘初芽的方法进行加工的，所谓的'罄一亩之入，仅充半环'，取的多是精华，自然美妙。在今天众多的茶叶中，都像菜蔬一样，哪有出色的呢？”“金华仙洞与闽中的武夷，都是很好的原料，却被烘焙坏了。”“埭头的本草卖溪庵施舍的品种，最近有苏焙的人，以颜色稍青为借口，同一般的价格一样了。”

原文

《岕茶汇钞》："岕茶不炒，甑中蒸熟，然后烘焙。缘其摘迟，枝叶微老，炒不能软，徒枯碎耳。亦有一种细炒岕，乃他山炒焙，以欺好奇者。岕中人惜茶，决不忍嫩采，以伤树木。余意他山摘茶，亦当如岕之迟摘老蒸，似无不可。但未经尝试，不敢漫作。""茶以初出雨前者佳，惟罗岕立夏开园。吴中所贵梗粗叶厚者，有萧箬之气，还是夏前六七日，如雀舌者，最不易得。"

《檀几丛书》：南岳贡茶，天子所尝，不敢置品①。县官修贡期以清明日入山肃祭，乃始开园采造。视松萝、虎丘而色香丰美，自是天家清供，名曰片茶。初亦如岕茶制法，万历丙辰，僧稠荫游松萝，乃仿制为片。

注释

①置品：买来品尝。

译文

《岕茶汇钞》："岕茶叶不炒，放在甑中蒸熟，然后再烘焙。这是因为它摘取的时间比较晚，枝叶有一点老，炒了以后不能变软，只会变得枯碎。也有一种细炒岕茶，是在别的山上炒焙的茶叶，用来欺骗好奇的人。岕中的人爱惜茶叶，绝对不忍心采嫩叶而伤了树的根本。我认为从其他山采的茶，也应该像岕茶一样摘迟一点蒸老一些，好像也没有什么不可以。只是没有经过尝试，不敢随便说。""茶叶在雨水前刚刚出来的为最好，只有罗岕在立夏的时候开园。吴地喜欢叶子粗厚的茶叶，有竹叶的气息，还是在立夏前六七天的时候出的，像雀舌这样的品种，最不容易得到。"

《檀几丛书》记载：岳南的贡茶，是专门供天子用的，不敢买来品用。县官选好贡期在清明的时候到山里面祭祀，这时才开园采造。像松萝、虎丘颜色和香味都很丰美，自然是天家清供的，起名片茶。开始的时候也是按照岕茶的方法制作，万历年间丙辰的时候，和尚稠荫游览到松萝，才开始仿制成片。

原文

冯时可《滇行纪略》：滇南城外石马井泉，无异惠泉；感通寺茶，不下天池、伏龙。特此中人不善焙制耳。徽州松萝旧亦无闻，偶虎丘一僧往松萝庵，如虎丘法焙制，遂见嗜①于天下。恨此泉不逢陆鸿渐，此茶不逢虎丘僧也。

注释

①嗜：喜欢。

译文

冯时可《滇行纪略》：云南城外的石马井水，跟惠泉没有什么区别。感通寺的茶叶不比天池、伏龙茶差，只是这里的人不善焙制罢了。徽州松萝以前没听说过制茶，偶然一次机会，虎丘一位僧人到松萝庵，按照虎丘的方法焙制，才让天下的人喜欢松萝茶。只是可惜这里的泉水没有碰到陆羽，这里的茶叶没有遇上虎丘和尚啊。

原文

《湖州志》：长兴县啄木岭金沙泉，唐时每岁造茶之所也，在湖、常二郡界，泉处沙中，居常无水。将造茶，二郡太守毕至，具仪注，拜敕祭泉，顷之发源。其夕清溢，供御者毕，水即微减；供堂者毕，水已半之；太守造毕，水即涸矣。太守或还旆稽期，则示风雷之变，或见鸷

兽[1]、毒蛇、木魅、阳睒之类焉。商旅多以顾渚水造之，无沾金沙者。今之紫笋，即用顾渚造者，亦甚佳矣。

注释

①鸷(zhì)兽：凶猛的兽。

译文

《湖州志》记载：长兴县城啄木岭的金沙泉，是唐朝每年制造茶叶的地方。在湖、常两郡交界的地方，泉水在沙中，经常没有水。在造茶的时候，两郡的太守到齐后，举行仪式，拜祭泉水，泉水马上就会出现。泉水在傍晚时分清澈溢出，供皇上用的茶造好后，水就会减少；等供堂茶叶造好后，水只有一半了；太守造完茶后，水就干了。太守也许还会择期祈祷，就会出现风雷这样的变化，也许见到了蛰伏的野兽、毒蛇、木魅、阳睒这类的东西。商家也多半用顾渚的水来造茶，没有沾染金沙的。今天的紫笋，就是用顾渚水来制造的，也非常不错。

原文

高濂《八笺》：藏茶之法，以箬叶封裹入茶焙中，两三日一次，用火当如人体之温温然，而湿润[1]自去。若火多，则茶焦不可食矣。

注释

①湿润：湿气，水分。

译文

高濂《八笺》：储藏茶叶的方法，是用箬竹叶封裹起来放进茶焙里，两三天一次，火的温度应该接近人的体温，湿气就会去掉了。如果火太大，茶叶就会变得焦枯而且不能食用。

原文

陈眉公《太平清话》："武夷岕崱、紫帽、龙山皆产茶。僧拙于焙，既采则先蒸而后焙，故色多紫赤，只堪供宫中干濯用耳。近有以松萝法制之者，既试之，色香亦具足，经旬月，则紫赤如故。盖制茶者，不过土著数僧耳。语三吴之法，转转相效。旧态毕露。此须如昔人论琵琶法，使数年不近，尽忘其故调，而后以三吴之法行之，或有当也。""徐茂吴云：'实茶大瓮底，置箬瓮口，封闭倒放，则过夏不黄，以其气不外泄也。'子晋云：'当倒放有盖缸内。缸宜砂底。则不生水而常燥。加谨封贮，不宜见日，见日则生翳而味损矣。藏又不宜于热处。新茶不宜骤用，贮过黄梅①，其味始足。'"

注释

①黄梅：黄梅季节，就是每年的端午前后，正是江淮入梅时，接下来将是一个月左右雨不止的日子，所谓黄梅时节家家雨。

译文

陈眉公《太平清话》记载："武夷芳崱、紫帽、龙山都出产茶叶。但是和尚不善于烘焙，采来茶叶先蒸再烘焙，所以茶叶会显出紫红色。只能供宫里洗漱用了。最近有用松萝的办法制造的，试了以后，颜色和香味也很充足，但过十几天后仍然和以前一样出现紫红色。原来制茶的是几个当地和尚。告诉他们三吴的方法，他们相互转告相互效仿，又恢复了原来的样子。就必须像前人说的弹琵琶的方法一样。让他多年都不接近，完全忘掉以前的方法，再用三吴的方法来做，也许还行。""徐茂吴说：'把茶叶放在坛子的底下，把竹叶放在坛口，封闭以后倒放。过了夏天也不会变黄，它的气味也不会往外泄露。'子晋说：'应该倒放在有盖的缸里。缸应该是砂底，那样就不会发潮而且干燥，密封起来储存，不应见到太阳，见到太阳就容易出毛病而会损害味道。储藏又不应该放在很热的地方。新茶不适合马上享用，储藏到了黄梅季节，它的味道才好。'"

原文

张大复[①]《梅花笔谈》：松萝之香馥馥，庙后之味闲闲，顾渚扑人鼻孔，齿颊都异，久而不忘。然其妙在造，凡宇内道地之产。性相近也，习相远也。吾深夜被酒，发张震封所遗顾渚，连啜而醒。

宗室文昭《古瓢集》：桐花颇有清味，因收花以熏茶，命之曰桐茶。有"长泉细火夜煎茶，觉有桐香入齿牙"之句。

注释

①张大复（公元约1554～1630年）：苏州昆山兴贤里片玉坊人，名彝宣，字心期，一作星其，自号寒山子又号病居士。清代戏曲作家、声律家。记录整理除了名著《梅花草堂笔谈》，还著有《嘘云轩文字》《昆山人物传》《昆山名宦传》

《张氏先世纪略》等作品。

译文

张大复《梅花笔谈》：松萝的香味很浓，庙后的茶味道清淡，顾渚的香气扑鼻，牙颊间感受不同。很长时间都不能忘记。但是茶精妙的地方在于制造，大凡天下正宗的产品，性质都非常相似，但是习性却不同。我深夜的时候醉酒，于是打开张震封留下的顾渚，连喝几杯就清醒了。

宗室文昭《古瓻集》：桐花味道很清新，所以用它的花来熏茶，称为桐茶。有“长泉细火夜煎茶，觉有桐香入齿牙”这样的句子。

原文

王草堂《茶说》：武夷茶自谷雨采至立夏，谓之头春；约隔二旬复采，谓之二春；又隔又采，谓之三春。头春叶粗味浓，二春三春叶渐细，味渐薄。且带苦矣。夏末秋初又采一次，名为秋露，香更浓，味亦佳，但为来年计，惜之不能多采耳。茶采后以竹筐匀铺，架于风日中，名曰晒青。俟其青色渐收，然后再加炒焙。阳羡岕片只蒸不炒，火焙以成。松萝、龙井皆炒而不焙。故其色纯。独武夷炒焙兼施，烹出之时半青半红，青者乃炒色，红者乃焙色。茶采而摊，摊而摝香气发越即炒，过时不及皆不可。既炒既焙，复拣去其中老叶枝蒂，使之一色。释超全[①]诗云：“如梅斯馥兰斯馨，心闲手敏工夫细。”形容殆尽矣。

注释

①释超全（公元1627~1712年）：俗名阮日锡，同安（厦门市同安县）人。明末布衣，曾文忠樱（南明文渊阁大学士）门人，师事曾樱传性理学，患难与共，性嗜茶，幼习茶书，随师在郑成功储贤馆为幕僚，善烹工夫茶，有制茶工艺。他的著作有《夕阳寮诗稿》《海上见闻录定本》和《慢亭游稿》。

译文

王草堂《茶说》:武夷的茶叶从谷雨的时候采摘到立夏,被称为头春;大约过了两旬以后再采摘,就称为二春;又隔两旬再采摘,称为三春。头春的茶叶粗壮味道浓,二春三春的茶叶渐渐变细,味道渐渐变淡,而且带有苦味。夏末秋初的时候再采摘一次,名为秋露,香气更加浓郁,味道也就更好了,但是为了来年打算,不能摘得太多。茶叶采摘以后,均匀地铺在竹筐上面,架在风口中,叫晒青。青色渐渐变淡,然后再炒焙。阳羡的岕片只蒸不炒,用火烘焙而成。松萝、龙井都是用炒而不用烘焙,所以颜色很纯,只有武夷的茶叶用烘焙和炒两种方法,烹制出来的时候半青半红,青的是炒的颜色,红的是烘焙成的颜色。采摘茶叶要摊开,摊开以后用手搅弄,香气散发出来以后马上炒,过了或者没到都不可以。炒了或者烘焙了以后,再拣去老叶和枝蒂,使茶的品质统一。释超全诗:"如梅斯馥兰斯馨,心闲手敏工夫细。"形容得很贴切。

原文

王草堂《节物出典》:《养生仁术》云:"谷雨①日采茶,炒藏合法,能治痰及百病。"

注释

①谷雨:播谷降雨是也。是播种移苗、埋瓜点豆的最佳时节。是二十四节气之一。谷雨指雨水增多,大大有利于谷类农作物的生长。每年4月19日~21日视太阳到达黄经30°时为谷雨。

译文

王草堂《节物出典》记载:《养生仁术》:"谷雨的时候采摘茶叶,炒制和贮藏的方法得当,可以祛痰和医治百病。"

原文

《随见录》:“凡茶见日则味夺,惟武夷茶喜日晒。”“武夷造茶,其岩茶以僧家所制者最为得法。至洲茶中采回时,逐片择其背上有白毛者,另炒另焙,谓之白毫,又名寿星眉。摘初发之芽,一旗未展者,谓之连子心。连枝二寸剪下烘焙者,谓之凤尾、龙须。要皆异其制造,以欺人射利[①],实无足取焉。”

注释

①射利:谋利。

译文

《随见录》记载:“茶叶见了太阳就会失去它的味道,只有武夷的茶叶喜欢日晒。”“武夷制造茶叶,岩茶以寺庙里的制造方法为最佳。把茶叶采摘回来的时候,把背上有白毛的茶叶逐个挑出来。另外炒焙,称为白毫,又叫寿星眉。采摘刚发出的茶芽,一旗没有展开的,被称为连子心。和两寸长的枝条一起剪下来烘焙的,被称为凤尾、龙须。要是和这样的制作方法不一样,就是为了欺人谋利,实在是不可取。”

四　茶之器

茶　经

原文

风炉	(灰承)	筥	炭挝	火筴
鍑	交床	夹	纸囊	碾(拂末)
罗	合	则	水方	漉水囊
瓢	竹筴	鹾簋(揭)	碗	熟
盂	畚札	涤方	滓方	巾
具列	都篮			

注释

(略)

译文

(略)

原文

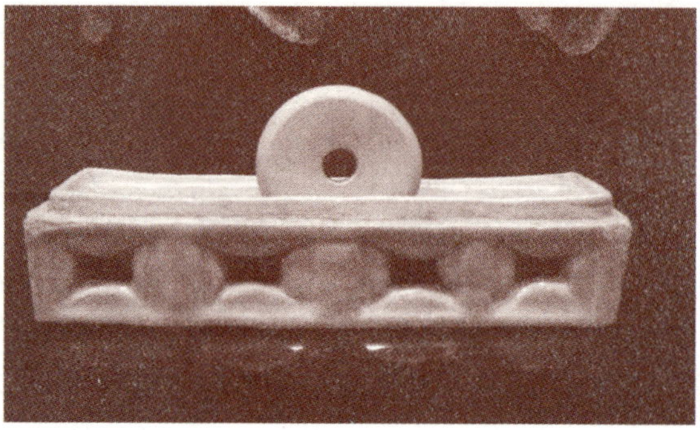

风炉(灰承):风炉以铜、铁铸之,如古鼎形。厚三分,缘阔九分,令六分虚中,致其杇墁①。凡三足,古文书二十一字:一足云:“坎上巽下离于中②”;一足云:“体均五行③去百疾”;一足云:“圣唐灭胡明年铸。④”其三足之间,设三窗,底一窗以为通风漏烬之所。上用古文书六字:一窗之上书“伊公”二字:一窗之上书“羹陆”二字;一窗之上书“氏茶”二字,所谓“伊公羹,陆氏茶”也⑤。置嵽嵲⑥于其内,设三格:其一格有翟⑦焉,翟者,火禽也,画一卦曰离;其一格有彪焉,彪者,风兽也,画一卦曰巽。其一格有鱼焉,鱼者,水虫也,画一卦曰坎。巽主风,离主火,坎主水,风能兴火,火能熟水,故备其三卦焉。其饰,以连葩⑧垂蔓、曲水方文之类。其炉,或锻铁为之,或运泥为之。其灰承作三足,铁柈⑨抬之。

注释

①杇墁:本意为涂墙用的工具。这里用来指涂泥。

②坎上巽下离于中:坎、巽、离都是八卦的卦名。

③五行:指金、木、水、火、土。

④圣唐灭胡明年铸:盛唐灭胡,指唐平息“安史之乱”,当时正值唐广德元年(公元763年),这个鼎就铸于公元764年。

⑤伊公羹,陆氏茶:伊公,指商汤时的大尹伊挚。相传他善于调配汤味,世称“伊公羹”。陆,即陆羽自己。“陆氏茶”,陆羽的茶具。

⑥嵽嵲(dié niè):贮藏。

⑦翟:火禽野鸡之类。

⑧葩:花。

⑨铁柈:柈,通"盘",盘子。

译文

风炉:用铜或铁铸成,像古鼎的样子,壁厚三分,炉口上的边缘九分,炉多出的六分向内,其下虚空,抹以泥土。炉的下方有三只脚,铸上古体字,共二十一个字。一只脚上写"坎上巽下离于中",一只脚上写"体均五行去百疾"。一只脚上写"圣唐灭胡明年铸"。在三只脚间开三个窗口。炉底下一个洞用来通风漏灰。三个窗口上书六个字的古体字,一个窗口上写"伊公"二字,一个窗口上写"羹陆"二字,一个窗口上写"氏茶"二字,意思就是"伊公羹,陆氏茶"。炉上设置支撑锅子用的垛,其间分三格。一格上有只野鸡图形,野鸡是火禽,画一离卦;一格上有只彪的图形,彪是风兽,画一巽卦;一格上有条鱼的图形,鱼是水虫,画一坎卦。"巽"表示风,"离"表示火,"坎"表示水。风能使火烧旺,火能把水煮开,所以要有这三卦。炉身用花卉、流水、方形花纹等图案来装饰。风炉也有用熟铁打的,也有用泥巴做的。灰承(接受灰炉的器具),做一个有三只脚的铁盘,托住炉子。

原文

筥:以竹织之,高一尺二寸,径阔七寸。或用藤,作木楦如筥形织之。六出圆眼。其底盖若莉箧①,口铄②之。

注释

①莉箧:用小竹篾编成的长方形箱子。

②铄:指弄光滑。

译文

管：用竹篾编织而成，高一尺二寸，直径七寸。或者用藤编织，先制作一个木楦头，用藤绕着它编织，六角圆眼花纹要明显。它的底盖要像长方形箱子口一样削平整。

原文

炭挝[①]：以铁六棱制之。长一尺，锐上丰中执细，头系一小镊，以饰挝也，今之河陇[②]军人木吾[③]也。或作槌，或作斧，随其便也。

注释

①挝：榔头。
②河陇：黄河的甘肃地段。
③木吾：木棒。

译文

炭挝：是用铁打造成的六棱形铁棒。长一尺，一头细，从中间开始逐渐粗大。手拿细头，细头顶端安一小锤做装饰，就像现在河陇军人巡逻时用的木棒。也可以打造成锤形，或者打造成斧形，这些全凭个人的爱好。

原文

火筴：一名箸，若常用者，圆直一尺三寸。顶平截，无葱薹句鏁[①]之属。以铁或熟铜制之。

注释

①葱薹句鏁：薹，读作tàn，葱的籽实，长在葱的顶部，呈圆珠形。句，通“勾”，弯曲形。鏁，即“锁”的异体字。

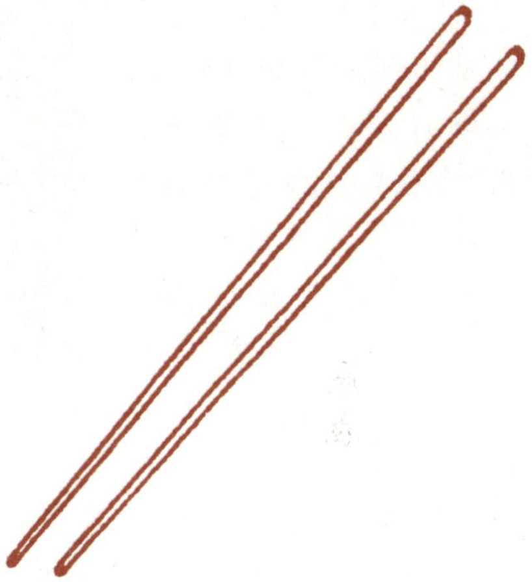

译文

火筴：又叫箸，就是平常用的火钳，圆直形，长一尺三寸，顶端平齐，饰有葱台、勾鏁之类的东西。用铁或熟铜制成。

原文

鍑（音辅，或作釜，或作鬴）：以生铁为之。今人有业冶者，所谓急铁，其铁以耕刀之趄[①]炼而铸之。内抹土而外抹沙。土滑于内，易其摩涤；沙涩于外，吸其炎焰。方其耳，以令正也。广其缘，以务远也。长其脐，以守中也。脐长，则沸中；沸中，末易扬，则其味淳也。洪州[②]以瓷为之，莱州[③]以石舄[④]为之。瓷与石皆雅器也，性非坚实，难可持久。用银为之，至洁，但涉于侈丽。雅则雅矣，洁亦洁矣，若用之恒，而卒[⑤]归于铁也。

注释

①耕刀之趄：耕刀，即锄头、犁头。趄，读音jū。艰难行走之意，成语有“趑趄不前”，此处引申为坏的、旧的。

②洪州：唐时州名。治所在今江西南昌一带。

③莱州：唐时州名。治所在今山东掖县一带。

④石舄：通石，近似陶器。

⑤卒：终究。

译文

镀(音辅,或作釜,或作鬴):用生铁制造而成。如今有人经营冶炼业就用“急铁”,也就是坏锄头之类回炉再炼的铁。铸造时,模芯外面涂抹泥土,外模里面涂抹细沙。土能使锅内面光滑,便于洗刷,沙能使锅外粗涩,吸热很快。两个锅耳制成方形,使锅提起时端正。锅沿要宽,可以用得时间长些;锅腹要深,使煮茶的水不超过中部。这样,锅深了,茶水就在锅的中部沸腾,茶叶在沸水中翻滚不会溢出,这种方法煮的茶水味道就格外的醇厚。洪州人用瓷制造锅,莱州人用石头制造锅。瓷锅和石锅都是雅致的东西,但天性不坚固不结实,很难持久使用。也有人用银制造锅,当然是很干净,但是过于奢侈华丽。而这些用瓷、石、银制造的锅,要说雅致,确实很雅致;要论洁净,也非常洁净,但如果想长久耐用,还是以铁制的为好。

原文

交床①:以十字交之,剜②中令虚,以支镀也。

注释

①交床:锅座。

②剜:挖掉。

译文

交床:是用十字交叉的木架拼制而成的,中间掏空,用来支放茶锅。

原文

夹：以小青竹为之，长一尺二寸。令一寸有节，节以上剖之，以炙茶也。彼竹之筱①，津润于火，假其香洁以益茶味。恐非林谷间莫之致。或用精铁、熟铜之类，取其久也。

注释

①彼竹之筱：筱，竹的一种，也称为小箭竹。

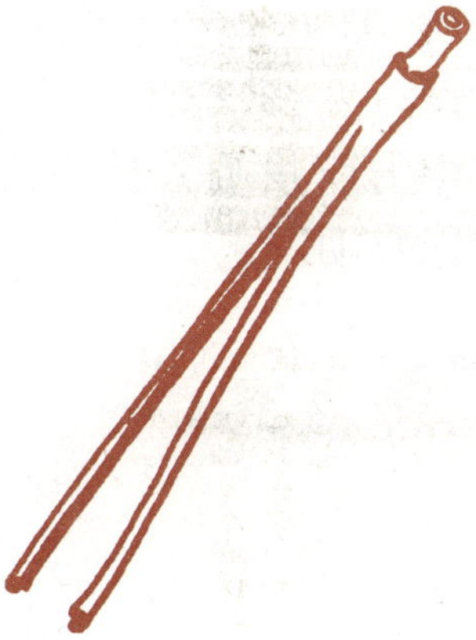

译文

夹子：用小青竹制成。长一尺二寸。青竹的上端一寸处，要留有竹节。竹节以下对半剥开，用来夹烤茶饼。小青竹的汁液，受到火烤后就会散发香气。增加茶叶的香味。但不去丛林深谷是找不见这种小青竹的，也可用精铁、熟铜打造夹子，会更经久耐用。

原文

纸囊：以剡藤纸①白厚者夹缝之，以贮所炙茶，使不泄其香也。

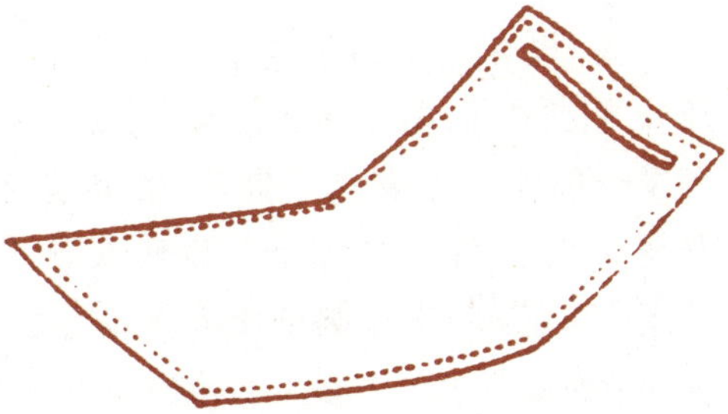

注释

①剡藤纸：产于唐时浙江剡县、用藤为原材料制成的纸，洁白细腻有韧性，为唐时包茶专用纸。

译文

纸囊：用两层又白又厚的剡藤纸做成。用来贮放烤好的茶，使香气不散失。

原文

碾（含拂末）：碾以橘木为之，次以梨、桑、桐、柘[1]为之。内圆而外方。内圆，备于运行也；外方，制其倾危也。内容堕[2]而外无余。木堕，形如车轮，不辐而轴焉。长九寸，阔一寸七分。堕径三寸八分，中厚一寸，边厚半寸。轴中方而执圆。其拂末，以鸟羽制之。

注释

①柘（zhè）：一种树。

②堕（tuǒ）：同砣，碾砣。

译文

碾（包含拂末）：用橘木制作最好，其次是用梨、桑、桐、柘等木制作。形状内圆外方。内圆，便于碾轮滚碾；外方，可提防碾的倾倒。碾槽以恰好容下碾轮没有多余的地方为最佳。碾轮，形状像车轮，但没有辐条只有一个轴穿在中间。碾槽长九寸，宽一寸七分。碾轮直径三寸八分。中心厚一寸，周边厚半寸。轴的中心是方形，两手抓的地方是圆形。用来刷茶末的“拂束”，是用鸟的羽毛制作而成的。

原文

罗、合：罗末以合盖贮之，以则置合中。用巨竹剖而屈[1]之，以纱绢衣[2]之。其合，以竹节为之，或屈杉以漆之。高三寸，盖一寸，底二

寸,口径四寸。

注释

①屈:弯曲。
②衣:蒙上。

译文

罗、合:由箩筛下来的茶末,用茶盒贮藏,把挑匙也放在盒里。罗,先削一大竹片弯曲成圆形,用纱或绢蒙上绷紧做筛面。茶盒,用竹子的枝节制作而成,也可将杉木弯曲成圆形,外面涂抹上漆。盒高三寸,其中盒盖高一寸,盒身高二寸,口径为四寸。

原文

则:以海贝、蛎蛤之属,或以铜、铁、竹匕①、策之类。则者,量也,准也,度也。凡煮水一升。用末方寸匕②。若好薄者减之,嗜浓者增之。故云则也。

注释

①竹匕:匕,读bǐ,匙子。
②用末方寸匕:用竹匙挑起茶叶末一平方寸。

译文

则:用海贝、牡蛎、蛤蜊之类的小介壳制作,或者用铜、铁、竹制作成匙形。则,就是称度、标准、量取的意思,大概煮一升

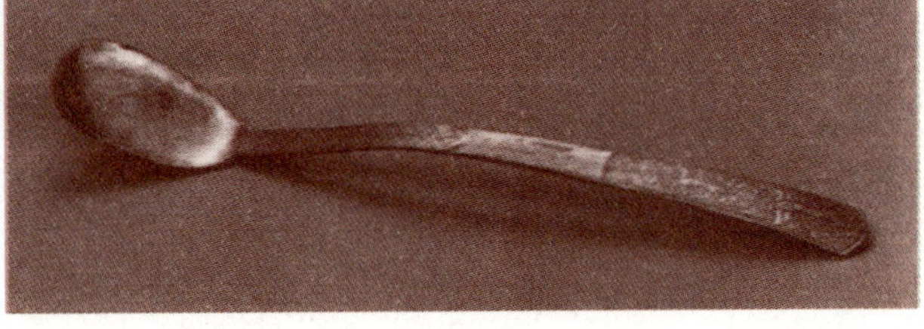

水，用茶末一平方寸。如喜欢喝淡茶，就少放些茶末，习惯喝浓茶就多加些茶末。挑匙就是标准量器，所以称为“则”。

原文

水方[①]：以椆木（音胄，木名也。）、槐、楸、梓等合之，其里并外缝漆之。受一斗。

注释

①水方：盛水盆。

译文

水方：用椆木（音胄，木名也）、槐木、楸木、梓木等木片合制而成的桶，它的里外包括缝隙都要严密并用漆漆好。每只桶盛一斗水。

原文

漉水囊[①]：若常用者。其格以生铜铸之。以备水湿，无有苔秽[②]、腥涩之意；以熟铜，苔秽；铁，腥涩也。林栖谷隐者或用之竹木。木与竹非持久涉远之具，故用之生铜。其囊，织青竹以卷之，裁碧缣[③]以缝之，纫翠钿[④]以缀[⑤]之，又作绿油囊以贮之。圆径五寸，柄一寸五分。

注释

①漉水囊：漉，读音 lù，滤过。漉水囊，即滤水的袋子。

②苔秽：指铜绿。

③缣：细绢。

④翠钿：翠是翡翠，钿是金花。

⑤缀：缝，装饰。

译文

漉水囊：如同人们常用的过滤袋一样。承托滤水袋的框格，要用生铜铸造，以便水浸湿后没有铜绿苔臭和腥涩的气味。若用熟铜铸造，会生铜绿苔臭；用铁铸造，有腥涩气味。在树林中和山谷里隐居的人，经常用竹木制作。木和竹长久不耐用，不易远行携带，很容易损坏，所以最好还是用生铜铸造。滤水的袋子，用青竹片卷制而成，再裁一块碧绿色的丝绢缝上，可以装饰一些细小的翠玉、螺钿。再制作一个绿色的油绢袋，把滤水袋装起来。滤水袋的口径长五寸，手握处长一寸五分。

原文

瓢：一曰牺杓，剖瓠为之，或刊木为之。晋舍人杜毓[①]《荈赋》云："酌之以匏"。匏，瓢也，口阔，胫薄，柄短。永嘉中，余姚人虞洪入瀑布山采茗，遇一道士云："吾，丹丘子，祈子他日瓯牺之余，乞相遗[②]也。"牺，木杓也。今常用以梨木为之。

注释

①杜毓：西晋时人，字方叔，曾任中书舍人等职。

②遗(wèi)：赠送。

译文

瓢：又叫牺、杓。把瓠瓜(葫芦)剖开制成，或是用树木挖成。西晋的中书舍人杜毓在《荈赋》里写道："酌之以匏"。匏就是瓢，口径大，壳薄，把柄处短。西晋永嘉年间，余姚人虞洪到瀑布山采茶，遇到一名道士对他说："我叫丹丘子，希望你以后牺杯里有多余的茶水时，就赠送我一些。"牺，就是木勺。现在人们通常用梨木制作。

原文

竹筴[1]：或以桃、柳、蒲葵木为之，或以柿心木为之。长一尺，银裹两头。

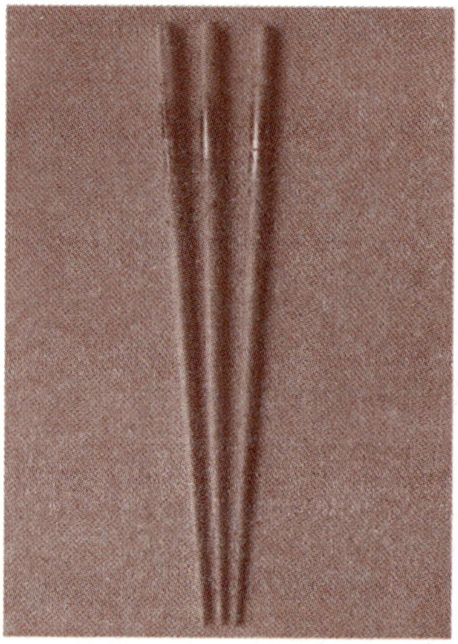

注释

①筴：筷子。

译文

竹筴：可以用桃木、柳木或者棕榈木制作，也可以用柿心木制作。长一尺，两端用银包裹。

原文

鹾簋[1]（含揭）：以瓷为之，圆径四寸，若合形。或瓶、或罍[2]，贮盐花也。其揭[3]，竹制。长四寸一分，阔九分。揭，策也。

注释

①鹾簋：盐罐。鹾，读作cuó，盐。簋，读作guǐ，古代盛食物的圆口竹器。

②罍（léi）：坛子。

③揭：长柄勺子。

译文

鹾簋（包含揭）：用瓷制作而成，口径四寸，形状像盒子。也可以用瓶子，或者陶盒，储存细盐。揭，用竹子制作而成，长四寸一分，宽九分。揭，就是竹片。

原文

熟盂[1]:以贮熟水。或瓷、或砂。受二升。

注释

①熟盂:放热水的容器。

译文

熟盂:开水瓶,储存开水用的。可以用瓷制作,也可用沙石制作。可以盛放二升水。

原文

碗:越州上,鼎州、婺州[1]次;岳州上,寿州、洪州次。或以邢州[2]处越州上,殊为不然。若邢瓷类银,则越瓷类玉,邢不如越一也;若邢瓷类雪,则越瓷类冰,邢不如越二也;邢瓷白而茶色丹,越瓷青而茶色绿,邢不如越三也。晋杜毓《荈赋》所谓:"器择陶拣,出自东瓯"。瓯,越州也,瓯越上,口唇不卷,底卷而浅,受半升以下。越州瓷、岳瓷皆青,青则益茶,茶作红白之色。邢州瓷白,茶色红;寿州瓷黄,茶色紫;洪州瓷褐,茶色黑,悉不宜茶。

注释

①越州、鼎州、婺州:越州,治所在今浙江省绍兴地区。唐时越窑主要在余姚,所产青瓷,极其名贵。鼎州,治所在今陕西省泾阳三原一带。婺州,治所在今浙江省金华一带。

②岳州、寿州、洪州、邢州:都是唐时州郡名。治所分别在今湖南岳阳、安徽寿县、江西南昌、河北邢台一带。

译文

碗：茶碗，越州产的品质最好，鼎州、婺州的差些，又岳州的好，寿州、洪州的差些。有人认为邢州的茶碗质地位于越州之上，其实绝对不是这样。如果说邢州的瓷器像白银，那越州的瓷器就如同玉石，这是邢瓷比不上越瓷的第一点；如说邢瓷像雪，那越瓷就像冰，这是邢瓷比不上越瓷的第二点；邢州的瓷碗颜色白，用来盛茶水，茶水呈现红色；越州的瓷碗颜色青，用来盛茶水，茶水呈现绿色，这是邢瓷比不上越瓷的第三点。西晋杜毓的《荈赋》说："器择陶拣，出自东瓯"。瓯，就是指越州，说明越瓷属于上等品。这种茶碗口沿不外翻，底向外卷而不高，每碗盛放茶水半升以下。越州瓷和岳州瓷都是青色，青色衬托茶水能增强茶色，茶水呈现绿色。邢州瓷是白色，茶水呈现红色；寿州瓷是黄色，茶水呈现紫色；洪州瓷是褐色，茶水呈现黑色，都不适合做茶碗。

原文

畚[1]：以白蒲卷而编之，可贮碗十枚，或用筥。其纸帊以剡纸夹缝令方，亦十之也。

注释

①畚：读作 běn，即簸箕。

译文

畚：簸箕，用白蒲叶卷拢编织而成，可用来装储十只茶碗，也可以用筥装储。包裹茶碗用的纸套，用双层剡藤纸缝合成方形，也可装储十个。

原文

札：缉栟榈[1]皮，以茱萸木夹而缚之，或截竹束而管之，若巨笔形。

注释

①栟(bīng)榈:指棕榈。

译文

札:用茱萸木夹上棕榈皮,捆紧。或用一段竹子,扎上棕榈纤维,像大毛笔的样子(做刷子用)。

原文

涤方[1]:以贮洗涤之余。用楸木合之,制如水方,受八升。

注释

①涤方:指洗涤盆。

译文

涤方:洗涤盆,用来储存洗涤用水的。是用楸木板拼合制成的,制法和"水方"一样,通常可盛放八升水。

原文

滓方[1]:以集诸滓,制如涤方,受五升。

注释

①滓方:指茶渣盆。

译文

滓方：用来盛各种茶渣。制作如涤方，容积五升。

原文

巾：以絁布[①]为之。长二尺，作二枚，互用之，以洁诸器。

注释

①絁布：絁，读音 shī，粗绸。

译文

巾：用粗布绸制作而成。每条长二尺，做两条，轮换使用，用它清洁擦拭各种器具。

原文

具列：或作床，或作架。或纯木、纯竹而制之；或木或竹，黄黑可扃[①]漆者。长三尺，阔二尺，高六寸。具列者，悉敛诸器物，悉以陈列也。

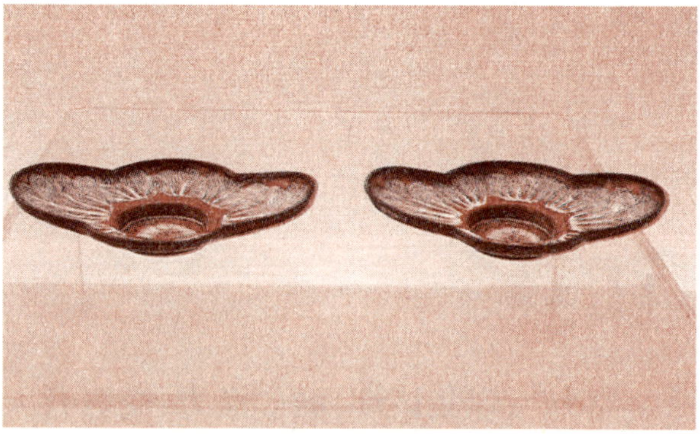

注释

①扃（jiōng）：可关可锁的门。

译文

具列：做成床形或架形，或纯用木制，或纯用竹制。也可木竹兼用，做成小柜，漆作黄黑色，有门可关，长三尺，宽二尺，高六寸。其所以叫它具列，是因为可以贮放陈列全部器物。

原文

都篮：以悉设诸器而名之，以竹篾，内作三角方眼，外以双篾阔者经之，以单篾纤者缚之，递压[①]双经，作方眼，使玲珑。高一尺五寸，底阔一尺，高二寸，长二尺四寸，阔二尺。

注释

①递压：交替编织。

译文

都篮：因可以存放各种器具而得名。用竹篾制作而成，里面编织成三角形方眼，外面有较宽的双层竹篾制成经线，再用较窄的单层竹篾缚绑，单篾依次压住双篾经线，并编成方形孔眼使它看起来精巧细致，玲珑美观。“都篮”高一尺五寸（其中底部宽一尺，高二寸），长二尺四寸，宽二尺。

续茶经

原文

《御史台记》:唐制:御史有三院:一曰台院,其僚为侍御史;二曰殿院,其僚为殿中侍御史;三曰察院,其僚为监察御史。察院厅居南。会昌初,监察御史郑路所葺①礼察厅,谓之松厅,以其南有古松也。刑察厅谓之魇厅,以寝于此者多梦魇②也。兵察厅主掌院中茶,其茶必市蜀之佳者,贮于陶器,以防暑湿。御史辄躬亲缄启,故谓之茶瓶厅。

注释

①葺:草初生的样子,这里用作新建之意。

②魇:指梦中惊叫。

译文

《御史台记》记载:唐代将御史分为三院:一是台院,这里的官位是侍御史;二是殿院,这里的官位是殿中侍御史;三是察院,这里的官位是监察御史。察院大厅在南面。会昌初年,监察御史郑路修建的礼察厅被称为松厅,这是因为它的南面有古松。刑察厅被称为魇厅,因为大多数在这里睡觉的人都会梦见魔鬼。兵察厅主要管理院中的茶叶,这里的茶叶必须是蜀地市场上最好的,把它们储存在陶器里,避免高温潮湿。御史曾经亲自为它封口,所以称这里为茶瓶厅。

原文

《资暇集》:“茶托子,始建中蜀相崔宁之女,以茶杯无衬,病其熨指,取楪[①]子承之。既啜而杯倾。乃以蜡环[②]楪子之央,其杯遂定,即命工匠以漆代蜡环,进于蜀相。蜀相奇之,为制名而话于宾亲,人人为便,用于当代。是后传者更环其底,愈新其制,以至百状焉。”“贞元初,青郓油缯为荷叶形,以衬茶碗,别为一家之楪。今人多云托子始此,非也。蜀相即今升平崔家,讯则知矣。”

注释

①楪(dié):同碟。

②蜡环:把蜡烤软,制成茶杯底大小的蜡环,放在楪子中央,用以放置杯子,以防倾倒。

译文

《资暇集》记载:“茶托是从建中年间蜀国丞相崔宁的女儿兴起的,因为茶杯没有什么东西可以托住拿稳的,所以烫伤了她的手指,拿板子托往,再喝茶的时候杯子却倒了。把它放在蜡黄色的圆形木板中间,她的杯子才稳定下来,随即让工匠用油漆代替蜡黄色,献给丞相。丞相非常惊奇,为它取名并且告诉了宾客亲友,每个人都认为它很方便,从那时就开始用了。只是后来继承者将它的底部弄得更圆,做法更加新奇,甚至有上百种形状。”“贞元初年,青郓人把它装饰成荷叶的形状,用来衬托茶碗,成为独一无二的风格。现在的人大多认为托盘从这里开始,其实不是。蜀国丞相就是今天的崔升家,你们现在知道了吧!”

原文

《大观茶论·茶器》:“罗、碾。碾以银为上,熟铁次之。槽欲深而峻,轮欲锐而薄。罗欲细而面紧,碾必力而速。惟再罗,则入汤轻泛,粥面光凝,尽茶之色。”“盏须度茶之多少,用盏之大小。盏高茶少,则

掩蔽茶色；茶多盏小，则受汤不尽。惟盏热，则茶发立耐久。”“筅以筋竹老者为之，身欲厚重，筅欲疏劲[1]，本欲壮而末必眇，当如剑脊之状。盖身厚重，则操之有力而易于运用。筅疏劲如剑脊，则击拂虽过，而浮沫不生。”“瓶宜金银，大小之制惟所裁给。注汤利害，独瓶之口嘴而已。嘴之口差大而宛直，则注汤力紧而不散。嘴之末欲圆小而峻削，则用汤有节而不滴沥。盖汤力紧则发速有节，不滴沥则茶面不破。”“勺之大小，当以可受一盏茶为量。有余不足，倾勺烦数。茶必冰矣。”

注释

①疏劲：指小笤帚茶筅的头要破为硬丝，这样既松散又有力，便于搅动茶汤，而不泛起浮沫。

译文

《大观茶论·茶器》记载：“罗、碾。碾用银制的最好，熟铁差一点。槽内应尽量深一些，轮子最好薄而且锋利。罗筛适合小巧细密，碾的时候必须用力快速。只有一直筛罗，茶放进开水的时候才会浮在水面上，色泽光艳，极近茶的颜色。”“一杯茶所用茶叶的多少取决于茶杯的大小。杯子高茶少，就会掩盖茶叶的颜色，茶叶多而杯子小，就会只有杯子是热的而茶叶不能完全接受热量。如果只是杯子热了，那么泡开茶叶就需要很长时间。”“刷洗工具应该用老竹，竹子要厚实，刷子要扎结实，上粗下细，就像剑脊一样。因为刷子厚重，需要用力拿它，用起来更得手。刷子疏劲有力跟剑背一样，那样的话，即使用力拂过桌面也不会产生泡。”“瓶子应用金银铸造，至于大小，要根据实际情况而定。倒茶的关键只是瓶口而已。瓶嘴大而且近于直的话，倒茶力道紧凑就不容易泼掉。嘴小而且峻削，倒茶时不会滴沥。”“勺子的大小应当以倒满一杯茶为标准。有的太小，多次用勺，茶就容易凉了。”

原文

蔡襄《茶录·茶器》：“茶焙，编竹为之，裹以箬叶[1]。盖其上以收火也，隔其中以有容也。纳火其下，去茶尺许，常温温然，所以养茶色

香味也。”“茶笼，茶不入焙者，宜密封裹，以箬笼盛之，置高处，切勿近湿气。”“砧椎，盖以碎茶。砧，以木为之，椎则或金或铁，取于便用”“茶钤，屈金铁为之，以炙茶。”“茶碾，以银或铁为之。黄金性柔，铜及鍮石皆能生锃[2]，不入用。”“茶罗，以绝细为佳。罗底用蜀东川鹅溪绢[3]之密者。投汤中揉洗以罩之。”“茶盏，茶色白，宜黑盏。建安所造者绀[4]黑，纹如兔毫，其坯微厚。熁[5]之久热难冷，最为要用。出他处者，或薄或色紫，不及也。其青白盏，斗试自不用。”“茶匙要重，击拂有力。黄金为上，人间以银铁为之。竹者太轻，建茶不取。”“茶瓶要小者，易于候汤[6]，且点茶注汤有准。黄金为上，若人间以银铁或瓷石为之。若瓶大啜存，停久味过，则不佳矣。”

注释

①箬(ruò)叶：箬竹，竹子的一种，叶大而宽，可用作包茶叶和粽子。

②锃：锈。

③鹅溪绢：鹅溪在四川盐亭西北八十里，产绢，质量很好，唐时即成为贡品，宋代作书画讲究用它代纸。

④绀(gàn)：红青色，微微带红的黑色。

⑤熁(xié)：火逼近谓熁。

⑥候汤：煮茶时要辨别茶汤，未熟则沫浮，过熟则茶沉，要等到恰到好处。

译文

蔡襄《茶录·茶器》：“茶焙，用竹子编织成的，在外面裹上一层竹叶。盖在上面，是为了让它更耐火，将它的中间隔开，是为了增大里面的空间。在它的下面烧火，放上一定的茶水，可以保持它温热的状态，这是为了保持茶清香的本色。”“茶笼，茶叶如果不焙烤，就应该密封包裹起来装进竹笼里，放在高处，千万不要靠近潮湿的地方。”“椎和砧板，是用来碾碎茶叶的。砧板，是用木头制成的，椎可以是金可以是铁，取决于哪种使用更方便。”“茶钤，可以用弯曲的金铁来做，是用来煮茶的。”“茶碾，用银或铁做成的。黄金是柔性的，铜和鍮石又容易生锈，所以不能用。”“茶罗，越细密越好。罗底用蜀地东川细密的鹅溪绢，把它放进水里洗完再罩在上面。”“茶杯，茶的颜色很白，容易把茶杯弄脏。建安年间制造的都是黑色的，上面的纹理就像兔毛一样，它的内壁有点厚，能够保持温度不会很快冷却，这是最重要的。其他地方出产的，不是太薄了就是颜色太深了，不能同它比。青白色的杯子，斗试的时候不能用。”“茶匙要重，这样方便用力，黄金最好，普通的是用银铁制造。竹子太轻了，建茶不提倡。”“茶瓶要小的，容易煮茶，而且往杯子里面倒茶的时候要非常准确。黄金的最好，不过大家都用银铁或瓷器来做。如果瓶子大了就要留着慢慢喝，放置过久味道就会变，那就不好了。”

原文

孙穆《鸡林类事》：高丽[①]方言，茶匙曰茶戍。

《清波杂志》：长沙匠者，造茶器极精致，工直之厚，等所用白金[②]之数[③]，士大夫家多有之，置几案间，但知以侈靡相夸，初不常用也。凡茶宜锡，窃意以锡为合[④]，适用而不侈。贴以纸[⑤]，则茶味易损。张芸叟云：吕申公家有茶罗子，一金饰，一棕栏。方接客索银罗子，常客也；金罗子，禁近也；棕栏，则公辅必矣。家人常挨排于屏间以候之。

注释

①高丽：指高句丽。

②白金：银子。

③数，计量单位，相当于说两或钱。

④合：指盒。

⑤贴以纸：指用纸包。

译文

孙穆《鸡林类事》：高丽的方言，把茶匙说成茶戍。

《清波杂志》：长沙的工匠制作的茶器非常精致，工钱也同所用的白金数量差不多，仕宦人家大多有这种东西，把它放在茶几案头，只是用来炫耀财富，起初并不常用。凡是茶器都应该用锡，因为这样既适用又不显得太奢侈。贴上纸的话，茶味就容易受损。张云老先生说：吕申家里有两个茶罗子，一个是金的，一个是棕榈的。如果用银罗子接待客人，说明这只是一位普通的朋友；如果用金罗子，那就表示是很亲近的朋友；如果用棕榈的话，吕申肯定在一旁相陪。家里的下人都在屏风的后面等待上前伺候。

原文

《黄庭坚集·同公择咏茶碾》诗:要及新香碾一杯,不应传宝到云来。碎身粉骨方余味,莫厌声喧万壑雷。

陶谷《清异录》:富贵汤[①]当以银铫煮之,佳甚。铜铫煮水,锡壶注茶,次之。

注释

①富贵汤:用银铫(锅)煮茶当时称为富贵汤。

译文

《黄庭坚集·同公择咏茶碾》有诗云:要及新香碾一杯,不应传宝到云来。碎身粉骨方余味,莫厌声喧万壑雷。

陶谷《清异录》:富贵汤应该用银制的铫子煮,那就非常好了。如果用铜铫子煮水,锡壶用来倒茶的话,就要差一点。

原文

《苏东坡集·扬州石塔试茶》诗:坐客皆可人,鼎器手自洁。

《秦少游集·茶臼》诗:幽人耽茗饮,刳木事捣撞。巧制合臼形,雅音伴柷[①]椌[②]。

《文与可集·谢许判官惠茶器图》诗:成图画茶器,满幅写茶诗。会说工全妙,深谙句特奇。

注释

①柷(zhù):古代一种打击乐器,用来表示音乐节奏。

②椌(qiāng):古乐器名。

译文

《苏东坡集·扬州石塔试茶》诗云:坐客皆可人,鼎器手自洁。

《秦少游集·茶臼》诗云:幽人耽茗饮,刳木事捣撞。巧制合臼形,雅音伴柷椌。

《文与可集·谢许判官惠茶器图》诗云:成图画茶器,满幅写茶诗。会说工全妙,深谙句特奇。

原文

谢宗可《咏物诗·茶筅》:此君一节莹无瑕,夜听松声漱玉华。万里引风归蟹眼,半瓶飞雪起龙芽。香凝翠发云生脚,湿满苍髯[1]浪卷花。到手纤毫皆尽力,多因不负玉川家。

注释

①髯:读作rán。

译文

谢宗可《咏物诗·茶筅》:此君一节莹无瑕,夜听松声漱玉华。万里引风归蟹眼,半瓶飞雪起龙芽。香凝翠发云生脚,湿满苍髯浪卷花。到手纤毫皆尽力,多因不负玉川家。

原文

《乾淳岁时记》:禁中大庆会,用大镀金𣇃,以五色果簇钉[1]龙凤,

谓之绣茶。

《演繁露》:《东坡后集二·从驾景灵宫》诗云:"病贪赐茗浮铜叶。"按今御前赐茶皆不用建盏,用大汤氅,色正白,但其制样似铜叶汤氅耳。铜叶色黄褐色也。

注释

①簇钉:拼成。

译文

《乾淳岁时记》:皇宫里举行重大庆祝活动的时候都会用镀金的大氅,用五色果拼成龙凤的形状,叫做绣茶。

《演繁露》:《东坡后集二·从驾景灵宫》诗中写道:"病贪赐茗浮铜叶。"但是现在御赐的茶水都不用建安时期的茶杯,用大的汤氅,颜色纯白,只是它的式样同铜叶汤氅一样。铜叶色,就是黄褐色。

原文

周密《癸辛杂志》:宋时长沙茶具精妙甲天下。每副用白金三百星或五百星,凡茶之具悉备。外则以大缨银合贮之。赵南仲丞相帅潭,以黄金千两为之,以进尚方[①]。穆陵大喜,盖内院之工所不能为也。

注释

①尚方:皇室放置器物的地方。

译文

周密《癸辛杂志》:宋朝时期湖南长沙的茶具是天下最精致的。每副茶具用三百星或者五百星的白金,只要是茶器都备齐。用大银盒子装起来。丞相赵南仲曾经用上千两黄金制作,然后把它进献给皇上。皇上非常喜欢,因为这些都是宫里的工匠做不出来的。

原文

杨基《眉庵集·咏木茶炉》诗:绀绿仙人炼玉肤,花神为曝紫霞腴。九天清泪沾明月,一点芳心讬鹧鸪。肌骨已为香魄死,梦魂犹在露团枯。孀娥莫怨花零落。分付余醺与酪奴①。

注释

①酪奴:指茶汤。

译文

杨基《眉庵集·咏木茶炉》诗:绀绿仙人炼玉肤,花神为曝紫霞腴。九天清泪沾明月,一点芳心讬鹧鸪。肌骨已为香魄死。梦魂犹在露团枯。孀娥莫怨花零落,分付余醺与酪奴。

原文

张源《茶录》:"茶铫,金乃水母①,银备刚柔,味不咸涩,作铫最良。制必穿心。令火气易透。""茶瓯以白瓷为上,蓝者次之。"

注释

①水母:这里指道家的修炼之术,认为金乃水母,母隐子胎。

译文

张源《茶录》记载："茶铫子，金属于水母，银就刚柔相济，味道也不会咸涩，用它来做铫子最好。制作的时候必须在中间打眼，这样火就容易穿透。""茶瓯用白色的瓷器最好，蓝色就要差一点。"

原文

闻龙《茶笺·茶鍑》：山林隐逸，水铫[①]用银尚不易得，何况鍑乎。若用之恒，归于铁也。

罗廪《茶解》："茶炉，或瓦或竹皆可，而大小须与汤铫称。凡贮茶之器，始终贮茶。不得移为他用。"

注释

①水铫：煎水的用器。

译文

闻龙《茶笺·茶鍑》：隐居在山林里面的隐士，不容易得到银制的水铫子，何况是金呢？如果要用，只能用铁制的了。

罗廪《茶解》："茶炉，瓦制的和竹制的都可以。大小要同汤铫子相配套。用来装茶的器具，只能装茶，不能有其他的用途。"

原文

李如一《水南翰记》：韵书无甇[①]字，今人呼盛茶酒器曰甇。

《檀几丛书》：品茶用瓯，白瓷为良，所谓"素瓷传静夜，芳气满闲轩"也。制宜弇口邃肠，色浮浮而香不散。

注释

①甓(biē):一种装茶或酒的容器。

译文

李如一《水南翰记》中写道:韵书里面没有甓这个字,现在的人把装茶和酒的器具称为甓。

《檀几丛书》:品茶用的瓯,白瓷的最好,正所谓"素瓷传静夜,芳气满闲轩"。样子应该是口小腹大,颜色浮浮而且香气不会轻易散去。

原文

《茶说》:器具精洁,茶愈为之生色。今时姑苏之锡注,时大彬之砂壶,汴梁[1]之锡铫,湘妃竹之茶灶,宣成窑之茶盏,高人词客、贤士大夫,莫不为之珍重。即唐宋以来,茶具之精,未必有如斯之雅致。

《闻雁斋笔谈》:茶既就筐,其性必发于日,而遇知己于水。然非煮之茶灶、茶炉,则亦不佳。故曰饮茶富贵之事也。

注释

①汴梁:汴梁位于中国河南省中部偏东(古代称东京),是北宋时的国都,简称汴,是中国七大古都和国务院首批公布的24座历史文化名城之一,现在称为开封市。

译文

《茶说》:如果器具洁净,那么茶的味道也会更加出色。今天姑苏的锡具,当时大彬的砂壶,汴梁的锡铫子,湘妃竹做成的茶灶,宣成窑里的茶杯,文人墨客、仕宦官员没有不珍惜的。唐宋以来,茶具的精妙之处,都没有这样雅致的。

《闻雁斋笔谈》:把茶叶装进了筐里,它的本味会在短时间里散去,而茶的知己是水。但是如果不是用煮茶的灶、炉来煮，那也不会好。所以说饮茶是富贵的事情。

原文

《雪庵清史》："泉洌[①]性驰[②]，非扃以金银器，味必破器而走矣。有馈[③]中泠泉[④]于欧阳文忠者，公讶曰：'君故贫士，何为致此奇贶[⑤]？'徐视馈器，乃曰：'水味尽矣。'噫！如公言，饮茶乃富贵事耶。尝考宋之大小龙团，始于丁谓，成于蔡襄。公闻而叹曰：'君谟[⑥]士人也，何至作此事！'东坡诗曰：'武夷溪边粟粒芽[⑦]，前丁后蔡[⑧]相笼加，吾君所乏岂此物，致养口体何陋耶。'此则二公又为茶败坏多矣。故余于茶瓶而有感。""茶鼎，丹山碧水之乡，月涧云龛[⑨]之品。涤烦消渴，功诚不在芝术[⑩]下。然不有似泛乳花浮云脚，则草堂暮云阴，松窗残雪明，何以勺之野语清。噫！鼎之有功于茶大矣哉。故日休有'立作菌蠢[⑪]势，煎为潺湲[⑫]声'，禹锡有'骤雨松风入鼎来，白云满碗花徘徊'，居仁有'浮花原属三昧手，竹斋自试鱼眼汤'，仲淹有'鼎磨云外首山铜，瓶携江上中泠水'，景纶有'待得声闻俱寂后，一瓯春雪胜醍醐'。噫！鼎之有功于茶大矣哉。虽然，吾犹有取卢仝'柴门反关无俗客，纱帽笼头自煎吃'，杨万里'老夫平生爱煮茗，十年烧穿折脚鼎'。如二君者，差可不负此鼎耳。"

注释

①洌：寒冷。

②驰：跑掉。泉洌性驰，指泉水性寒，它的味道极易散发。

③馈：赠送。

④中泠(或作零)泉：唐代刘伯刍称为第一泉的扬子江南零水，在唐以后的文献中，多认为是中泠水。长江水流至江苏丹徒县金山一带，分为三泠、即南泠、北泠、中泠。中泠在金山附近，乱流夹石中，很难汲取。一些达官贵人多冒险在中泠自取或派人代汲水。到了明清时代，金山已成为旅游胜地。山上的佛寺(即金山寺，传说中白娘子与小青水漫金山寺的故事发生地)的和尚为了满足游客的需要，在山的西北挖了一口井，从中汲取的泉水，也称之为中泠泉，清代

张潮写有《中泠泉记》，述之甚详。

⑤贶：厚重的赐予。

⑥君谟：蔡襄字君谟，他是兴化仙游（今福建）人，进士出身，官至端明殿学士，北宋著名书法家。他和丁谓先后对采茶、制茶做了许多工作。

⑦粟粒芽：指初生茶芽如粟米粒一样大。

⑧前丁后蔡：指前有丁谓，后有蔡襄。

⑨龛：供佛像神位的小阁子。

⑩芝术：指医术，因灵芝能治病救人，故名。

⑪菌蠢：菌是竹笋。蠢，动的意思。

⑫潺湲：水徐徐流貌。

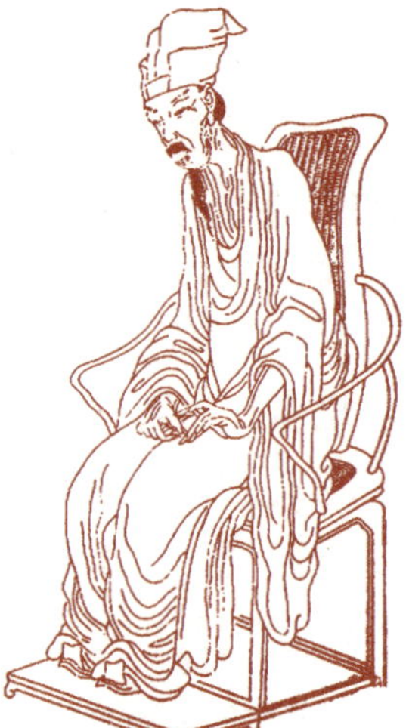

译文

《雪庵清史》："泉水甘冽容易走味，如果不用金银器具封存，味道很快就散失了。有人送中泠泉水给欧阳修，他惊讶地说：'您虽然贫穷，也不至于送这样奇怪的礼啊！'看到送水的器具，说：'水味已经没有了。'哎！如果像他这样说的话，喝茶真是一件富贵的事情。有人考证宋朝的茶叶大龙团和小龙团都是从丁谓开始，到蔡襄时期才渐渐成熟。欧阳修听说后叹息道：'君谟是贤士，为什么做出这样的事情呢？'东坡也在诗中说：'武夷溪边粟粒芽，前丁后蔡相笼加，吾君所乏岂此物，致养口体何陋耶。'这两人是由茶的弊端而发出的感慨呀！因此我对着茶瓶发出感慨。""茶鼎，山清水秀的地方，出产月涧云龛的东西，能够消除疲劳解除饥渴，功劳不在医术之下。如果没有飘着乳花浮着云脚的香茶，那么草堂暮色里，松窗残雪的月夜，又哪来的野语清谈的雅兴呢。哎！对于茶来说鼎的功劳实在是太大了。所以皮日休有'立作菌蠢势，煎为潺湲声'，刘禹锡有'骤雨松风入鼎来。白云满碗花徘徊'，居仁有'浮华原属三昧手，竹斋自试鱼眼汤'，范仲淹有'鼎磨云外首山铜，瓶携江上中泠水'，景纶有'待得声闻俱寂后，一瓯春雪胜醍醐'。哎，鼎对于茶的功劳多大呀。现在我仍然记得卢仝的那句'柴门反关无俗客，纱帽笼头自煎吃'，杨万里'老夫

平生爱煮茗，十年烧穿折脚鼎’。像这两人一样，才算是不辜负这个鼎啊。”

原文

冯时可《茶录》：芘莉[1]，一名篣筤，茶笼也。牺，木勺也，瓢也。

《宜兴志·茗壶》：陶穴环于蜀山，原名独山，东坡居阳羡时，以其似蜀中风景，改名蜀山。今山椒建东坡祠以祀之，陶烟飞染，祠宇尽黑。

冒巢民云：茶壶以小为贵，每一客一壶，任独斟饮，方得茶趣。何也？壶小则香不涣散，味不耽迟。况茶中香味，不先不后，恰有一时。太早或未足，稍缓或已过，个中之妙，清心自饮，化而裁之，存乎其人。

注释

①芘莉：芘，读作 bǐ。芘莉，竹制的盘子类器具。

译文

据冯时可《茶录》记载：芘莉，又叫篣筤，就是茶笼。牺，就是木勺或叫做瓢。

《宜兴志·茗壶》：陶穴在蜀山里。原名是独山，苏东坡在阳羡的时候，因为它跟蜀中的风景很像，所以将它改名为蜀山。现在山椒建有东坡祠堂可以祭祀苏东坡，因为被制陶的黑烟熏染，祠堂里都变黑了。

冒巢民说：茶壶越小越好，每一位客人一壶，任凭你独自斟饮，才能得到其中的乐趣。这是为什么呢？因为茶壶小香气就不容易散失，味道就不容易改变。何况茶中的香气不能早不能迟，只能保持一个时辰。太早就会显得不足，稍微慢点就可能过了最好的时刻，静下心来自斟自饮，品味消化都在个人了。

原文

周高起《阳羡茗壶系》：“茶至明代，不复碾屑[1]和香药制团饼，已远过古人。近百年中，壶黜[2]银锡及闽豫瓷，而尚[3]宜兴陶，此又远过前人处也。陶[4]曷取诸？取其制以本山土砂，能发真茶之色香味。不

但杜工部云‘倾金注玉惊人眼’，高流务以免俗也。至名手所作，一壶重不数两，价每一二十金，能使土与黄金争价。世日趋华，抑足感矣。考其创始，自金沙寺僧。久而逸[5]其名。又提学颐山吴公读书金沙寺中，有青衣[6]供春者，仿老僧法为之。栗色暗暗，敦庞周正，指螺纹隐隐可按，允称第一，世作龚春，误也。”“万历间，有四大家：董翰、赵梁、玄锡、时朋。朋即大彬父也。大彬号少山。不务妍媚[7]，而朴雅坚栗。妙不可思，遂于陶人[8]擅空群之目矣。此外则有李茂林、李仲芳、徐友泉；又大彬徒欧正春、邵文金、邵文银、蒋伯荂四人；陈用卿、陈信卿、闵鲁生、陈光甫；又婺源人陈仲美，重锼叠刻[9]，细极鬼工；沈君用、邵盖、周后溪、邵二孙、陈俊卿、周季山、陈和之、陈挺生、承云从、沈君盛、陈辰辈，各有所长。徐友泉所自制之泥色，有海棠红、朱砂紫、定窑白、冷金黄、淡墨、沉香、水碧、榴皮、葵黄、闪色、梨皮等名。大彬镌款[10]，用竹刀画之，书法娴雅。”“茶洗，式如扁壶，中加一盎[11]鬲而细窍[12]其底，便于过水漉沙。茶藏，以闭洗过之茶者。陈仲美、沈君用各有奇制。水杓、汤铫，亦有制之尽美者，要以椰瓢锡缶为用之恒。”“茗壶宜小不宜大，宜浅不宜深。壶盖宜盎不宜砥。汤力茗香俾得团结氤氲[13]，方为佳也。”“壶若有宿杂气，须满贮沸汤涤之，乘热倾去，即没于冷水中，亦急出水污之，元气复矣。”

注释

①碾屑：将茶碾成细末。

②黜：废止。

③尚：尊崇、重视。

④陶：用黏土制造的器物。宜兴陶则是用宜兴产的土砂制成的陶器。

⑤逸：失去。逸其名，忘掉了他的名字。

⑥青衣：古代以青衣是低贱人穿的，故多称奴婢为青衣。这里指书童。

⑦妍媚：华丽、媚俗。

⑧陶人：制陶器的工人。

⑨锼叠刻：用钢丝锯挖刻。

⑩镌款：雕刻落款。

⑪盎：这里指箄子。

⑫窍：小孔。

⑬氤氲(yīn yūn)：指壶中茶水气和香味弥漫。

译文

周高起《阳羡茗壶系》：“茶到了明代，不再碾成细屑和着香料制成饼状了，这比以前的人先进。最近百年来，壶淘汰了银锡和闽豫的瓷器，开始崇尚宜兴陶器，这又比古人先进多了。陶器有什么好处？陶器是用本山的沙土制造的，能够保持茶叶真正的香味，不但杜工部说‘倾金注玉惊人眼’，高雅的人士也免不了落入俗套啊！著名的手艺人所做的壶，不过几两重，每个壶就值一二十两黄金，能让土变得和黄金一样贵重。现在的生活越来越奢华，也足以让人感叹了。考究壶的创始，是由金沙寺的和尚发明的，时间长了名气就越来越大了。提学吴颐山在金沙寺里读书，有青色的供春茶壶，就是按照老和尚的方法做的。颜色很暗，沉实端正，隐隐约约的螺纹可以用手指按，称得上第一，人们把它叫做龚春，这可能是错误的叫法。”“万历年间，有四大家：董翰、赵梁、玄锡、时朋。时朋就是大彬的父亲。大彬号少山，不喜欢妍媚却崇尚朴雅。制作的陶器非常巧妙，擅长制陶的人也没有见过。此外还有李茂林、李仲芳、徐友泉；大彬的徒弟欧正春、邵文金、邵文银、蒋伯荂四个人；陈用卿、陈信卿、闵鲁生、陈光甫；还有婺源人陈仲美善于雕刻，细致得如鬼斧神工；沈君用、邵盖、周后溪、邵二孙、陈俊卿、周季山、陈和之、陈挺生、承云从、沈君盛、陈辰之辈，都有自己的长处。徐友泉自制的泥色，有海棠红色、朱砂紫色、定窑白色、冷金黄色、淡墨色、沉香色、水碧色、榴皮色、葵黄色、闪色、梨皮等色，大彬镌刻落款，用竹刀在上刻面，书法娴熟高雅。”“茶洗，样子像扁壶。中间有一个盎鬲能够探到它的底部，可以过水滤沙。茶藏，用来装洗过的茶叶。陈仲美、沈君用各有自己的奇特制品处。水勺、汤铫子也有制作得特别好的，如果用椰瓢和锡制作就能用得更长久。”“茶壶宜小不宜大，宜浅不宜深，壶盖应该满而不应该平。这样茶水清香馥郁氤氲，才是好的。”“壶里面如果留有其他的杂气，就需要用热水清洗，乘热倒掉，马上放到冷水里，再马上拿出把水倒掉，气味就不会再有了。”

原文

许次杼[①]《茶疏》：“茶盒以贮日用零茶。用锡为之，从大坛中分出，若用尽时再取。”“茶壶，往时对尚龚春，近日时大彬所制，极为人所重。盖是粗砂制成，正取砂无土气耳。”

注释

①许次杼（公元1549～1604年）：字然明，号南华，明钱塘人。一生所著诗书甚多，有《小品室》《荡栉斋》《茶疏》等作品。

译文

许次杼《茶疏》：“茶盒是用来放置每天所用的少量茶叶的，用锡做的，从大坛中取出少量的茶，如果用完了可以再去取。”“过去的茶壶崇尚龚春，现在大彬做的茶壶特别被人们重视。那是用粗砂做成的，因为粗砂没有泥土的气息。”

原文

臞仙说：臞仙[①]云：茶瓯者，予尝以瓦为之，不用瓷。以笋壳为盖，以槲叶赞覆于上，如箬笠状，以蔽其尘。用竹架盛之，极清无比。茶匙以竹编成，细如笊篱样，与尘世所用者大不凡矣，乃林下出尘之物

也。煎茶用铜瓶不免汤锃，用砂铫亦嫌土气。惟纯锡为五金之母，制铫能益水德。

谢肇淛《五杂俎》：宋初闽茶，北苑为最。当时上供者，非两府禁近不得赐，而人家亦珍重爱惜。如王东城有茶囊，惟杨大年至，则取以具茶，他客莫敢望也。

注释

①臞仙：指朱权，明太祖朱元璋之第十七子，晚号臞仙，又号涵虚子、丹丘先后，亦称宁献王。著有《家训》《宁国仪范》《汉唐秘史》《史断》《文谱》《诗谱》等数十种著作。

译文

茶瓯，我曾经尝试用瓦制作，而不用瓷。用笋壳做盖子，把槲叶聚拢放在上面，像斗笠一样，可以遮挡灰尘。再用竹架支起来，清幽无比。茶匙是用竹子编成的，像笊篱一样细小，与一般人用的有很大的区别，因为它是林子里面的东西。煎茶的时候用铜瓶汤会有异味，如果用砂铫子，又会显得土气，只有纯锡才是五金之母，做出的铫子对茶水有好处。

谢肇淛《五杂俎》：宋朝初年时候的闽茶，北苑的最好。是当时向皇上进贡的茶叶，不是两府的亲信就不可能得到赏赐，所以他们也更加珍重爱惜，像王东城有茶囊，只在杨大年到了的时候，才拿出来喝茶用，其他的客人就不可能受到这样的待遇。

原文

《支廷训集》有《汤蕴之传》，乃茶壶也。

文震亨[1]《长物志》：壶以砂者为上，既不夺香，又无熟汤气。锡壶有赵良璧者亦佳。吴中归锡，嘉禾黄锡，价皆最高。

注释

①文震亨（公元1585～1645年）：字启美，明湖广衡山人，系籍长州（今江苏苏州）。文徵明曾孙，文彭孙，文震孟之弟元发仲子。天启五年（1625年）恩贡，崇祯初为中书舍人，给事武英殿。书画咸有家风，山水韵格兼胜。

译文

《支廷训集》里有《汤蕴之传》，就是茶壶。

文震亨《长物志》：茶壶中砂壶是上品，既不会夺走茶的香气，也没有热水的味道。锡壶有赵良璧的也很好，吴中归锡、嘉禾黄锡的锡器，价钱都很高。

原文

《遵生八笺》："茶铫、茶瓶，瓷砂为上，铜锡次之。瓷壶注茶，砂铫煮水为上。茶盏惟宣窑坛为最，质厚白莹，样式古雅有等，宣窑印花白瓯，式样得中，而莹然如玉。次则嘉窑，心内有茶字小盏为美。欲试茶，色黄白，岂容青花乱之。注酒亦然，惟纯白色器皿为最上乘，余品皆不取。""试茶以涤器为第一要。茶瓶、茶盏、茶匙生锂，致损茶味，必须先时洗洁则美。"

注释

（略）

译文

《遵生八笺》："制造茶铫子、茶瓶，用瓷砂造的是最好的，铜锡就差一点。瓷壶泡茶，砂铫子煮茶最好。茶杯只有宣窑坛的最好，内壁厚实洁白，样式古雅有致。宣窑里有白色印花的茶瓯，样式一般，但也像玉一样光洁。差一点的还有嘉窑，里面写上小字的茶杯是非常美的。如果想试茶，茶色黄白，怎么能让青色、花色在里面掺和。倒酒也是这样，只有纯白色的器皿才是最好的，其他的都不应该用。""试茶时洗净器具是最重要的。茶瓶、茶杯、茶匙这些容易产生异味，会损害茶的香味，必须先洗干净，茶的味道才会比较好。"

原文

曹昭[1]《格古要论》：古人吃茶汤用撆，取其易干不留滞。

陈继儒《试茶》诗，有"竹炉幽讨"、"松火怒飞"之句。（竹茶炉出惠山者最佳。）

《渊鉴类函·茗碗》：韩诗"茗碗纤纤捧。"

徐葆光《中山传信录》：琉球茶瓯，色黄，描青绿花草，云出土噶喇[2]。其质少粗无花，但作水纹者，出大岛。瓯上造一小木盖，朱黑漆之，下作空心托子，制作颇工。亦有茶托、茶帚。其茶具、火炉与中国小异。

葛万里《清异论录》：时大彬茶壶，有名钓雪，似带笠而钓者。然无牵合意。

《随见录》：洋铜茶铫，来自海外。红铜荡锡，薄而轻，精而雅，烹茶最宜。

注释

①曹昭：元末明初人，字明仲，松江人。撰有《格古要论》三卷，《新增格古要论》等。

②噶喇：噶读作 gā，喇读作 lǎ。

译文

曹昭《格古要论》：古时候的人喝茶、汤用擎，因为它容易变干而且不留滞。

陈继儒《试茶》诗中有"竹炉幽讨""松火怒飞"的句子。（竹茶炉惠山出产的最好。）

《渊鉴类函·茗碗》中记有韩诗："茗碗纤纤捧。"

徐葆光《中山传信录》记载：中国台湾的茶瓯，是黄色的，上面画着青绿的花草，说是从噶喇那里出土的。它没有粗糙的花纹的质地，如果有水纹，那是出自大岛上的。瓯上造一木盖，漆成深红色，下面是一个空心托子，制作精致。还有茶托、茶帚等小配件。它的茶具和火炉与中国其他地方没有两样。

葛万里《清异论录》：时大彬的茶壶，有个名字叫钓雪，就像是戴着斗笠的钓鱼人。没有牵合的意思。

《随见录》：洋铜茶铫，是从海外传过来的。红铜外包着锡，又薄又轻巧，又精致又典雅，最适合煮茶了。

五 茶之煮

茶经

原文

凡炙茶，慎勿于风烬[1]间炙，熛焰[2]如钻，使凉炎不均。持以逼火，屡其翻正，候炮出培塿状虾蟆背[3]，然后去火五寸。卷而舒，则本其始，又炙之。若火干者，以气熟止；日干者，以柔止。

注释

①烬：余火。

②熛(biāo)焰：不稳定的火。

③炮出培塿状虾蟆背：炮，烘烤。培塿，小土堆。塿，读音 lǒu。虾蟆背，有很多丘泡，不光滑，形容茶饼的表面起泡好像蛙背一样。

译文

烤茶时，注意不要在通风的火上烤，飘忽不定的火苗像小钻子，容易使茶受热不均匀。要将茶靠近火，不停地翻动，等到烤出突起的样子像虾蟆背上的小疙瘩的时候，移到离火约 15 厘米的地方。当卷曲的茶又伸展开，再按之前的办法烤。如果制茶时是用火烘干的，烤到冒热气为止；如果制茶时是晒干的，则烤到茶变软为止。

原文

其始,若茶之至嫩者,蒸罢热捣,叶烂而芽笋[①]存焉。假以力者持千钧[②]杵亦不之烂,如漆科珠[③],壮士接之,不能驻其指。及就。则似无穰[④]骨也。炙之,则其节若倪倪如婴儿之臂耳。既而,承热用纸囊贮之,精华之气无所散越,候寒末之。(末之上者,其屑如细米;末之下者,其屑如菱角。)

注释

①芽笋:指茎梗。

②千钧:重的意思。古代一钧为三十斤。

③如漆科珠:科,用斗称量。句意为用漆斗量珍珠,滑溜难量。

④穰:稻秆之类。

译文

开始煮茶时,对于很嫩的茶叶,需要蒸后趁热捣烂,叶捣烂了而芽还是完整的。如果只用蛮力,即使用千斤重的杵也捣不烂。这就如同用漆斗量光滑的珠子,虽然小而光滑,但壮汉拿取反而不容易的道理。捣好的茶叶就像无肉无骨一样。这时烘烤起来,柔软细弱得像婴儿的手臂。茶烤好后,趁热用纸袋贮存起来,使它的香气不散,待冷却后再碾成茶末。(上等茶叶末,呈颗粒状如细米,品质低的茶叶末,粗糙得像菱角。)

原文

其火,用炭,次用劲薪。(谓桑、槐、桐、枥之类也。)其炭曾经燔[①]炙。为膻腻所及,及膏木、败器,不用之。(膏木,谓柏、松、桧也。败器,谓朽废器也。)古人有劳薪之味[②],信哉!

注释

①燔：烤，如烤肉。

②劳薪之味：用旧车轮之类的燃料烧烤，食物会有异味。

译文

烤茶饼的火，用木炭最好，其次是用硬柴火。（指桑、槐、桐、枥之类木材。）如果原来烧过的木炭，沾染上了腥膻油腻气味，以及本身含脂膏多的木料和腐烂不能使用的木器，都不能使用。（含脂膏多的，指柏木、松木、桧木一类。废器，指废旧腐朽的木器。）古人曾发过“劳木之气”的议论，说得可真贴切呀！

原文

其水，用山水上，江水中，井水下。（《荈赋》所谓：“水则岷方之注，挹彼清流[①]。”）其山水，拣乳泉[②]、石池漫流者上；其瀑涌湍漱，勿食之。久食，令人有颈疾。又水多流于山谷者，澄浸不泄，自火天至霜郊[③]以前，或潜龙蓄毒于其间，饮者可决之，以流其恶，使新泉涓涓然，酌之。其江水，取去人远者。井水，取汲多者。

注释

①挹彼清流：挹，读音 yì，舀取。

②乳泉：石钟乳上滴下的水。指矿物质含量高。

③自火天至霜郊：火天，酷暑时节。霜郊，秋末冬初霜降大地。二十四节气中，“霜降”在历九月下旬。

译文

煮茶的水，以山泉为最好，其次是江水、河水，井水最差。（像《荈赋》所说的：“水要像岷江流注的活水，用瓢舀取它的清流。”）用山水，要找钟乳滴下的和山崖中流出的泉水；山谷中汹腾猛荡的急流不可喝，长时间喝的话，会使人患大脖子病。还有，泉水流到山洼谷地停滞不动的死水，从农历六七月起到九月霜降之前，会有毒龙虫蛇吐出的毒素聚集水中，喝之前要先打开一个口子进行疏导，让沉积的污水流尽，而使新的泉水缓缓流入再舀取。江河中的水，要到离人家远的地方舀取。井水，要从长期有人喝的井中汲取。

原文

其沸，如鱼目[①]，微有声，为一沸；缘边如涌泉连珠，为二沸；腾波鼓浪，为三沸；已上，水老，不可食也。初沸，则水合量，调之以盐味，谓弃其啜余，（啜，尝也，市税反，又市悦反。）无乃“䤕䣰”而钟其一味乎？（䤕，古暂反。䣰，吐滥反。无味也。）第二沸，出水一瓢，以竹筴环激汤心，则量末当中心而下。有顷，势若奔涛溅沫，以所出水止之，而育其华[②]也。

注释

①如鱼目：水刚刚沸时，水面有许多小气泡，像鱼的眼睛，故称鱼目。后人又称“蟹眼”。

②华：汤面泡沫，即汤花。

译文

水煮沸时，当水煮到有鱼眼睛一样的小水泡上浮并略有沸腾声音时，叫第一沸腾；接着，锅边沿的水像珠子在泉池翻动，叫第二沸腾；随后，锅里的水像波浪一样大翻滚，叫第三沸腾。这时的水已经煮老了，不适宜使用。在第一沸腾时，要依据水的多少，调上盐，尝一下水的咸淡。（啜，就是尝。读音用市税反切拼读，或用市悦反切拼读。）也有的人不加盐。那说明只钟爱于无味的淡茶。（䤕，用古暂反切拼读。䣰，用吐滥反切拼读。两字是说没有味道。）到第二沸腾时，舀出一瓢水，用竹筷在锅中心旋转搅动，再放入适量的茶末，茶末就会随着旋涡由中心沉下去。过一会儿，待锅里茶水像惊涛翻涌并有水沫溅出时，立即用先舀出的那瓢水缓缓倒入，让茶水在锅里缓缓滚动，以保留茶的精华。

原文

凡酌，至诸碗，令沫饽[①]均。（《字书》并《本草》："沫、饽，均茗沫也。"饽，薄笏反。）沫饽，汤之华也。华之薄者曰沫，厚者曰饽，轻细者曰花，如枣花漂漂然于环池之上；又如回潭曲渚[②]青萍之始生；又如晴天爽朗，有浮云鳞然。其沫者，若绿钱浮于水湄[③]；又如菊英堕于樽俎[④]之中。饽者，以滓煮之，及沸，则重华累沫，皤皤然[⑤]若积雪耳。《荈赋》所谓"焕如积雪，烨若春藪[⑥]"，有之。

注释

①饽：汤面泡沫。

②回潭曲渚：回旋流动的潭水，曲折的洲渚。

③水湄：有水草的河边。

④樽俎：樽是盛酒的器具，俎是切东西时垫在底下的器具，这里指各种餐具。

⑤皤皤然：皤，读作pó。皤皤，满头白发的样子。这里形容白色水沫。

⑥烨若春藪：烨，读作yè，光辉明亮。藪，读作fū，花。

译文

分盛到茶碗的茶水，泡沫要均匀。（《字书》和《本草》同样记载，沫和饽，都是茶水的泡沫。饽，用薄笏反切拼读。）沫和饽，是茶水的精华，薄的叫沫，厚的叫饽，细而轻的叫花。花，有时像枣花在园池中轻轻飘荡，又像萦回的水潭和曲折的沙洲旁漂游的新生青萍，又像高爽晴朗的天空上浮动的鱼鳞云。那些沫，如绿色的浮萍漂浮在水草之旁，又像堕落的菊花降在锅碗之中。而饽，是用煮过一次的茶末再煮而形成的，当茶煮沸时，它们堆积叠压在锅边，像一堆堆洁白的雪花。《荈赋》:“明亮如积雪,光艳若春花”,真的是这样。

原文

第一煮水沸,弃其沫,之上有水膜如黑云母,饮之则其味不正。其第一者为隽永[1],(徐县、全县二反。至美者曰隽永。隽,味也。永,长也。味长曰隽永,《汉书》蒯通著《隽永》二十篇也。)或留熟盂以贮之。以备育华救沸之用。诸第一与第二、第三碗次之,第四、第五碗外,非渴甚莫之饮。凡煮水一升,酌分五碗,(碗数少至三,多至五。若人多至十,加两炉。)乘热连饮之,以重浊凝其下,精英浮其上。如冷,则精英随气而竭,饮啜不消亦然矣。

注释

①隽永:这里指味长之意。

译文

水煮到第一沸腾时,要把表面一层像黑色云母的水膜去掉,它会影响水的味道。煮开的茶水,最好的叫隽永。(隽永,用徐县或全县反切拼读。最甜美的才称为隽永。隽,味美。永,长久。史书上说隽永,《汉书》载有蒯通著《隽永》二十篇。)可以储在熟盂里,当锅里茶水沸腾时,可以倒入以防止沸腾。后来再从锅里舀出第一、第二、第三碗茶水,味道要比隽永差些。第四、第五碗以后,除了很渴时就不要喝了。一般煮一升茶水,可舀五碗,(人少了舀三碗,人多了舀五碗。要是多到十人,那就加煮两炉。)要趁热连续喝。因为茶水中的重浊渣汁会沉淀到下面,气味美的精华会在上面,如果放冷了,好气味的精华会随热气散发完,一碗茶如不趁热喝就可惜了。

原文

茶性俭[1],不宜广,广则其味黯澹。且如一满碗,啜半而味寡,况其广乎!

其色缃[2]也,其馨𣋡也,(香至美曰𣋡。上必下土,𣋡音使。)其味甘,槚也;不甘而苦,荈也;啜苦咽甘,茶也。

注释

①茶性俭:俭,俭朴无华。比喻茶叶中可溶于水的物质不多。

②缃:浅黄色。

译文

茶有俭约的特性,水不宜多,水越多味道就越淡薄。一碗茶只喝一半就感觉味道平淡了,何况煮茶时加很多水呢!

好茶水的颜色是淡黄的,香味醇厚。(最香叫𣋡。𣋡,读音备。)茶水的味道甘甜,叫槚;不甜而带点苦味,叫荈;入口时略带苦味,咽下去又有回甘的则是"茶"。

续茶经

原文

唐陆羽《六羡歌》:不羡黄金罍①,不羡白玉杯;不羡朝入省,不羡暮入台②;千羡万羡西江水,曾向竟陵③城下来。

注释

①罍(léi):古代的一种酒器,形状像壶。

②省:作官署讲。古代尚书、中书官署设在宫禁中。汉孝元皇后的父亲名禁,故改禁中为省中,用以避讳,沿用既久,就把省作为官署之名。台:台阁,亦为官府衙门。

③竟陵:陆羽出生地,今湖北钟祥,一说湖北天门。陆羽是一个河边弃儿,为一佛寺的和尚叫智积大师所收养,并教他识字。稍长,即为寺中养牛、打柴。因无姓名,求助于《易》卦,卜筮的卦辞是:"鸿渐于陆,其羽可用为仪。"于是,他就以陆为姓,以羽为名,以鸿渐为字。后来,他感到在寺中劳动很苦,便逃跑出走,做过优伶,有时独自走在路上,诵诗击木,想到自己的身世,往往大哭。他不愿做官,结交多是文人雅士如颜真卿、张志和等。一生游历天下,尝遍各地所产茶和所出的水,写出了《茶经》三卷。在他听到智积大师去世的消息后,哭之甚哀,作诗《六羡歌》以寄托悲思,表达自己对荣华富贵的漠视,希望自己像西江之水能朝夕流向竟陵城下陪伴师父。

译文

唐朝陆羽《六羡歌》:不羡慕黄金做的壶,不羡慕白玉做的杯子,不羡慕早进官府晚进高台的生活,只羡慕西江的水,曾经在竟陵城下流过。

原文

唐张又新《水记》:"故刑部侍郎刘公讳伯刍,于又新丈人行[①]也。为学精博,有风鉴称。较水之与茶宜者,凡七等:扬子江南零[②]水第一;无锡惠山寺石水第二;苏州虎丘寺石水第三;丹阳县观音寺井水第四;大明寺井水第五;吴淞江水第六;淮水最下第七。余尝具瓶于舟中,亲挹而比之,诚如其说也。客有熟于两浙者,言搜访未尽,余尝志之。及刺永嘉,过桐庐江,至严濑,溪色至清,水味甚冷,煎以佳茶,不可名其鲜馥也。愈于扬子、南零殊远。及至永嘉,取仙岩瀑布用之,亦不下南零,以是知客之说信矣。""陆羽论水次第凡二十种:庐山康王谷水帘水第一;无锡惠山寺石泉水第二;蕲州兰溪石下水第三;峡州扇子山下虾蟆口水第四;苏州虎丘寺石泉水第五;庐山招贤寺下方桥潭水第六;扬子江南零水第七;洪州西山瀑布泉第八;唐州桐柏县淮水源第九:庐州龙池山岭水第十;丹阳县观音寺水第十一;扬州大明寺水第十二;汉江金州上游中零水第十三(水苦。);归州玉虚洞下香溪水第十四;商州武关西洛水第十五;吴淞江水第十六;天台山西南峰千丈瀑布水第十七;柳州圆泉水第十八;桐庐严陵滩水第十九;雪水第二十(用雪不可太冷)。"

注释

①丈人行:长辈,长老的通称。风鉴:有见识、能识人。

②南零:一般人认为刘伯刍所说南零实际上是中泠。

译文

唐朝张又新《水记》:"以前的刑部侍郎刘公讳,学识渊博、有风鉴的称号。他把适合茶的水分为七个等级:扬子江南零的水第一;无锡惠山寺的石水第二;苏州虎丘寺石水第三;丹阳县观音寺井水第四;大明寺的井水第五;吴淞江水第六;淮水最差是第七。我曾经把瓶子带到船上,亲自收集评比,果然同他说的一样。熟悉两浙的人说我搜访得不全面，我曾经记下来了。后来到了永嘉，经过桐庐江，到达严濑，溪水的颜色非常清，水的味道很冷，用它来煎制茶叶，其清香的韵味难以说清楚。同扬子江南零的水差别很大。到永嘉以后，用仙岩瀑布的水煎茶、也不比南零的水差，这才知道别人所说的是正确的。陆羽论水的等级有20种：庐山康王谷水第一；无锡惠山寺石泉水第二；蕲州兰溪石下的水为第三；峡州扇子山下虾蟆口的水第四；苏州虎丘寺石泉水第五；庐山招贤寺下方的桥潭水第六；扬子江南零水第七；洪州西山瀑布泉水第八；唐州桐柏县淮水源第九；庐州龙池山岭水第十；丹阳县观音寺水第十一；扬州大明寺水第十二；汉江金州上游中零水第十三（水苦）；归州玉虚洞下面的香溪水第十四；商州武关西面的洛水第十五；吴淞江水第十六；天台山西南峰千丈瀑布水第十七；柳州圆泉水第十八；桐庐严陵滩水第十九；雪水第二十（用雪不可以太冷）。”

原文

唐顾况《论茶》：煎以文火细烟，煮以小鼎长泉。

苏廙[1]《仙芽传》第九卷载“作汤十六法”[2]谓：汤者，茶之司命。若名茶而滥汤，则与凡味同调矣。煎以老嫩言，凡三品；注以缓急言，凡三品；以器标者，共五品；以薪论者，共五品。一得一汤，二婴汤，三百寿汤，四中汤，五断脉汤，六大壮汤，七富贵汤，八秀碧汤，九压一汤，十缠口汤，十一减价汤，十二法律汤。十三一面汤，十四宵人汤，十五贱汤，十六魔汤。

注释

①廙（yì）：恭敬。苏廙一作苏虞，宋代人，从他写的《仙芽传》专论煎水工夫中可以看出是宋代斗茶争兴起后的人。陶谷大约与他同时代，在所撰《清异录》中转引了苏廙的论述。

②作汤十六法：指制作茶汤的十六法。如得一汤是借用古代哲学家赋予

“一”的抽象意义，一就是平，就是“不过”和“不及”，“天得一以清，地得一以宁”。汤候适中就能“得一”，用来煎茶，能充分把茶的特性散发出来；如果汤没有煎好，显得太嫩，用来冲茶称“婴汤”；而汤煎得过老，用来冲茶则称为“百寿汤”。在点水注汤上，好的一种称为“中汤”。“中”是和谐调适，恰到好处，而注水时，形成水柱，不得断断续续。不注时，立即停止，不得淋滴不停；注汤时，如果时断时续，像人的气脉不畅通一样，那称为“断脉汤”；如果注水入盏，违背了茶末与水、茶盏与水的一定比例则称之为“大壮汤”，不同质地的茶瓶所煎的水名称也不同。银茶瓶所煎的水叫“富贵汤”；石锅所煎的水叫“秀碧汤”；瓷瓶所煎的水叫“压一汤”；用铜、铁、铅锡所煎的水叫“缠口汤”（言恶气缠口）；用未上釉的陶瓶煎汤叫“减价汤”（言有土气）。至于用不同的燃料煎水，也有五种汤的名称：一是法律汤，水用炭火煎，因为炭火持久，燃烧时无烟，不损茶味，这几点如茶家法律；一是一面汤，用木材燃烧后余火煎汤，这种火，力量不够，水虽沸但有些嫩；一是宵人汤，亦称小人汤，是用枯朽的木柴燃烧煎汤，有一种恶劣之性；一是贱汤，亦称贼汤，是用细竹树梢燃烧煎汤，火力体性虚薄，缺乏“中和之气”；一是大魔汤，是用多烟的木柴煎汤。燃柴一枝，浓烟蔽室，是茶的大魔。

译文

唐代顾况《论茶》：用文火煎茶，用小鼎长泉煮茶。

苏虞《仙芽传》第九卷记载“做汤的16种方法”：水是煮茶的关键。如果好茶没有用好水煮，那就跟普通茶的味道没有区别。根据水煮的老嫩分为3种；根据倒入的快慢分，也有3种；根据器具来分，共有5种；根据煮茶用的柴分，为5种。一得一汤，二是婴汤，三是百寿汤，四是中汤，五是断脉汤，六是大壮汤，七是富贵汤，八是秀碧汤，九是压一汤，十是缠口汤，十一是减价汤，十二是法律汤，十三是一面汤，十四是宵人汤，十五是贱汤，十六是魔汤。

原文

丁用晦《芝田录》：唐李卫公德裕[①]，喜惠山泉，取以烹茗。自常州到京，置驿骑传送，号日“水递”。后有僧某曰：“请为相公通水脉。盖京师有一眼井与惠山泉脉相通。汲以烹茗，味殊不异。”公问：“井在何坊曲？”曰：“吴天观常住库后是也。”因取惠山、吴天各一瓶，杂以他水八瓶，令僧辨晰。僧止取二瓶井泉，德裕大加奇叹。

注释

①李卫公德裕：指唐代被封为卫国公的李德裕，武宗时为相，六年中平定藩镇之乱，决策制胜，权威独立，进太尉，封卫国公。后遭构陷，贬为崖州司户卒。

译文

丁用晦《芝田录》：唐朝的李卫，喜欢用惠山的泉水煮茶。从常州运到京城，用驿马传送，被称为“水递”。后来有和尚说：“我愿意为您打通水脉。京师里面有一眼井水同惠山泉的水脉是相通的，用来煮茶，味道跟惠山泉一样。”李卫说：“井在什么地方呢？”回答说：“吴天观常住的仓库后面就是。”取来惠山和吴天的水各一瓶，加上其他地方的八瓶水，让和尚来辨别。和尚只取出这两瓶水，李卫非常惊叹。

原文

《事文类聚》：赞皇公[①]李德裕居廊庙[②]日，有亲知[③]奉使于京口，公曰：“还日，金山下扬子江南零水与取一壶来。”其人敬诺。及使回举棹日，因醉而忘之，泛舟至石头城下方忆，乃汲一瓶于江中，归京献之。公饮后，叹讶非常，曰：“江表水味有异于顷岁矣，此水颇似建业石头城下水也。”其人即谢过，不敢隐。

注释

①赞皇公：李德裕是赞皇人，故称赞皇公。赞皇在今河北保定地区。

②廊庙：指朝廷，历来称宰相有庙堂器。所以说李德裕居廊庙日。

③亲知：亲近的友人。

译文

《事文类聚》：赞皇公李德裕住在廊庙的时候，有个朋友奉皇上的圣旨出京城，他说："你回来的时候，带一壶金山下的扬子江水回来。"这人答应了。回来时，因为喝醉了酒忘记了，船到了石头城下才想起这件事情，于是这个人取了一瓶江中的水，回到京城献给他。李德裕喝了之后，非常惊讶地说："水的味道同往年的不大一样啊，这个水很像建业石头城下面的水。"这位朋友马上上前谢罪，如实相告，不敢隐瞒。

原文

《河南通志》：卢仝茶泉在济源县。仝有庄，在济源之通济桥二里余，茶泉存焉。其诗曰："买得一片田，济源花洞前。自号玉川子，有寺名玉泉。"汲此寺之泉煎茶。有《玉川子饮茶歌》，句多奇警①。

《黄州志》：陆羽泉在蕲水县凤栖山下，一名兰溪泉，羽品为天下第三泉也。尝汲以烹茗，宋王元之有诗。

注释

①奇警：奇特敏锐。

译文

《河南通志》：卢仝茶水的水源在济源县。卢仝有一处庄园在离济源县通济桥二里远的地方，泉水就在庄园里。他的诗中说："买得一片田，济源花洞前。自号玉川子，有寺名玉泉。"他汲取寺中的泉水煎茶，有《玉川子饮茶歌》，很多句子非常奇特敏锐。

《黄州志》记载：陆羽泉在蕲水县凤栖山下，又叫兰溪泉，陆羽曾取过这里的水煮茶，把它评为天下第三泉水，宋朝的王元之有诗记载。

原文

无尽法师《天台志》：陆羽品水，以此山瀑布泉为天下第十七水。余尝试饮，比余豳[1]溪、蒙泉殊劣。余疑鸿渐但得至瀑布泉耳。苟遍历天台，当不取金山为第一也。

注释

①豳：读作 bīn。

译文

无尽法师《天台志》：陆羽品水，把这座山上的瀑布水排在天下第十七位。我曾经试喝过，比我豳溪、蒙泉的水要差一点。我怀疑陆羽只到了瀑布。如果走遍了天台，应该不会把金山的水列为第一吧。

原文

《海录》:陆羽品水,以雪水第二十,以煎茶滞而太冷也。

陆平泉《茶寮记》:唐秘书省中水最佳,故名秘水。

《檀几丛书》:唐天宝中,稠锡禅师名清晏,卓锡[1]南岳[2]涧上,泉忽迸石窟间,字曰真珠泉。师饮之清甘可口,曰:"得此瀹吾乡桐庐茶,不亦称乎!"

注释

①卓锡:僧人所用的禅杖,省称为锡。僧人居处为卓锡。

②南岳:指霍山西北天柱山,汉武帝移岳神于此。

译文

《海录》:陆羽品水,认为雪水可以排在第二十位,可是用它来煎茶太冷了。

陆平泉《茶寮记》:唐朝秘书省的水最好,所以又称为秘水。

《檀几丛书》:唐朝天宝年间,叫清晏的稠锡禅师,站在南岳山上用锡杖一顿,泉水突然从石窟间迸发出来,名叫真珠泉。大师喝后感觉清香可口,说:"用这个水泡我们家乡的桐庐茶。不是很合适吗?"

原文

《大观茶论》:水以轻清甘洁为美,用汤以鱼目、蟹眼[1]连络迸为度。

《咸淳临安志》:栖霞洞内有水洞深不可测,水极甘洌。魏公尝调以瀹茗。又莲花院有三井,露井最良,取以烹茗,清甘寒洌,品为小林第一。

注释

①鱼目、蟹眼：斗茶时，煎汤出现鱼目、蟹眼一样的小珠泡。

译文

《大观茶论》：水是清幽甘甜洁净的最好，把水煮开，滚开的气泡像鱼和蟹子的眼睛一样正好。

《咸淳临安志》：栖霞洞里有水洞深不可测，水的味道非常甘洌。魏公曾用它烹制茶水。另外莲花院里有三口井，露天的井水最好，取出来煮茶，感觉清洌甘甜，被评为小林第一。

原文

王氏《谈录》：公言茶品高而年多者，必稍陈。遇有茶处，春初取新芽轻炙，杂而烹之，气味自复在。襄阳试作甚佳，尝语君谟，亦以为然。

欧阳修《浮槎水记》：浮槎与龙池山皆在庐州界中，较其味不及浮槎远甚。而又新[①]所记，以龙池为第十，浮槎之水弃而不录，以此知又新所失多矣。陆羽则不然，其论曰："山水上，江次之，井为下，山水乳泉石池漫流者上。"其言虽简，而于论水尽矣。

注释

①又新：指张又新，唐朝人，对煎茶的水质做过调查。曾写过《煎茶水记》。这本书编入了陆羽对唐湖州刺史李季卿所谈天下各处水质的看法，并同刘伯刍品水的文字合在一起，再加上自己的感受，形成了现在的《煎茶水记》。陆羽和刘伯刍对各地水质的评价，距离很大。张又新也有自己的认识。与陆、刘二人看法不尽相同。

译文

王氏《谈录》：都说好茶叶时间长了就会陈旧一些。我在产茶的地方看到，春初时取出炒好的新茶叶，同陈茶夹杂在一起煮，气味自然还在。襄阳试过很好，曾经同蔡君谟说，他也这样认为。

欧阳修《浮槎水记》：浮槎和龙池山都在庐州的境内，但龙池水的味道和浮槎的差距较大。而又新的记载，认为龙池水是第十，浮槎的水没有录入，可见又被忽略的地方太多了。陆羽就不一样了，他说："山上的水最好，江水差一点，井水最差，山水乳泉从石池漫流而下的最好。"他的话虽然简单，但是就评水来说已经很全面了。

原文

蔡襄《茶录》："茶或经年，则香色味皆陈。煮时先于净器中以沸汤渍之，刮去膏油，一两重即止。乃以钤钳之，用微火炙干，然后碎碾。若当年新茶，则不用此说。碾时，先以净纸密裹捶碎，然后熟碾。其大要旋碾则色白，如经宿则色昏矣。""碾毕即罗。罗细则茶浮，粗则沫浮。""候汤最难，未熟则沫浮，过熟则茶沉。前世谓之蟹眼者，过熟汤也。沉瓶中煮之不可辨，故曰候汤最难。""茶少汤多则云脚散，汤少茶多则粥面聚。（建人谓之云脚、粥面。）钞茶一钱七，先注汤，调令极匀。又添注入，环回击拂。汤上盏，可四分则止，观其面色鲜白，著盏无水痕为绝佳。建安斗试，以水痕先退者为负，耐久者为胜，故校胜负之说曰，相去一水两水。""茶有真香，而入贡者微以龙脑和膏，欲助其香。建安民间试茶，皆不入香，恐夺其真也。若烹点之际，又杂以珍果香草，其夺益甚，正当不用。"

注释

（略）

译文

蔡襄《茶录》："如果茶叶放置的时间超过了一年，香色味就会有陈旧。煮的时候先放进干净的器具里用开水洗一遍，去掉一两重的膏油就可以了。再用钳子夹着，用小火烘干，再碾碎。如果是当年的新茶，就不需要用这个方法。碾的时候先用干净的纸包起来捣碎，再碾，要碾到颜色变白。如果过夜颜色就会昏暗。""碾完了以后再罗。罗得细冲泡时茶叶就会浮起来，罗得粗茶末就会浮在上面。""候汤最难，没有熟的话碎末就浮在上面，过熟茶叶就沉下去了。前人所说的蟹眼，就是过熟的汤水。在瓶子里面煮辨别不出来，所以说候汤最难。""茶叶少水多就会云脚涣散，水少茶叶多就会聚在水面上（建人称之为云脚、粥面）。炒茶一钱七分，先加水，调和均匀。再加进水，来回搅拌。水倒进杯子，只要倒四成满就可以了，看到颜色鲜白，杯子上没有水的痕迹是最好的。建安时期大家比试，水痕先退的为输者，坚持时间长的为胜者，所以论输赢有一说法，叫相去一水两水。""茶叶有真香，但作为贡品的茶叶要稍掺一点龙脑在水里，为了使它的香气更浓。建安民间试茶的时候，都不放进香料，主要是怕夺走了茶叶真正的香味。如果在烹制的时候加进了果实香，它们会夺取香味，严格地讲是不应该加的。"

原文

陶谷《清异录》："馔茶而幻出物像于汤面者，茶匠通神之艺也。沙门[①]福全生于金乡，长于茶海，能注汤幻茶成一句诗，如并点四瓯，共一首绝句，泛于汤表。小小物类，唾手办尔。檀越日造门，求观汤戏。全自咏诗曰：'生成盏里水丹青，巧画工夫学不成。却笑当时陆鸿渐，煎茶赢得好名声。'""茶至唐而始盛。近世有下汤运匕，别施妙诀，使汤纹水脉成物像者，禽兽、虫鱼、花草之属，纤巧如画，但须臾[②]即就散灭，此茶之变也。时人谓之'茶百戏'。""又有漏影春法。用镂

纸贴盏。糁茶而去纸，伪为花身。别以荔肉为叶，松实、鸭脚[3]之类珍物为蕊，沸汤点搅。”

注释

①沙门：佛门，梵文音译的略称，表示勤修善法，息六恶法之意。

②须臾：很快、一会儿。

③鸭脚：指银杏。

译文

陶谷《清异录》记载：“冲茶时在茶水的表面幻化出物体的形象，是因为茶匠有精湛的手艺。沙门福全生在金乡，长在茶海，注水入茶时能在水面上幻化成一句诗。如果一起倒上四瓯，那就能组成一首绝句，漂浮在表面。小小的物体，能够清晰地辨认。檀越日那天造门，人们希望看到水中的戏，全自咏诗说：‘生成盏里水丹青，巧画工夫学不成。却笑当时陆鸿渐，煎茶赢得好名声。’”“茶到唐代才开始盛行。最近有在汤水里使用调羹，施加秘诀，使水的纹路形成物体的形象，禽兽、虫鱼、花草这样的东西，精巧得像画卷一样，但一会儿就散失了，这就是茶水的变化。有人称它为‘茶百戏’。”“还有漏影春法。用镂空的纸贴在茶杯里，加水去纸，现出图案。加上荔枝的肉做叶子，松实、鸭脚之类珍稀的物品做蕊，加进开水搅拌。”

原文

《煮茶泉品》：予少得温氏所著《茶说》，尝识其水泉之目有二十焉。会西走巴峡，经虾蟆窟；北憩芜城，汲蜀冈井；东游故都，绝扬子江，留丹阳酌观音泉，过无锡斞[1]慧山[2]水。粉枪禾旗，苏兰薪桂，且鼎且缶。以饮以歠[3]，莫不鯀气涤虑，蠲[4]病析醒[5]，祛鄙悋[6]之生心，招神明而还观。信乎！物类之得宜，臭味之所感，幽人[7]之佳尚，前贤之精鉴，不可及已。昔郦元[8]善于《水经》，而未尝知茶；王肃[9]癖于茗饮，而言不及水，表是二美，吾无愧焉。

注释

①斞(jū):舀取。

②慧山:指惠山。

③歠(chù):与“啜”通,指喝羹汤。

④蠲(juān):免除。

⑤酲(chéng):神志不清,烦心。

⑥悋(lìn):过分吝惜。

⑦幽人:指隐逸者。

⑧郦元:郦道元,北魏范阳人,字善长,著有《水经注》四十卷。

⑨王肃:指北魏的王肃(公元414~501年),临沂人。最初在南齐做官,任秘书丞,后因父亲兄弟被齐武帝所杀,投奔北魏。官散骑常侍郎,督淮南诸军,拜扬州刺史,酷爱饮茶。参见《茶经·七茶之事》中的《后魏录》。

译文

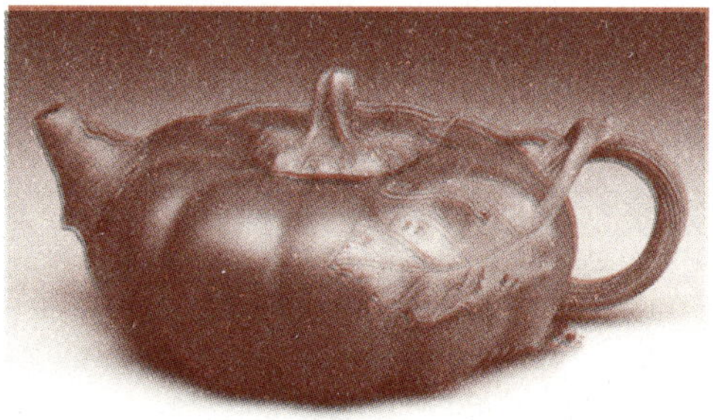

《煮茶泉品》:我少年时候读过温氏的《茶说》,从中知道有名的泉水20多处。我往西到过巴峡,经过虾蟆窟;往北曾在芜城歇息,汲取过蜀冈井的水;往东游览过故都,一直走到扬子江,在丹阳停留,喝过观音泉的水,还经过无锡品尝过慧山的水。用粉枪禾旗这样的好茶,用兰草桂木这样好的柴火,一边烹煮,一边品尝,那真是回肠荡气,百病全消。抑郁烦躁挥之而去,神清气爽充满全身。这才理解,那美好气息的感染,那幽静的感觉,即使前辈贤士精湛的说法,都不能达到。过去郦元善著过《水经》,但却不知道茶叶;王肃热衷于喝茶,却没提到过水,要说出茶和水这二者的美好,我可以说当之无愧。

原文

魏泰《东轩笔录》：鼎州北百里有甘泉寺，在道左，其泉清美，最宜瀹茗。林麓回抱，境亦幽胜。寇莱公[①]谪守雷州，经此酌泉。志壁而去。未几，丁晋公窜朱崖。复经此，礼佛留题而行。天圣中，范讽以殿中丞安抚湖外，至此寺睹二相留题，徘徊慨叹，作诗以志其旁曰："平仲酌泉方顿辔，谓之礼佛继南行。层峦下瞰岚烟路，转使高僧薄宠荣。"

注释

①寇莱公：指北宋政治家莱国公寇准。

译文

魏泰《东轩笔录》：鼎州往北百里远的地方有一座甘泉寺，在路的左侧有眼泉水清澈美味，最适合泡茶。四周绿荫环抱，环境也很幽雅。寇莱公被贬到雷州时，经过这里喝水，在墙壁上题字后才离去。没过多久，丁晋公又经过这里，拜佛题字后才走。天圣年间，范讽作为殿中丞来到安抚湖外，到这座寺观看了上面题留的文字，徘徊感叹，在旁边作诗说："平仲酌泉方顿辔，谓之礼佛继南行。层峦下瞰岚烟路，转使高僧薄宠荣。"

原文

张邦基[①]《墨庄漫录》："元祐六年七夕日，东坡时知扬州，与发运使晁端彦、吴倅晁无咎。大明寺汲塔院西廊井，与下院蜀井二水校其高下，以塔院水为胜。""华亭县有寒穴泉，与无锡惠山泉味相同，并尝之不觉有异，邑人知之者少。王荆公尝有诗云：'神震冽冰霜，高穴雪与平。空山渟千秋，不出呜咽声。山风吹更寒，山月相与清。北客不到此。如何洗烦醒。'"

注释

①张邦基：字子贤，邮人。生卒年均不祥，宋高宗绍兴初前后在世。生平事迹不祥。喜藏书，有《墨庄漫录》十卷，《四库总目》行于世。

译文

张邦基《墨庄漫录》："元祐六年七夕的时候，苏东坡在扬州任职，跟发运使晁端彦、吴倅晁无咎等人，汲取大明寺塔院西廊井水同下院蜀井的水比较高下，认为塔院的水比较好。""华亭县有寒穴泉，和无锡惠山泉水的味道相同，放在一起品尝，没觉得有什么不同，当地很少有人知道。王荆公曾经有诗说：'神震冽冰霜，高穴雪与平。空山渟千秋，不出呜咽声。山风吹更寒，山月相与清。北客不到此，如何洗烦酲。'"

原文

罗大经《鹤林玉露》：余同年友李南金云：《茶经》以鱼目、涌泉连珠为煮水之节。然近世瀹茶，鲜以鼎镬，用瓶煮水，难以候视。则当以声辨一沸、二沸、三沸之节。又陆氏之法，以末就茶镬，故以第二沸为合量而下末。若今以汤就茶瓯瀹[1]之，则当用背二涉三之际为合量也。乃为声辨之诗曰："砌虫唧唧万蝉催，忽有千车捆载来。听得松风并涧水，急呼缥色绿磁杯。"其论固已精矣。然瀹茶之法，汤欲嫩而

不欲老。盖汤嫩则茶味甘，老则过苦矣。若声如松风涧水而遽瀹之，岂不过于老而苦哉。惟移瓶去火，少待其沸止而瀹之，然后汤适中而茶味甘。此南金之所未讲也。因补一诗云："松风桂雨到来初，急引铜瓶离竹炉。待得声闻俱寂后，一瓯春雪胜醍醐。"

注释

①瀹(yuè)：煮。

译文

罗大经《鹤林玉露》：我的同年好友李南金说，《茶经》里记载水开到像鱼的眼睛、像连珠一样往上冒为标准。但是近来很少用鼎鍑煮茶，如果用瓶子煮水，很难看到这些。那就应用声音来分辨水一开、二开、三开的程度。另外还有陆羽的方法，是放茶末在鼎鍑里煮，所以在水二沸时放茶叶比较合适。如果像现在这样把开水冲进茶壶泡茶，那就应该在二沸和三沸之间，才算合适。为此赋诗说："砌虫唧唧万蝉催，忽有千车捆载来。听得松风并涧水，急呼缥色绿磁杯。"这种说法虽然很精确，但对于茶来说，水应该嫩而不应该老。如果汤嫩的话茶叶的味道就很甜，味道太老就会很苦。如果声音像松风涧水一样再冲茶，不是太老、太苦了吗？只能移掉瓶子去掉火，等它停止沸腾再说，那样水适中，茶叶的味道就会很甜美。这是南金没有讲到的，因此补充一首诗："松风桂雨到来初，急引铜瓶离竹炉。待得声闻俱寂后，一瓯春雪胜醍醐。"

原文

赵彦卫[①]《云麓漫钞》：陆羽别天下水味，各立名品，有石刻行于世。《列子》云：孔子："淄渑之合，易牙能辨之"。易牙，齐威公大夫。淄渑二水，易牙知其味，威公不信，数试皆验。陆羽岂得其遗意乎？

《黄山谷集》：泸州大云寺西偏崖石上，有泉滴沥，一州泉味皆不及也。

林逋《烹北苑茶有怀》：石碾轻飞瑟瑟尘，乳花烹出建溪春。人间绝品应难识，闲对《茶经》忆古人。

注释

①赵彦卫：字景安，里居及生卒年均不详，约宋宁宗庆元初前后在世。著有《云麓漫钞》十五卷，(《四库总目》《文献通考》)作二十卷以赅博称。

译文

赵彦卫《云麓漫钞》：陆羽将天下水的味道，分别列出了有名的品种，刻在石头上流传后代。《列子》说：孔子所说的"淄渑之合，易牙能辨之。"易牙，是齐威公的大夫。淄、渑这两种水，易牙知道它们的味道。威公不相信，多次试探都很灵验。陆羽能得到他遗留的意韵吗？

《黄山谷集》：泸州大云寺偏西的崖石上，有泉水往下滴，周围泉水的味道都比不上它。

林逋《烹北苑茶有怀》：石碾轻飞瑟瑟尘，乳花烹出建溪春。人间绝品应难识，闲对《茶经》忆古人。

原文

《东坡集》："予顷自汴入淮泛江，溯峡归蜀，饮江淮水盖弥年。既至，觉井水腥涩，百余日然后安之。以此知江水之甘于井也，审矣。今来岭外，自扬子始饮江水，及至南康，江益清驶，水益甘，则又知南江贤于北江也。近度岭入清远峡，水色如碧玉，味益胜。今游罗浮，酌泰禅师锡杖泉，则清远峡水又在其下矣。岭外惟惠州人喜斗茶，此水不虚出也。""惠山寺东为观泉亭，堂曰漪澜，泉在亭中，二井石甃[①]相去咫尺，方圆异形。汲者多由圆井，盖方动圆静，静清而动浊也。流过漪澜，从石龙口中出，下赴大池者，有土气，不可汲。泉流冬夏不涸，张又新品为天下第二泉。"

注释

①甃(zhòu):以砖瓦砌的井壁。

译文

《东坡集》:“我从汴京到淮水,逆流而上到达蜀地,喝了很多年江淮的水。到了这里,觉得井水的味道非常腥涩,喝了上百天才好一点。由这可知道江水比井水要甜一些。现在来到岭外,从扬子江开始喝江水,到了南康,江水更加清澈,水也更加甘甜。于是又知道南方的江水比北方的江水要好。最近来到清远峡,水的颜色就像碧玉一样,味道更好了。现在游览到了罗浮,喝泰禅师锡杖泉水,清远峡的水又比不上它了。岭外只有惠州的人喜欢比试茶水,此水名不虚传。”“惠山寺的东面是观泉亭,有个亭子被称为漪澜,泉水在亭子的中间,二井距离很近,一圆一方两种形状。人们多取圆井里的水,因为方井里的水是流动的而圆井里的水是静的,不动水自然显得清澈,而动就会使水变得浑浊。流过漪澜,从石制的龙口中出来,往下流到大池的水,有泥土的气息,不可汲取。泉水整年都不干涸,张又新称它是天下第二泉。”

原文

《避暑录话》:裴晋公诗云,“饱食缓行初睡觉,一瓯新茗侍儿煎。脱巾斜倚绳床坐,风送水声来耳边。”公为此诗必自以为得意,然吾山居七年,享此多矣。

冯璧[①]《东坡海南烹茶图》诗:讲筵分赐密云龙,春梦分明觉亦空。地恶九钻黎火洞,天游两腋玉川风。

注释

①冯璧:字叔献,别字天粹,真定人。生于金世宗大定二年,卒于元太宗十二年,年七十九岁。居崧山龙潭十余年,诸生多从之游;赋诗饮酒,放浪山水间,人以为神仙。璧学长于《春秋》,诗笔清峻,字画楚楚,似其为人。

译文

《避暑录话》：裴晋公诗，“饱食缓行初睡觉，一瓯新茗侍儿煎。脱巾斜倚绳床坐，风送水声来耳边。”他作这首诗的时候一定颇为自得，而我在山里居住了7年，已经享受这种生活很长时间了。

冯璧《东坡海南烹茶图》题诗：讲筵分赐密云龙，春梦分明觉亦空。地恶九钻黎火洞，天游两腋玉川风。

原文

《万花谷》：“黄山谷有《井水帖》云：‘取井傍十数小石，置瓶中，令水不浊。’故《咏慧山泉》诗云‘锡谷寒泉椭’（音妥）。石俱，是也。石圆而长曰椭，所以澄水。”“茶家碾茶，须碾着眉上白，乃为佳。曾茶山诗云：‘碾处须看眉上白，分时为见眼中青。’”

《舆地纪胜》：竹泉，在荆州府松滋县南。宋至和初，苦竹寺僧浚井得笔。后黄庭坚谪黔过之，视笔曰：“此吾虾蟆碚[①]所坠。”因知此泉与之相通。其诗曰：“松滋县西竹林寺，苦竹林中甘井泉。巴人谩说虾蟆碚，试裹春茶来就煎。”

注释

①虾蟆碚（bèi）：地名用字，在湖北省宜昌市西北。

译文

《万花谷》：“黄山谷中有《井水帖》说，‘把井旁十几颗小石子放在瓶子里，可以让水不浑浊。’所以《咏慧山泉》诗中说‘锡谷寒泉椭’。石俱，是也。长而圆的石头叫椭圆，所以能澄清水源。”“茶家碾茶，必须碾到上面现出白色，才是最好的。曾茶山诗中说：‘碾处须看眉上白，分时为见眼中青。’”

《舆地纪胜》：竹泉，在荆州府松滋县的南面。宋代至和年初，苦竹寺的和尚在淘井时得到一支笔。后来黄庭坚被贬到贵州时经过这里，看到笔说：“这是我在虾蟆碚那里丢失的。”可知这两个泉水是相通的。他在诗中说：“松滋县西竹林寺，苦竹林中甘井泉。巴人谩说虾蟆碚，试裹春茶来就煎。”

原文

周辉《清波杂志》：余家惠山，泉石皆为几案间物。亲旧东来，数问松竹平安信。且时致陆子泉，茗碗殊不落寞[①]。然顷岁亦可致于汴都，但未免瓶盎气。用细砂淋过，则如新汲时，号拆洗惠山泉。天台竹沥水，彼地人断竹梢屈而取之盈瓮，若杂以他水则亟败。苏才翁与蔡君谟比茶，蔡茶精用惠山泉煮。苏茶劣用竹沥水煎，便能取胜。此说见江邻几所著《嘉祐杂志》。果尔，今喜击拂者，曾无一语及之何也？双井因山谷乃重，苏魏公尝云：“平生荐举不知几何人，惟孟安序朝奉岁以双井一瓮为饷。”盖公不纳苞苴，顾独受此，其亦珍之耶。

注释

①不落寞：不落下，少不了。

译文

周辉《清波杂志》：我家在惠山，泉水和石头都是几案上摆放的东西。亲戚东来，多次问到松竹的情况。到了陆子泉，好茶是少不了的，虽然取了惠山泉水

很快就能到汴京，但是也会觉得瓶子中水气不够纯。如果把水用细沙滤过，就会像刚取的一样了，被称为拆洗惠山泉。天台山的竹沥水，是那个地方的人将砍断的竹子弄弯把水装进去的，如果夹杂其他的水就不好了。苏才翁和蔡君谟比茶，蔡君谟的茶好，用惠山泉的水煮，苏才翁的茶不好，用竹沥水煮，苏才翁却取胜了。这种说法在江邻几所写的《嘉祐杂志》可以看到。如果真是这样的话，今天喜欢茶事的人，怎么没有提到过一句呢？双井因为山谷才被重视，苏魏公曾经说："我一生不知荐举了多少人，只有孟安序朝奉的时候送给我一坛双井里的水。"苏魏公从不接受礼物，唯独接受这坛水，可见对它的珍惜。

原文

《东京记》：文德殿两掖有东西上阁门，故杜诗云："东上阁之东，有井泉绝佳。"山谷《忆东坡烹茶》诗云："阁门井不落第二，竟陵谷帘空误书。"

陈舜俞①《庐山记》：康王谷有水帘，飞泉破岩而下者二三十派。其广七十余尺，其高不可计。山谷诗云："谷帘煮甘露"是也。

注释

①陈舜俞：字令举，湖州乌程人。生年不详，卒于宋神宗熙宁七年。博学强记，著有《都官集》三十卷，《文献通考》及《庐山记》，《四库总目》并行于世。

译文

《东京记》：文德殿的两旁有东西上阁门，所以杜诗中说："东上阁之东，有井泉绝佳。"山谷《忆东坡烹茶》诗中说："阁门井不落第二，竟陵谷帘空误书。"

陈舜俞《庐山记》：康王谷里有水帘，泉水从岩石上飞下有二三十个分流。大约有70多尺宽，水流的高度不可估测。山谷诗中说“谷帘煮甘露”说的就是这里的水。

原文

孙月峰[1]《坡仙食饮录》：唐人煎茶多用姜，故薛能诗云：“盐损添常戒，姜宜著更夸。”据此，则又有用盐者矣。近世有此二物者，辄大笑之。然茶之中等者，用姜煎，信佳。盐则不可。

冯可宾[2]《岕茶笺》：茶虽均出于岕，有如兰花香而味甘。过霉历秋，开坛烹之，其香愈烈，味若新沃。以汤色尚白者，真洞山也。他嶰初时亦香，秋则索然矣。

《群芳谱》：世人情性嗜好各殊，而茶事则十人而九。竹炉火候，茗碗清缘。煮引风之碧云，倾浮花之雪乳。非借汤勋，何昭茶德。略而言之，其法有五：一曰择水，二曰简器，三曰忌混，四曰慎煮，五曰辨色。

《吴兴掌故录》：湖州金沙泉，至元中，中书省遣官致祭。一夕水溢，溉田千亩，赐名瑞应泉。

注释

①孙月峰（公元1543~1613年）：名鑛，字文融，号月峰，以号行。余姚横河镇孙家境村（今属慈溪市）人。孙月峰用其毕生精力，批注百家，自成一言。如《评史记》《评史书》《评韩非子》《评公羊传》《评经》《今文选》及《朱订西厢记》等。

②冯可宾：字祯卿，山东益都人，冯起震之子。明天启壬戌（公元1622年）进士，官湖州司班、给事中，入清后隐居不仕。著有《广百川学海》等。

译文

孙月峰《坡仙食饮录》：唐代的人多用姜煎茶，所以薛能诗中说：“盐损添常戒，姜宜著更夸。”根据这种说法，又有用盐煎茶的了。如果现在还用这两种东西煎茶，应该会被人大笑。但是中等的茶，用姜煎应该很好，盐就不可以了。

冯可宾《岕茶笺》：茶叶虽然都出自岕，有像兰花一样香甜的味道，过了雷雨季节经历了秋天以后，再打开坛子烹煮，它的香味会更浓烈，味道同新茶一样。如果茶水颜色很白，就是真正的洞山。其他的品种刚开始的时候也很香，但是到了秋天就会变得索然无味了。

《群芳谱》：人们喜欢的事物不会相同，但对于茶来说10个人中有9个人喜欢。不过是竹炉火候适用得当，再加上好茶碗、清水的缘故。煮了以后有水汽上升，上面浮着白色的水花。不是水的功劳，哪来这么好的茶呢？简单地说，煮茶有五个技巧：一是选择水，二是选用器具，三忌讳混杂，四是小心地蒸煮，五是分辨颜色。

《吴兴掌故录》：湖州的金沙泉，到了元代，中书省派官员祭拜，水一会儿就溢出来了，灌溉了千亩良田，把它赐名为瑞应泉。

原文

《职方志》：广陵蜀冈上有井，曰蜀井，言水与西蜀相通。《茶品》天下水有二十种，而蜀冈水为第七。

《遵生八笺》：凡点茶①，先须熁盏令热，则茶面聚乳，冷则茶色不浮。（熁音胁，火迫也。）

注释

①点茶：泡茶。

译文

《职方志》：广陵蜀冈上有口井，叫做蜀井，据说井里的水是与西蜀相通的。尝过天下水有二十种，而蜀冈的水是第七。

《遵生八笺》：泡茶时，必须先把杯子烘热，那么茶就会在表面聚拢，如果杯子冷，茶的颜色会不浮。（熁音胁，就是火烤的意思。）

原文

陈眉公《太平清话》："余尝酌中泠，劣于惠山，殊不可解。后考之，乃知陆羽原以庐山谷帘泉为第一。《山疏》云：'陆羽《茶经》言，瀑泻湍激者勿食。今此水瀑泻湍激无如矣，乃以为第一，何也？'又云'液泉在谷帘侧，山多云母，泉其液也，洪纤如指，清冽甘寒，远出谷帘之上，乃不得第一，又何也？'又'碧琳池东西两泉，皆极甘香，其味不减惠山，而东泉尤冽。'""蔡君谟'汤取嫩而不取老'，盖为团饼茶言耳。今旗芽枪甲，汤不足则茶神不透，茶色不明。故茗战之捷，尤在五沸。"

注释

（略）

译文

陈眉公《太平清话》："我曾经喝中泠水，比惠山的水差，不明白为什么。后来进行考证，才知道陆羽原把庐山谷帘泉的水列为第一。《山疏》中说：'陆羽《茶经》中说，泻下很急的瀑布水不要饮用。但这里的瀑布流得十分湍急，却把它列为第一，这是为什么呢？'另外云'液泉在谷帘的旁边，山上有很多云母石，泉水是它的汁水，流得很急，清冽甘冷，远胜过谷帘，却不是第一，这是为什么呢？'还有'碧琳池的东西方向有两眼泉水，都非常甘甜清香，味道都不比惠山差，尤其东面的泉水更好。'""蔡君谟所说的'水应该取嫩而不取老'，都是对团饼的茶叶而言。现在的旗芽枪甲，如果汤水不好，茶叶的神韵就不能完全散发出来，茶叶的颜色就会不分明。所以斗茶要取胜，关键在水开的程度。”

原文

徐渭《煎茶七类》：“煮茶非漫浪，要须其人与茶品相得，故其法每传于高流隐逸，有烟霞泉石磊魂①于胸次间者。”“品泉以井水为下。井取汲多者，汲多则水活。”“候汤眼鳞鳞起，沫饽鼓泛，投茗器中。初入汤少许，俟汤茗相投即满注，云脚渐开，乳花浮面，则味同。盖古茶用团饼碾屑，味易出。叶茶骤则乏味，过熟则味昏底滞。”

注释

①磈（kuǐ）：形容石头高低不平。

译文

徐渭《煎茶七类》：“煮茶不是一件随便的事情，需要煮茶人的人品与茶品相当，所以它的方法传到高流隐逸者那里，就像是烟霞泉水石块都藏在心中一样。”“品水的人认为井水是最差的。应选取经常有人饮用的井水，如果汲水的人多，水就是活水。”“把水煮到起了泡泡，上面泛出泡沫，再将茶叶放进器具里。开始时倒的水要少，等汤茶相融的时候把水注满，云脚就会渐渐开了，上面浮着乳花，味道自然不同一般。其实以前人们把茶叶做成团饼碾成屑来喝，味道容易出来。茶叶少味道就会淡，过熟的话味道就会不清爽，而且容易沉积在底部。”

原文

张源《茶录》：“山顶泉清而轻，山下泉清而重，石中泉清而甘，砂中泉清而冽，土中泉清而厚。流动者良于安静，负阴者胜于向阳。山削者泉寡，山秀者有神。真源无味，真水无香。流于黄石为佳，泻出青石无用。”“汤有三大辨：一曰形辨，二曰声辨，三曰捷辨。形为内辨，声为外辨，捷为气辨。如虾眼、蟹眼、鱼目、连珠，皆为萌汤，直至涌沸如腾波鼓浪，水气全消，方是纯熟；如初声、转声、振声、骇声，皆为萌汤，直至无声，方是纯熟；如气浮一缕、二缕、三缕，及缕乱不分，氤氲缭绕，皆为萌汤，直至气直冲贯，方是纯熟。”“蔡君谟因古人制茶碾磨作饼，则见沸而茶神便发。此用嫩而不用老也。今时制茶，不假罗碾，全具元体，汤须纯熟，元神始发也。”“炉火通红，茶铫始上。扇起要轻缓，待汤有声，稍稍重疾，斯文武火候也。若过乎文，则水性柔，柔则水为茶降；过于武，则火性烈，烈则茶为水制，皆不足于中和，非茶家之要旨。”“投茶有序。无失其宜。先茶后汤，曰下投；汤半下茶，复以汤满，曰中投；先汤后茶，曰上投。夏宜上投，冬宜下投，春秋宜中投。”“不宜用恶木、敝器、铜匙、铜铫、木桶、柴薪、烟煤、麸炭、粗童①、恶婢②、不洁巾帨，及各色果实香药。”

注释

①粗童：粗鲁的童子。

②恶婢：凶恶的女婢。

译文

张源《茶录》：“山顶的泉水清而且轻，山下的泉水清而且重，岩石下流出的水清而且甘甜，沙中的泉水清而且冷冽，土中的泉水清而且厚重。流动的水比静止的水好，背阴的水胜过向阳的。山势峻峭泉水就会少，山俊秀的有神灵。真源没有味道，真水没有香味。在黄石中流出来的水最好，从青石中泻出来的水没有什么用。”“煮水时有三种分辨的方法：一是辨形，二是辨声，三是辨捷。形是从里面分辨，声音是从外面分辨，捷是根据气分辨的。像虾眼、蟹眼、鱼目、连珠都是水刚开的样子，直到水开得像波浪一样翻滚的时候。水汽全部没有，才算真熟了。像初声、转身、振声、骇声都是水刚开时鼓荡的声音，直到没有声音的时候，才算真正的熟了。如果气浮成一缕、二缕、三缕，到分辨不清，烟雾缭绕，都是刚开，直到气息贯通，才算真正熟了。”“蔡君谟因为古代的人把茶叶碾磨成饼状，就认为水开了茶的神韵就会散发出来，这是用嫩而不用老的原因。现在制造茶叶，不用罗碾，保持原来的形状，水必须很开，茶的内蕴才会完全散发出来。”“炉火通红的时候，茶铫子才开始放上去，扇风的时候要轻快，等到开水发出声音，才能扇重一点，这就是指文武的火候。如果太文的话，水性就会过柔，太柔的水就会被茶降伏；过于武，火性太烈的话茶就会受制于水，都不能称为调和，没有得到泡茶的要领。”“放茶叶要按一定的次序，不要失去最好的时机。先茶后水，叫做下投；在一半水中放茶，再加满水叫中投；先加水后放茶被称为上投。夏天适合上投，冬天适合下投，春秋适合中投。”“不应用腐朽的木头、不好的器具、铜调羹、铜铫子、木桶、柴薪、烟煤、麸炭、粗鲁的童子、凶恶的女婢、不干净的毛巾等做与茶相关的事，也不需要各种果实和香料。”

原文

谢肇淛《五杂俎》：“唐薛能《茶诗》云：‘盐损添常戒，姜宜著更夸’。煮茶如是，味安佳？此或在竟陵翁未品题之先也。至东坡《和寄茶》诗云：‘老妻稚子不知爱，一半已入姜盐煎。’则业觉其非矣。而此习犹在也。今江右及楚人，尚有以姜煎茶者，虽云古风，终觉未典。”“闽人苦山泉难得，多用雨水，其味甘不及山泉，而清过之。然自淮而北，则雨水苦黑，不堪煮茗矣。惟雪水，冬月藏之，入夏用，乃绝

佳。夫雪固雨所凝也，宜雪而不宜雨，何哉？或曰：北方瓦屋不净，多用秽泥涂塞故耳。""古时之茶，曰煮，曰烹，曰煎。须汤[1]如蟹眼，茶味方中。今之茶惟用沸汤投之，稍著火即色黄而味涩，不中饮矣。乃知古今煮法亦自不同也。""苏才翁斗茶用天台竹沥水，乃竹露，非竹沥也。若今医家用火逼竹取沥，断不宜茶矣。"

注释

①汤：烧开的热水。

译文

谢肇淛《五杂组》："唐朝薛能在《茶诗》中说，'盐损添常戒，姜宜著更夸。'这样煮茶，怎么会有好味道呢？或许这是在陆羽品茶之前吧。到了东坡《和寄茶》诗中说：'老妻稚子不知爱，一半已入姜盐煎。'当时就觉得这样做不对了，但这种习惯至今还在。今天江右和楚人，还有用姜煎茶的，虽说是古代的风气，还是觉得不合规矩。""闽人的难处是很难得到山泉，所以多用雨水煮茶，它的味道比不上山泉，但是比山泉水清。然而淮水以北，雨水多是苦而黑，不能用来煮茶。只有用雪水，冬天的时候收藏起来，到了夏天再用，才是最好的。虽然雪也是雨水凝固而成的，但是雪适合雨水却不适合，这是为什么呢？可以说：因为北方的屋瓦不干净，多把很脏的泥土涂在上面。""古时候的茶，被称为煮、烹、煎。必须水开的像蟹眼一样，茶味才正宗。今天的茶叶只要用开水冲进去，稍微沾上火的颜色就会变黄而且味道苦涩，不适合饮用。才知道古代和现在煮茶的方法是不一样的。""苏才翁斗茶用天台的竹沥水，其实是竹露，不是竹沥。如果像今天的医生用火烤从竹子里面取沥，那就肯定不适合茶了。"

原文

顾元庆《茶谱》:煎茶四要:一择水,二洗茶,三候汤,四择品。点茶三要:一涤器,二熁盏,三择果。

熊明遇《岕山茶记》:烹茶,水之功居大。无山泉则用天水①,秋雨为上,梅雨次之。秋雨冽而白,梅雨醇而白。雪水,五谷之精也,色不能白。养水须置石子于瓮,不惟益水,而白石清泉,会心亦不在远。

注释

①天水:天上降下来的水,即雨水。

译文

顾元庆《茶谱》:煎茶的四个要诀:一是选择水,二是洗茶,三是候汤,四是择品。点茶的三大要求是:一是器具洗干净,二是烧热茶杯,三是选择果子。

熊明遇《岕山茶记》:烹茶时水的功劳最大。没有山泉就用雨水,秋雨最好,梅雨差一些。秋雨冽而白,梅雨醇而白。雪水是五谷的精华,颜色不可能白。存水时需要将石子放进坛子里,不仅对水有益处,而且白色的石头和清澈的泉水,也会让人觉得赏心悦目。

原文

《雪庵清史》:"余性好清苦,独与茶宜。幸近茶乡,恣我饮啜。乃友人不辨三火三沸法,余每过饮,非失过老,则失之太嫩,致令甘香之味荡然无存,盖误于李南金之说耳。如罗玉露之论,乃为得火候也。友曰:'吾性惟好读书,玩佳山水,作佛事,或时醉花前,不爱水厄,故不精于火候。昔人有言:释滞消壅。一日之利暂佳;瘠气耗精,终身之害斯大。获益则归功茶力,贻害则不谓茶灾。甘受俗名,缘此之故。'噫!茶冤甚矣。不闻秃翁之言:释滞消壅,清苦之益实多;瘠气

耗精,情欲之害最大。获益则不谓茶力,自害则反谓茶殃。且无火候,不独一茶。读书而不得其趣,玩山水而不会其情,学佛而不破其宗,好色而不饮其韵,皆无火候者也。岂余爱茶而故为茶吐气哉?亦欲以此清苦之味,与故人共之耳!""煮茗之法有六要:一曰别,二曰水,三曰火,四曰汤,五曰器,六曰饮。有粗茶,有散茶,有末茶,有饼茶;有研者,有熬者,有炀[①]者,有舂[②]者。余幸得产茶方,又兼得烹茶六要,每遇好朋,便手自煎烹。但愿一瓯常及真,不用撑肠拄腹文字五千卷也。故曰饮之时,义远矣哉。"

注释

①炀:读作yáng。

②舂(chōng):把东西放在石臼或乳钵里捣掉皮壳或捣碎。

译文

《雪庵清史》:"我生性喜欢清苦,只有与茶的习性相近。幸好靠近茶乡能够让我随意饮用。我的朋友不能分清三火三沸的做法,我每次过去饮茶不是太老了,就是太嫩了,使得这样香甜的味道荡然无存,这都是被李南金的说法误导的。只有罗玉露那样的说法,才能把握好火候。

朋友说:'我只喜欢读书,游玩山水,做佛事,有时候还醉倒在花前,不喜欢水厄,所以对火候不精通。前人说:去掉体内阻滞和疲劳,一天都会感觉舒服;消耗了精气对终身的危害才大。获益就说是茶的功劳,得到害处就不说是茶。甘受俗名就是因为这个缘故。'哎!茶真是冤枉啊。曾听过和尚说:去掉体内阻滞和疲劳,清苦的好处很多;消耗精气,情欲的危害最大。获益的时候不说是因为茶,自己害自己的时候倒说是因为茶才遭殃。如果不懂得把握好火候,不单是茶。如果读书不能得到里面的趣味,赏玩山水不能领会其中的情致,学习佛法不能理解它的根本，好色而不能理解其中的韵味，都是不讲火候。不是我爱茶才为茶出一口气，而是想用这样清苦的味道，和好朋友一起共享。”“煮茶的方法有六个要诀：一是辨别，二是水，三是火，四是汤，五是器具，六是饮。茶有粗茶、散茶、末茶、饼茶的区别；有研茶、熬茶、炀茶、舂茶的做法。我很幸运学会了做茶的方法，又得到了烹茶的六大要点，一遇到好朋友，就会亲自烹煎。但愿一壶能喝到其中的真谛，不用五千卷文字撑肠拄腹。所以说饮茶的意义是非常深远的。”

原文

田艺蘅《煮泉小品》：“茶，南方嘉木，日用之不可少者。品固有媺恶，若不得其水，且煮之不得其宜，虽佳弗佳也。但饮泉觉爽，啜茗忘喧，谓非膏粱纨绔可语。爰著《煮泉小品》，与枕石漱流者商焉。”“陆羽尝谓：‘烹茶于所产处无不佳，盖水土之宜也’。此论诚妙。况旋摘旋瀹，两及其新耶！故《茶谱》亦云‘蒙之中顶茶，若获一两，以本处水煎服，即能祛宿疾’，是也。今武林诸泉，惟龙泓入品，而茶亦惟龙泓山为最。盖兹山深厚高大，佳丽秀越，为两山之主。故其泉清寒甘香，雅宜煮茶。虞伯生诗：‘但见瓢中清，翠影落群岫。烹煎黄金芽，不取谷雨后。’姚公绶[①]诗：‘品尝顾渚风斯下，零落《茶经》奈尔何。’则风味可知矣，又况为葛仙翁炼丹之所哉。又其上为老龙泓，寒碧倍之，其地产茶为南北两山绝品。鸿渐第钱塘天竺灵隐者为下品，当未识此耳。而《郡志》亦只称宝云、香林、白云诸茶，皆未若龙泓之清馥隽永也。”“有水有茶，不可以无火，非谓其真无火也，失所宜也。李约云：‘茶须活火煎’，盖谓炭火之有焰者。东坡诗云：‘活水仍将活火烹’，是也。余则以为山中不常得炭，且死火耳，不若枯松枝为妙。遇寒月，多拾松实房蓄，为煮茶之具。更雅。”“人但知汤候。而不知火候。火然则水干，是试火当先于试水也。《吕氏春秋》伊尹说汤五味，‘九沸九变，火为之纪’。”

注释

①姚公绶：字公绶，号丹丘生，又号谷庵子，云东逸史，浙江嘉兴人，天顺中赐进士，善书画，书法钟王，山水威妙，山水师赵俯、王蒙二家，竹石师吴镇。

译文

田艺蘅《煮泉小品》："茶叶，是南方的嘉木，是每天不可缺少的用品，品质虽然有差别，但要是没有好水，煮的时候方法不得当，那么再好的茶也不会好喝。喝泉水的时候觉得清爽，喝茶的时候会忘记喧嚣，这都不是纨绔子弟可以领悟的。我写《煮泉小品》，是为了与枕石漱流的雅士商榷。""陆羽曾经说：'在出产茶叶的地方煮茶没有不好的，这是因为水土适宜。'这种说法很对，因为边采摘，边制作，在两道工序中茶叶都是新鲜的。所以《茶谱》中说：'如果得到一两蒙山之中最好的茶，用当地的水煎服，能够去掉积存很久的疾病。'的确是这样的。现在武林那些泉水，只有龙泓还可以，茶叶也只有龙泓山的最好。因为龙泓山高林密，山川秀丽，是两山之中最好的。所以那里的水清寒而且甘香，适合煮茶。虞伯生诗

中说，'但见瓢中清，翠影落群岫。烹煎黄金芽，不取韵雨后。'姚公绶诗中说：'品尝顾渚风斯下，零落《茶经》奈尔何。'那样就知道风味了，否则怎么能成为葛仙翁炼丹的地方呢？比这个地方好的是老龙泓，寒碧比它更好，这个地方出产的茶叶是南北两山的绝品。陆鸿渐认为钱塘天竺灵隐寺的水最差，我没有试过。《郡志》里面也只说宝云、香林、白云等茶，都不如龙泓清香隽永。""有水有茶，不可以没有火，并不是说真的没有火，只是说掌握火候的问题。李约说：'茶必须用活火煎'，活火是指有焰的炭火。东坡的诗中说：'活水仍将活火烹'，确实如此。我却认为如果山中不是经常有炭的话，那都是死火，不如用枯枝。遇到很冷的天气，多拾点松枝放在房子里存起来，用它煮茶更好。""人们只知道候汤，却不知道火候。火烧下去能使水蒸干，所以试火应该在试水的前面。《吕氏春秋》中伊尹说汤有五种味道：'九沸九变，关键在于火候的把握。'"

原文

许次杼《茶疏》："甘泉旋汲，用之斯良[①]，丙舍在城，夫岂易得。故宜多汲，贮以大瓮，但忌新器，为其火气未退，易于败水，亦易生虫。久用则善，最嫌他用。水性忌木，松杉为甚。木桶贮水，其害滋甚，挈瓶为佳耳。""沸速，则鲜嫩风逸。沸迟，则老熟昏钝。故水入铫，便须急煮。候有松声，即去盖，以息其老钝。蟹眼之后，水有微涛，是为当时。大涛鼎沸，旋至无声，是为过时。过时老汤，决不堪用。""茶注、茶铫、茶瓯，最宜荡涤。饮事甫毕，余沥残叶，必尽去之。如或少存，夺香败味。每日晨兴，必以沸汤涤过。用极熟麻布向内拭干，以竹编架覆而庋之燥处，烹时取用。""味若龙泓，清馥隽永甚。余尝一一试之，求其茶泉双绝，两浙罕伍云。""山厚者泉厚，山奇者泉奇，山清者泉清，山幽者泉幽，皆佳品也。不厚则薄，不奇则蠢，不清则浊，不幽则喧，必无用矣。""江，公也，众水共入其中也。水共则味杂，故曰江水次之。其水取去人远者，盖去人远，则湛深而无荡漾之漓耳。""严陵濑，一名七里滩，盖沙石上曰濑、曰滩也，总谓之浙江。但潮汐不及，而且深澄。故入陆品耳。余尝清秋泊钓台下。取囊中武夷、金华二茶试之，固一水也，武夷则黄而燥洌，金华则碧而清香，乃知择水当择茶也。鸿渐以婺州为次，而清臣以白乳为武夷之石，今优劣顿反矣。意者所谓离其处，水功其半者耶。""去泉再远者，不能日汲。须遣诚实山僮[②]取之，以免石头城下之伪。苏子瞻爱玉女河水，付僧调水符以取之，亦惜其不得枕流焉耳。故曾茶山《谢送惠山泉》诗有'旧时水递费经营'之句。""汤嫩则茶味不出，过沸则水老而茶乏。惟有花而无衣，乃得点瀹之候耳。""三人以上，止热一炉。如五六人，便当两鼎炉，用一童，汤方调适。若令兼作，恐有参差。""火必以坚木炭为上。然木性未尽，尚有余烟，烟气入汤，汤必无用。故先烧令红，去其烟焰，兼取性力猛炽，水乃易沸。既红之后，方授水器，乃急扇之。愈速愈妙。毋令手停。停过之汤，宁弃而再烹。""茶不宜近阴室、厨房、市喧、小儿啼、野性人、僮奴相哄、酷热斋舍。"

注释

①斯良:效果好。

②山僮:山里的孩子。

译文

许次杼《茶疏》:“用来煮茶的甘甜泉水,最好是随取随用,这样煮茶的效果才会好,可是住在城里,又怎么能够随时得到呢?所以应多汲取一些,放在大坛子里储存起来,但是不要用新器具,因为它的火气还没有退尽,容易败坏水质,也容易生虫。用久的器具才好,但就怕把它用作其他的用途。水最忌讳木头,尤其是松杉。用木桶储存水,它的危害很快就显露出来了,用瓶子装是最好的。”“水开得快,就会显得鲜嫩风逸。水开得迟,则容易太熟昏钝。所以水放进锅里,就要马上煮。等到发出像松涛一样的声音,就掀开锅的盖子,可以平息它的老钝。泛出蟹眼般的气泡之后,水翻腾起来,这是最适合的时候。声音鼎沸,然后没有声音,那就是过时了。过了时间的老汤,绝对不能用。”“茶注、茶铫、茶瓯,最好常洗涤。饮完以后,喝剩下的残叶,必须全部去掉。如果茶叶还留在里面,再用时就会夺走茶的香气败坏茶的味道。每天早晨,一定要用开水洗过,用特别软的麻布擦干杯子的里面,扣在竹架子上晾干,烹茶的时候再拿出采用。”“味道像龙泓泉水,清香隽永。我曾经一一试过,想找到茶叶和水都非常好的地方,但两浙一带很少有泉水。”“山厚泉水也厚,山奇泉水也奇,山清泉水也清,山幽泉水也幽,都是很好的品种。不厚就薄,不奇就蠢,不清就浑浊,不幽静就喧哗,肯定是不好的水。”“江,是公共的,所有的水都汇进里面。汇集成的水的味道就会很杂,因此说饮用江水差一点。应到离人远的地方取水,离人越远,水就会清湛而且没有杂物漂浮。”“严陵濑,又叫七里滩,这是因为沙石上被称为濑、被称为滩,总称为浙江。但江的潮汐影响不到这里,水深而且清,所以被陆羽品为好水。我曾经在

清秋的时候将船停在钓台下，拿出囊中武夷、金华两种茶进行比较，虽然是同一种水，武夷茶显得黄而燥冽，金华就显得碧绿而清香，才知道选择水也应当选择茶。鸿渐认为婺州差一点，而清臣认为白乳比武夷要差一点，现在这种优劣已经倒过来了，如果把它分开说的话，水的功劳占到了一半。”“如果离泉水太远，那就不能天天去汲取了。就要让很诚实的山里孩子去取，避免发生像石头城下取水充数的事情。苏子瞻喜欢玉女河里的水，让和尚拿调水符去取，仍然为不能听着水泉睡觉而觉得惋惜。所以曾茶山在《谢送惠山泉》诗中有‘旧时水递费经营’这样的句子。”“如果水开得不够则茶的味道就不出来，水开得太过茶就会老。只有开到恰到好处才好。”“三人以上，只需要一炉。如果是五六个人，就应当用两个鼎炉，专门让一个童子来做，才能调出好茶。如果让人兼做，就会出现差错。”“用坚木炭烧火是最好的，如果木头没有烧透，还有剩余的烟味，烟气到了汤里，汤就被毁了。所以先把木柴烧红去掉里面的烟焰，再用很猛烈的火力，水才容易沸腾。炭红了以后，再放上烧水的器具，马上用扇子去扇，越快越好，手不要停。停过火的汤，宁可放弃再烹制。”“茶叶不适合靠近阴暗的房间、厨房、喧闹的地方、小儿啼哭的地方、性格很粗犷的人、仆人打闹的地方、很热的房子。”

原文

罗廪《茶解》：“茶色白，味甘鲜，香气扑鼻，乃为精品。茶之精者，淡亦白，浓亦白，初泼白，久贮亦白。味甘色白，其香自溢，三者得则俱得也。近来好事者，或虑其色重，一注之水，投茶数片，味固不足，香亦窅然，终不免水厄之诮，虽然，尤贵择水。”“香以兰花为上，蚕豆花次之。”“煮茗须甘泉，次梅水。梅雨如膏，万物赖以滋养，其味独甘。梅后便不堪饮。大瓮满贮，投伏龙肝一块以澄之，即灶中心干土也，乘热投之。”“李南金谓，当背二涉三之际为合量。此真赏鉴家言。而罗鹤林惧汤老，欲于松风涧水后，移瓶去火，少待沸止而瀹之。此语亦未中窾。殊不知汤既老矣，虽去火何救哉？”“贮水瓮须置于阴庭，覆以纱帛，使昼挹天光，夜承星露，则英华不散，灵气常存。假令压以木石。封以纸箬[①]，暴于日中，则内闭其实，外耗其精，水神敝矣，水味败矣。”

注释

①纸箬:纸和竹子。

译文

罗廪《茶解》:“茶叶的颜色发白,味道甘鲜,香气扑鼻,是很好的品种。茶叶中的精品是,茶淡时颜色是白的,茶浓时颜色也是白的,刚做出来的时候是白色,放置时间长了仍然是白色的,它的香味四处飘溢,色香味三者就都有了。近来有好事的人担心茶的颜色太重,一注的水只放几片茶叶,味道不够,香气也不浓,只能被讥讽是水的灾难。尽管这样,选择水还是特别重要。”“香味是兰花的最好。蚕豆花要差一点。”“煮茶时必须用甘甜的泉水,其次才是雨水。梅雨就像膏一样,所有的物体都依赖它生长,它的味道非常甘甜。梅雨以后就不能喝了。将梅雨用大坛子装起来,在里面放一片伏龙肝,把水澄清,也就是灶中心的干土块,趁热的时候放进去。”“李南金说,水在二沸和三沸之间的时候最合适。这是真正的行家的话。罗鹤林怕汤老了,在水大沸以后,移开瓶子去掉炭火,等到停止沸腾的时候再说。这样的说法也不一定准确。要知道汤已经老了,即使去了火又如何挽救呢?”“储水瓶必须放在阴暗的屋子里,上面盖上纱布,遮挡白天的阳光,承接夜晚的露水,那样茶的精华就不会消散,灵气就可以长期保留。假如在上面压上木石,封上纸和竹叶,在阳光底下晒,那样瓶里就会封闭,外面就会耗尽水的精气,水的神韵就没有了,水的味道也就坏了。”

原文

《考槃余事》:“今之茶品与《茶经》迥异,而烹制之法,亦与蔡、陆[①]诸人全不同矣。”“始如鱼目微微有声为一沸,缘边涌泉如连珠为二沸,奔涛溅沫为三沸。其法非活火不成。若薪火方交,水釜才炽,急取旋倾,水气未消,谓之嫩。若人过百息,水逾十沸,始取用之,汤已失性,谓之老。老与嫩皆非也。”

注释

①蔡、陆：指的是蔡襄、陆羽。

译文

《考槃余事》："今天茶叶的品种同《茶经》里所说的完全不同，烹制的方法，也跟蔡襄、陆羽这些人所说的不一样。""开始有像鱼的眼睛一样的气泡、微微沸腾的声音是一沸，锅的边缘涌出像连珠一样的气泡是二沸，奔腾溅出是三沸。这种方法只有活火才能做到。如果柴火刚点着，锅刚烧热，就急忙取来泡茶，水气还没有消散，被称为嫩。如果等人休息好了，水已经过了十沸，才取用，汤就失去了灵性，已经老了。水老和水嫩都不好。"

原文

《夷门广牍》：虎丘石泉，旧居第三，渐品第五。以石泉渟泓，皆雨泽之积，渗窦之潢也。况阖①庐墓隧，当时石工多闷死，僧众上栖，不能无秽浊渗入。虽名陆羽泉，非天然水。道家服食，禁尸气也。

注释

①阖(hé)：关闭，阻碍。

译文

《夷门广牍》：虎丘的石泉，以前排在第三位，陆羽将它排为第五。石泉里储存的水，都是由雨水积存起来渗透形成的。何况当时盖墓道，多半石工被闷死了，很多和尚住在山上，不可能没有污秽渗透进去。虽然名叫陆羽泉，其实并不是天然的水。道家服用，最忌讳的就是有尸气。

原文

《六砚斋笔记》："武林西湖水，取贮大缸，澄淀[1]六七日。有风雨则覆，晴则露之，使受日月星之气。用以烹茶，甘淳有味，不逊慧麓。以其溪谷奔注，涵浸凝渟，非复一水，取精多而味自足耳。以是知凡有湖陂大浸处，皆可贮以取澄，绝胜浅流阴井，昏滞腥薄，不堪点试也。""古人好奇，饮中作百花熟水，又作五色饮，及冰蜜、糖药种种各殊。余以为皆不足尚。如值精茗，适乏细劚松枝，瀹汤漱咽而已。"

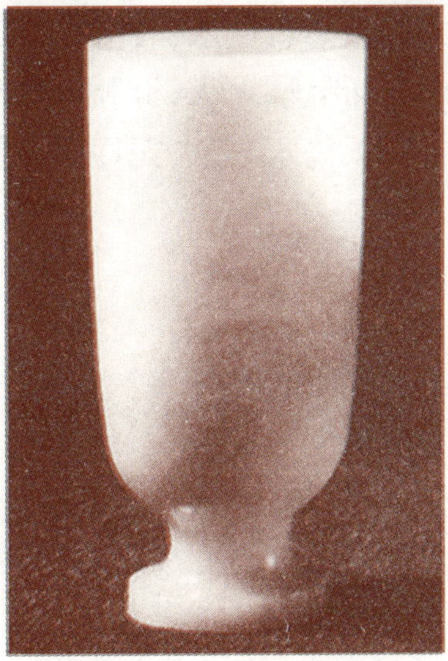

注释

①澄淀：沉淀，放置。

译文

《六砚斋笔记》："武林的西湖水，取来以后储存在大缸里，放置六七天。遇到风雨的时候就盖上，晴天的时候再打开，让它受到日月星辰的灵气。用它烹茶，会甘醇美味，不比慧麓的差。因为溪谷里的水流很快，能够浸润，不只一处水源，取了多处的精华，味道自然很好。由此可知凡是有湖泊浸润的地方。都可以收集储藏、澄清，绝对胜过浅流阴井的水。那些水带有异味，不能泡茶饮用。""古人因为好奇，饮用时放很多花在水里，还有一种叫做五色饮，放进冰蜜、糖药各种东西，我认为都不应该提倡。如果没有好茶叶，可以用松枝烧水泡汤，能喝就行。"

原文

《竹懒茶衡》：处处茶皆有，然胜处未暇悉品，姑据近道日御者：虎丘气芳而味薄，乍入盎，菁英浮动，鼻端拂拂如兰初析，经喉咙亦快然，然必惠麓水，甘醇足佐其寡薄。龙井味极腴厚，色如淡金，气亦沉寂，而咀咽之久，鲜腴[1]潮舌，又必借虎跑空寒熨齿之泉发之，然后饮者，领隽永之滋，无昏滞之恨耳。

注释

①腴（yú）：丰裕。

译文

《竹懒茶衡》：处处都有茶叶，只是茶的好处没能品评出来。正如短暂接触几天的道士所说：虎丘的气味芳香而且有些淡，刚放进杯里的时候上面浮着青色的叶子，鼻端飘着淡淡的兰花香味，喝的时候也很舒服，但必须是惠麓的水，水的甘醇能够辅佐茶的清淡。龙井的味道很浓厚，颜色淡黄，气味也不是很显露，但喝下去之后，才觉得特别鲜腴润滑，又必须借深山里的冷泉，喝下去才会觉得隽永滋润，没有昏滞的感觉。

原文

松雨斋《运泉约》：吾辈竹雪神期，松风齿颊[1]，暂随饮啄人间，终拟逍遥物外。名山未即，尘海[2]何辞！然而搜奇炼句，液沥[3]易枯；涤滞洗蒙，茗泉不废。月团三百，喜拆鱼缄；槐火一篝，惊翻蟹眼。陆季疵之著述，既奉典刑；张又新之编摩，能无鼓吹。昔卫公宦达中书，颇烦递水；杜老潜居夔峡，险叫湿云。今者，环处惠麓，逾二百里而遥；问渡松陵，不三四日而至。登新捐旧，转手妙若辘轳；取便费廉，用力省于桔槔。凡吾清士，咸赴嘉盟。运惠水：每坛偿舟力费银三分，水

坛坛价及坛盖自备不计。水至，走报各友，令人自抬。每月上旬敛银，中旬运水。月运一次，以致清新。愿者书号于左，以便登册，并开坛数，如数付银。某月某日付。松雨斋主人谨订。

注释

①齿颊：风吹脸面。

②尘海：世间，凡间，世俗。

③液沥：身体出汗。

译文

松雨斋《运泉约》：在雪后的竹林里，阵阵松风吹着脸颊，我们暂时放饮人间，终日逍遥物外。没到过名山，怎么能告别世俗的生活呢？但是搜集提炼奇警的句子，汗体淋漓思绪枯竭，所以洗去迟滞昏蒙，甘泉香茗不断。有月团三百，高兴地拆开包茶叶的鱼纸封缄，燃起槐枝烧成篝火，把泉水煮到翻起蟹眼。根据陆羽的论述，已经奉为经典；张又新的主张也不能不加鼓吹。以前卫公官至中书，非常怕递水；杜老潜居在夔峡，它很险要叫做湿云。今天离惠麓山超不过两百里的路程，在松陵渡口雇一条船，不用三四天就到了。登新弃旧，转手就像辘轳一样，取用方便价钱便宜，比用吊杆打水还省力。像我们这样的清士，都赶着去赴嘉盟。运惠水：每一坛要付船工三分的银钱，水坛和坛盖的价钱还不在内。取到水以后，通知各位朋友，让人来抬。每月的上旬收钱，中旬运水。每个月运一次，可以让水清新。愿意的人把名字写在左面，便于登记注册，并写明所要的坛数，按照数量付银子。某月某日付款。松雨斋主人谨订。

原文

《岕茶汇钞》："烹时先以上品泉水涤烹器，务鲜务洁。次以热水涤茶叶，水若太滚，恐一涤味损，当以竹箸夹茶于涤器中，反复洗荡，去尘土、黄叶、老梗既尽，乃以手搦干，置涤器内盖定。少刻开视，色青香冽，急取沸水泼之。夏先贮水入茶，冬先贮茶入水。""茶色贵白，然白亦不难。泉清、瓶洁、叶少、水冽，旋烹旋啜，其色自白，然真味抑

郁，徒为目食耳。若取青绿，则天池、松萝及岕之最下者，虽冬月，色亦如苔衣，何足为妙？若余所收真洞山茶，自谷雨后五日者，以汤荡浣[1]，贮壶良久，其色如玉。至冬则嫩绿，味甘色淡，韵清气醇，亦作婴儿肉香。而芝芬浮荡，则虎丘所无也。”

注释

①荡浣：用热水烫洗，晾干。

译文

《岕茶汇钞》：“烹茶时先用上好的泉水洗净烹制的器具，必须清洁干净。然后用热水洗涤茶叶，如果水开的时间长了，一洗就会损害它的味道，应该用竹制的筷子在器具中反复地清洗，将茶叶里尘土、黄叶、老梗这些东西全部去掉，再用手拧干，放在洗好的器具里盖上。一会儿再打开来看，颜色清香甘洌，马上取开水倒在上面。夏天先放水后放茶叶，冬天先放茶叶后倒水。”“茶叶的颜色以白色为好，但是白色也不难。水清、瓶子干净、叶子好、用水洗、烹煮以后马上饮用，它的颜色是白色，但是味道就不知道了，只是中看而已。如果取青绿色，那天池、松萝及岕茶是最差的，虽然是冬天，颜色仍然像苔衣一样，很难说好。像我收藏的真洞山茶叶，在谷雨后的 5 天，用开水煮过晾干，储存在壶里很长时间，它的颜色像白玉一样。到了冬天就会嫩绿，味甘色白，气味甘醇，就像婴儿的体香。而且上面浮荡的芳香，是虎丘茶所没有的。”

原文

《洞山茶系》：岕茶德全，策勋惟归洗控。沸汤泼叶，即起洗鬲，敛[1]其出液。候汤可下指，即下洗鬲，排荡沙沫。复起，并指控干，闭之茶藏候投。盖他茶欲按时分投，惟岕既经洗控，神理绵绵[2]，止须上投耳。

《天下名胜志》：“宜兴县湖汶镇，有于潜泉，窦穴阔二尺许，状如井。其源洑流潜通，味颇甘洌，唐修茶贡，此泉亦递进。”“洞庭缥缈峰西北，有水月寺，寺东入小青坞，有泉莹澈甘凉，冬夏不涸。宋李弥大

名之曰‘无碍泉’。”“安吉州碧玉泉为冠,清可鉴发,香可瀹茗。”

注释

①敛(liǎn):聚集,收拢,沥干。

②神理绵绵:神理,即条理;绵绵,清晰。神理绵绵,思路有条有理。

译文

《洞山茶系》:岕茶的品性很全面,关键在于洗控。水开了以后再浇在茶叶上,再立即拿出来,沥干了水。水开到可以下指的时候,马上放下去洗涤,洗净里面的沙子和粉末。再拿出来,用指捏干,盖在容器中等待冲泡。只是其他的茶叶应该按照时间分别投煮,只有岕茶洗涤以后,纹理很清晰,只需立即冲泡即可。

《天下名胜志》:“宜兴县的湖汶镇,有一眼地下泉水,洞穴有2尺多宽,形状像井一样。它的源头跟水源相通,味道非常甘洌,唐代时准备的贡茶,就是用这里的泉水。”“洞庭缥缈峰的西北,有一座水月寺。寺的东面进小青坞的地方,有眼泉水清澈甘凉,长年不干涸,宋朝的大将李弥将它命名为‘无碍泉’。”“安吉州的碧玉泉最好,清澈得可以看见头发,香味可以比得上煮茶。”

原文

徐献忠《水品》:“泉甘者,试称之必厚重,其所由来者远大使然也。江中南零水,自岷江[①]发源数千里,始澄于两石间,其性亦重厚,故甘也。”“处士《茶经》,不但择水,其火用炭或劲薪。其炭曾经燔为腥气所及,及膏木败器,不用之。古人辨劳薪之味,殆有旨也。”“山深厚者,雄大者,气盛丽者,必出佳泉。”

注释

①岷江：中国长江上游支流，在四川省中部。全长793公里，流域面积133,500平方公里。流经的四川盆地西部是中国多雨地区，因此水量丰富，年径流量900多亿立方米，为黄河的两倍多。水力资源蕴藏量占长江水系的1/5。

译文

徐献忠《水品》："甘甜的泉水，如果去称量它一定很厚重，这是源远流长的原因。江中的南零水，从岷江发源流经几千里，在两石之间澄清，它的性质也很厚重，而且很甜美。""处士的《茶经》讲，茶事不但要选择水，烧火也要用炭或硬木。如果炭被腥气沾染，或柴是朽木败器，都不可以用。古代人辨别柴火的气味，也是有要诀的。""山雄伟高大，挺拔秀丽的，一定会出佳泉。"

原文

张大复[①]《梅花笔谈》：茶性必发于水，八分之茶遇十分之水，茶亦十分矣。八分之水试十分之茶，茶只八分耳。

《岩栖幽事》："黄山谷赋：'汹汹乎，如涧松之发清吹；浩浩乎，如春空之行白云。'可谓得煎茶三昧。""扫叶煎茶乃韵事，须人品与茶相得。故其法往往传于高流隐逸，有烟霞泉石磊块胸次者。"

注释

①张大复（公元约1554？~1630年）：苏州昆山兴贤里片玉坊人。名彝宣，字心期，一作星其，自号寒山子又号病居士。清代戏曲作家、声律家。有《嘘云

轩文字》《昆山人物传》《昆山名宦传》《张氏先世纪略》等著作。

译文

张大复《梅花笔谈》：茶叶的内蕴必须在水中发散出来，八分的茶叶遇到十分的水，茶也会变成了十分。八分的水去泡十分的茶叶，那茶也只有八分了。

《岩栖幽事》："黄山谷有赋说，'那种汹汹的气势，就像清风吹过松林一样；浩大的样子，就像白云在天空走过。可说是得到了煎茶的要诀。""扫叶煎茶也是很雅致的事，必须要人品和茶品相得益彰，所以煎茶的方法多半传给高人雅士，胸怀烟霞山川的人。"

原文

《涌幢小品》："天下第四泉，在上饶县北茶山寺。唐陆鸿渐寓其地，即山种茶，酌以烹之，品其等为第四。邑人尚书杨麒读书于此，因取以为号。""余在京三年，取汲德胜门外水烹茶，最佳。""大内御用井，亦西山泉脉所灌，真天汉第一品，陆羽所不及载。""俗语'芒种逢壬便立霉'，霉后积水烹茶，甚香冽，可久藏，一交夏至便迥别矣。试之良验。""家居苦泉水难得，自以意取寻常水煮滚，入大磁缸，置庭中避日色。俟夜天色皎洁，开缸受露，凡三夕①，其清澈底。积垢二三寸，亟取出，以坛盛之，烹茶与惠泉无异。"

注释

①三夕：三个晚上。

译文

《涌幢小品》:"天下第四泉在上饶县北面的茶山寺里。唐代陆羽居住在那里,在山上种茶,用泉水烹制后饮用,将泉水评为第四。当地人尚书杨麒曾在这里读书,所以用以为号。""我在京城3年,用德胜门外面的水烹茶最好。""皇宫里用的井水,也是西山泉水的水脉,真是天下第一品种,陆羽却没有记载。""俗话说:'芒种逢壬便立霉'。梅雨之后积水烹茶,味道香冽,可以长久贮藏,到了夏至就不同了。试过以后很灵验。""家里很难得到泉水,就用普通的水煮开,装到大瓷缸里,放在院里避免光照。等月亮皎洁的时候,再打开瓷缸接受露水,只要三个晚上,水就会变得清澈见底了。下面积存两三寸厚的污垢,取出来,用坛子把水装起来,用它来煮茶跟惠泉的水没什么两样。"

原文

闻龙《它泉记》:吾乡四陲皆山,泉水在在有之,然皆淡而不甘。独所谓它泉者,其源出自四明,自洞抵埭[①],不下三数百里。水色蔚蓝。素沙白石,粼粼见底。清寒甘滑,甲[②]于郡中。

《玉堂丛语》:"黄谏尝作《京师泉品》,郊原玉泉第一,京城文华殿东大庖井第一。后谪广州,评泉以鸡爬井为第一,更名学士泉。""吴甃云:'武夷泉出南山者,皆洁冽味短。北山泉味迥别。盖两山形似而脉不同也。'予携茶具共访得三十九处,其最下者亦无硬冽气质。"

注释

①埭:读作dài。

②甲:最好的,第一的。

译文

闻龙《它泉记》:我的家乡四面都是山,泉水到处都有,清淡却不甘甜。只要被称为泉的水，源头出自四明，自洞流下超过300多里，水的颜色蔚蓝。干净的沙子白色的石头，水清澈得可以见底。水质清寒甘滑，是郡中最好的。

《玉堂丛语》："黄谏曾认为京师有品味的泉水，郊外的玉泉是其中之一，京城文华殿里的东大庖井是其中之一。后来谪守广州，品泉认为鸡爬井也是一个，于是将它更名为学士泉。""吴甃说：'武夷南山的泉水，味道甘冽但太淡。北山泉水的味道就完全不同，两座山虽然看起来很相像但有着本质的区别。'我曾经带着茶具访到了39处泉水，就是最差的泉水也没有硬冽的气质。"

原文

王新城《陇蜀余闻》：百花潭有巨石三，水流其中，汲之煎茶，清冽异于他水。

《居易录》：济源县段少司空园，是玉川子煎茶处。中有二泉，或曰玉泉，去盘谷不十里；门外一水曰漭水，出王屋山。按《通志》，玉泉在泷水上，卢仝煎茶于此，今《水经注》不载①。

注释

①不载：没有记录。

译文

王新城《陇蜀余闻》：百花潭里有三块巨石，水在里面流淌，取回来煎茶，清冽的味道和其他的水不一样。

《居易录》：济源县段少司空园，是玉川子煎茶的地方。里面有两处泉水，也可叫玉泉，离盘谷不到10里，门外有一条河叫做漭水，源自王屋山。按照《通志》记载，玉泉在泷水的上游，卢仝曾在这里煎茶，现在的《水经注》里没有记载。

原文

《分甘余话》：一水，水名也。郦道元①《水经注·渭水》："又东会一水，发源吴山。"《地理志》："吴山，古汧山也，山下石穴，水溢石空，

悬波侧注。”按此即一水之源，在灵应峰下，所谓“西镇灵湫”是也。余丙子祭告西镇，常品茶于此，味与西山玉泉极相似。

注释

①郦道元：我国著名的地理学家，文学家，撰写了地理巨著《水经注》。

译文

《分甘余话》：一水，是水的名字。郦道元在《水经注·渭水》里记载：“渭水向东流与一水合流，一水发源于吴山。”《地理志》中记载：“吴山，就是古代的汧山，山下有石穴，水从石头的缝隙里流出来，水源很猛烈。”这样说来这就是一水的发源地了，在灵应峰下，所谓的“西镇灵湫”就是了。我丙子年祭告西镇的时候，常在这里品茶，味道跟西山玉泉水差不多。

原文

《古夫于亭杂录》：唐刘伯刍[1]品水，以中泠为第一，惠山、虎丘次之。陆羽则以康王谷为第一，而次以惠山。古今耳食者，遂以为不易之论。其实二子所见，不过江南数百里内之水，远如峡中虾蟆碚，才一见耳。不知大江以北如吾郡，发地皆泉，其著名者七十有二。以之烹茶，皆不在惠泉之下。宋李文叔格非，郡人也，尝作《济南水记》，与《洛阳名园记》并传。惜《水记》不存，无以正二子之陋耳。谢在杭品平生所见之水，首济南趵突，次以益都孝妇泉（在颜神镇）、青州范公泉，而尚未见章丘之百脉泉，右皆吾郡之水，二子[2]何尝多见。予尝题王秋史苹“二十四泉草堂”云：“翻怜陆鸿渐，跬步限江东”，正此意也。

陆次云《湖壖杂记》：龙井泉从龙口中泻出。水在池内，其气恬然。若游人注视久之，忽波澜涌起，如欲雨之状。

张鹏翮《奉使日记》：葱岭乾涧侧有旧二井，从旁掘地七八尺，得水甘洌，可煮茗。字之曰“塞外第一泉”。

注释

①刘伯刍（公元755～815年）：字素芝，洛川（今陕西洛川）人。累官刑部侍郎左散骑常侍。工书，善八分，元和十二年（公元817年）张躬所撰，唐赠司空于京碑为其所八分书。

②二子：指的是刘伯刍和陆羽两人。

译文

《古夫于亭杂录》：唐代的刘伯刍品水，认为中泠的水最好，惠山虎丘的水差一点。陆羽则认为康王谷的水是最好的，惠山的水排在它后面。从古到今，大都认可这个定论。其实两人见到的，不过是江南几百里内的水而已，最远的也只到虾蟆碚，仅仅见到一次。不知道大江的北面像我们这里，到处都是泉水，著名的就有72处。用它们来烹茶，都不在惠泉之下。宋代的李文叔字格非，本郡人，曾经作《济南水记》，当时和《洛阳名园记》齐名。可惜《水记》没有保留下来，不能补充这两人的疏漏。谢在杭品评平生所见的水，认为济南趵突泉的水最好，其次是益都孝妇泉（在颜神镇）、青州的范公泉，但是没有看见章丘的百脉泉。这都是我郡的水，刘伯刍和陆羽两人又何曾见过呢！我曾为王苹的“二十四泉草堂”题诗：“翻怜陆鸿渐，跬步限江东。”就是这个意思。

陆次云《湖壖杂记》：龙井泉从龙口中流出，水在池子里，气息很平静。如果游人看的时间长，就会发现它会突然泛出波澜，像要下雨的样子。

张鹏翮《奉使日记》：葱岭乾涧的旁边有两口旧井，在井的旁边往地下挖七八尺，得到的水非常甘洌，可以煮茶。被人称为“塞外第一泉”。

原 文

《广舆记》:"永平滦州有扶苏泉。甚甘洌。秦太子扶苏尝憩此。""江宁摄山千佛岭下,石壁上刻隶书六字,曰:'白乳泉试茶亭'。""钟山八功德水,一清、二冷、三香、四柔、五甘、六净、七不馇、八蠲疴①。""丹阳玉乳泉,唐刘伯刍论此水为天下第四。""宁州双井在黄山谷所居之南,汲以造茶,绝胜他处。""杭州孤山下有金沙泉,唐白居易尝酌此泉,甘美可爱,视其地沙光灿如金,因名。""安陆府沔阳有陆子泉,一名文学泉。唐陆羽嗜茶,得泉以试,故名。"

注 释

①蠲疴:去病。蠲,读作 juān,除去,免除。疴,读作 kē,古同"疴",病。

译 文

《广舆记》:"永平滦州有扶苏泉,非常甘洌。秦朝的太子扶苏曾在这里休息。""在江宁摄山千佛岭的下面,石壁上刻着六个隶书大字:'白乳泉试茶亭'。""钟山水的 8 种作用在于:一是清、二是冷、三是香、四是柔、五是甘、六是净、七是不馇、八是去病。""丹阳的玉乳泉,唐代的刘伯刍称这里的水是天下第四。""宁州的双井在黄山谷的南面,汲取它做茶,绝对比其他地方的要好。""杭州孤山的下面有金沙泉,唐代的白居易品尝过这里的泉水,觉得甘美可爱,看到这里地上的沙子就像金子一样光灿灿的,所以这样命名。""安陆府沔阳有陆子泉,又称为文学泉。唐代的陆羽喜欢喝茶,曾品尝此泉,其名由此而来。"

原 文

《增订广舆记》:玉泉山,泉出石罅间,因凿石为螭头,泉从口出,味极甘美。潴为池,广三丈,东跨小石桥,名曰玉泉垂虹。

《武夷山志》:山南虎啸岩语儿泉,浓若停膏①,泻杯中鉴毛发,味

甘而溥，啜之有软顺意。次则天柱三敲泉，而茶园喊泉可伯仲矣。北山泉味迥别。小桃源一泉，高地尺许，汲不可竭，谓之高泉，纯远而逸，致韵双发，愈啜愈想愈深，不可以味名也。次则接笋之仙掌露，其最下者，亦无硬冽气质。

注释

①停膏：停止不动的膏体。

译文

《增订广舆记》：玉泉山的水是从石头罅缝间流出来的，因开凿石头作为龙头，泉水就从龙口中流出来，味道特别的甘美。把水流下的地方造成池，方圆3丈，东面横跨一座小石桥，叫做玉泉垂虹。

《武夷山志》：山南面的虎啸岩语儿泉，浓得就像停止在那里的膏体，放在杯子里面可以看见毛发，味道非常甘甜，喝下去有柔顺的感觉。其次就是天柱的三敲泉，茶园的喊泉又跟它相似。北山的泉水味道很特别。名为小桃源的泉水，高出地面差不多有1尺，怎么取都不会干涸，被称为高泉。味道纯远，韵味十足，越喝越深远，没有办法说清楚。其次就是相连的仙掌露，这里是最差的泉，也没有硬冽的气息。

原文

《中山传信录》：琉球①烹茶，以茶末杂细粉少许入碗，沸水半瓯，用小竹帚搅数十次，起沫满瓯面为度，以敬宾。且有以大螺壳烹茶者。

《随见录》：安庆府宿松县东门外，孚玉山下福昌寺旁井，曰龙井，水味清甘，瀹茗甚佳，质与溪泉较重。

注释

①琉球：位于中国东南端，日本列岛最南端，由琉球、宫古、八重山三个群岛为中心的六十多个岛屿组成，面积2265平方公里。位于台湾岛与日本九州岛之间。

译文

《中山传信录》：中国台湾泡茶的方法，往碗里放进少量的茶末，开水半瓯，用小扫帚在里面搅拌几十次，让泡沫充满了整个瓯面，用来敬献给客人。还有用大螺壳煮茶的。

《随见录》：安庆府宿松县东门外的孚玉山下福昌寺旁边的井，被称为龙井，水的味道非常甘甜，用它来泡茶比较好，只是水质同溪泉相比比较重。

六　茶之饮

茶　经

原　文

翼而飞，毛而走，呿而言[①]，此三者俱生于天地间，饮啄以活，饮之时义远矣哉！至若救渴，饮之以浆；蠲[②]忧忿，饮之以酒；荡昏寐，饮之以茶。

注　释

①呿而言：呿，读作 qū，张口。这里指开口会说话的人类。

②蠲：读作 juān，免除。

译　文

禽类能用翅膀飞翔，兽类有毛而奔走，人类开口能言语，这三者都是生于这世间，以喝水、吃东西才存活下来，由此可见饮水作用之大，意义之深远。至于人类，要解口渴，就喝汤水；要排除忧闷，就喝酒；要清醒头脑，就喝茶。

原文

茶之为饮，发乎神农氏①，闻于鲁周公②，齐有晏婴③，汉有扬雄、司马相如④，吴有韦曜⑤，晋有刘琨、张载、远祖纳、谢安、左思之徒⑥，皆饮焉。滂时浸俗，盛于国朝，两都并荆俞（俞，当作渝。巴渝也。）间⑦，以为比屋之饮。

注释

①神农氏：传说中的上古三皇之一，教民稼穑，号神农，后世尊为炎帝。因有后人伪作的《神农本草》等书流传，其中提到茶，所以称为“发乎神农氏”。

②鲁周公：名姬旦，周文王之子，辅佐武王灭商，建西周王朝，“制礼作乐”，后世尊为周公，因封国在鲁，又称鲁周公。后人伪托周公作《尔雅》，讲到茶。

③晏婴：字平仲，春秋之际大政治家，为齐国名相。相传著有《晏子春秋》，讲到他饮茶事。

④扬雄、司马相如：扬雄，见前注。司马相如（公元前 178～前 118 年），字子卿，蜀郡成都人，西汉著名文学家，著有《子虚赋》《上林赋》等。

⑤韦曜：字弘嗣，三国时人（公元 220～280 年），在东吴历任中书仆射、太傅等要职。

⑥晋有刘琨、张载、远祖纳、谢安、左思之徒：刘琨（公元 271～318 年），字越石，中山魏昌人（今河北无极县），曾任西晋平北大将军等职。张载，字孟阳，安平人（今河北深县），文学家，有《张孟阳集》传世。远祖纳，即陆纳（公元 320～395 年），字祖言，吴郡吴人（今江苏苏州），东晋时任吏部尚书等职。陆羽与其同姓，故尊为远祖。谢安（公元 319～385 年），字安石，陈国阳夏人（今河南太康县），东晋名臣，历任太保、大都督等职。

左思(公元250~305年),字太冲,山东临淄人,著名文学家,代表作有《三都赋》《咏史》诗等。

⑦两都并荆俞间:两都,长安和洛阳。荆,荆州,治所在今湖北江陵。俞,当做渝。渝州,治所在今四川重庆一带。

译文

茶作为一种可被饮用的东西,自神农氏开始,被周公旦记载下来得以流传,春秋齐国之晏婴,汉朝之杨雄、司马相如,三国时吴国之韦曜,晋代之刘琨、张载、陆纳、谢安、左思等人都喜欢饮茶。茶已渗透到整个社会生活中,但流行最兴盛的要数唐朝。从西都长安到东都洛阳,从江陵到重庆,家家户户都喝茶。

原文

饮有粗茶、散茶、末茶、饼茶者。乃斫、乃熬、乃炀、乃舂,贮于瓶缶之中,以汤沃[①]焉,谓之痷茶[②]。或用葱、姜、枣、橘皮、茱萸、薄荷之等,煮之百沸,或扬令滑,或煮去沫,斯沟渠间弃水耳,而习俗不已。

注释

①汤沃:用热水浸泡。

②痷茶:痷,读作 ān,病。

译文

茶有粗茶、散茶、末茶、饼茶四大品种。有的人喝茶时,又是斫、又是熬、又是烤、又是捶,储藏在瓶子、瓦罐里,再用开水冲泡,这是非常不正确的喝茶方法。也有的人把葱、姜、枣、橘皮、茱萸、薄荷等加到茶里,煮得沸腾。或者一再扬汤，使茶水像膏汁一样滑腻，或者把茶水上面的沫饽撇掉，这样的茶。就相当于沟渠里的废水，但在民间就有这么喝的习俗。

原文

于戏！天育万物，皆有至妙，人之所工，但猎浅易。所庇者屋，屋精极；所著者衣，衣精极；所饱者饮食，食与酒皆精极；凡茶有九难：一曰造，二曰别，三曰器，四曰火，五曰水，六曰炙，七曰末，八曰煮，九曰饮。阴采夜焙，非造也。嚼味嗅香，非别也。膻鼎腥瓯，非器也。膏薪庖炭，非火也。飞湍壅潦①，非水也。外熟内生，非炙也。碧粉缥尘②，非末也。操艰搅遽③，非煮也。夏兴冬废，非饮也。

注释

①飞湍壅潦：飞湍，飞奔的急流。壅潦，停滞的积水。潦，雨后的积水。

②碧粉缥尘：碾得很细的茶粉。

③操艰搅遽：操作艰难、慌乱。遽，读作jù，惶恐、窘急。

译文

可叹！上天孕育了万物，每一种都有其最为巧妙的地方，而人类所擅长的，却是关注那些浅显容易的东西。房屋是人类保护自己的住所，现在它的建造已特别精美；人类穿的衣服，衣冠服饰也已特别精美；人类填饱肚子的是饮食，食物和酒也已特别精美。茶，有九个方面是很难做好的：一是采摘制作，二是鉴别品评，三是器具，四是用火，五是选水，六是烤炙，七是碾末，八是烹煮，九是饮用。阴雨天采摘夜里加工，这不是采摘制作茶的优良方法。口嚼干茶辨别味道，用鼻闻茶的香气，这不是鉴别茶的专家。有膻味的鼎和腥味的碗，这不是烹制茶的器具。含脂膏多的柴、厨房用过的木炭，这些都不是烤茶的燃料。飞流湍急的河水或淤滞不流的死水，这些不是煮茶的水。把茶饼烤得外焦里生，是使用了不正确的烤法。碾出的茶末颜色青白，这不是好茶末。煮茶操作不灵活、动作急慌之凌乱，这算不上会煮茶。夏天才喝茶、冬天不喝茶，这不是真正的饮茶者。

原文

夫珍鲜馥烈[①]者，其碗数三：次之者，碗数五。若座客数至五，行[②]三碗；至七，行五碗；若六人以下，不约碗数，但阙[③]一人而已，其隽永补所阙人。

注释

①珍鲜馥烈：鲜香味浓之意。

②行：一碗茶轮着喝。

③阙：通缺。

译文

如果是滋味鲜醇、馨香袭人的珍贵佳茗，一锅最多只投入煮三碗水的茶末；品质略差点的，投入够煮五碗的茶末。如果座客是五位，就用煮三碗的好茶；是七位，就用煮五碗的稍差点的茶；如果客人不到六位，那么就不用管碗数，只是缺少一个人的而已，可以用“隽永”来补充。

续茶经

原文

卢仝[1]《茶歌》[2]：日高丈五睡正浓，军将扣门惊周公。口传谏议送书信，白绢斜封三道印。开缄宛见谏议面，手阅月团三百片。闻道新年入山里，蛰虫惊动春风起。天子未尝阳羡茶，百草不敢先开花。仁风暗结珠蓓蕾，先春抽出黄金芽。摘鲜焙芳旋封裹，至精至好且不奢。至尊之余合王公，何事便到山人家。柴门反关无俗客，纱帽笼头自煎吃。碧云引风吹不断，白花浮光凝碗面。一碗喉咙润；二碗破孤闷；三碗搜枯肠，惟有文字五千卷；四碗发轻汗，平生不平事，尽向毛孔散；五碗肌骨清；六碗通仙灵；七碗吃不得也，惟觉两腋习习清风生。

注释

①卢仝：唐代诗人，河北涿县人，年轻时隐居少室山，自号玉川子。家境贫困，博学工诗，不愿仕进。因不满宦官权贵，曾作《月蚀诗》进行讥讽，深得韩愈赞赏。好饮茶，写有《茶歌》，句多奇警。唐文宗时宰相李训、王涯等谋杀宦官仇士良，事泄失败，李训、王涯等千余人被杀，卢仝也在其内。史称“甘露之变”。其家乡有卢仝煮茶泉，并有诗集《玉川集》传世。

②《茶歌》：指卢仝所写的《走笔谢孟谏议惠寄新茶》歌，常被人用作典故，也称《七碗茶诗》，赞赏茶的作用。诗中也反映了作者淡泊人生、冷静处世的思想。没有亢奋，没有激愤，但又面对现实，念及“安知百亿万苍生命，堕在颠崖受辛苦?”的茶农。《茶歌》在“惟觉两腋习习清风生。后有蓬莱山，在何处？玉川子，乘此清风欲归去！山上群仙司下土，地位清高隔风雨。安知百万亿苍生命，

堕在颠崖受辛苦？便为谏议问苍生，到头合得苏息否”，语意含蓄感人。

译文

卢仝《茶歌》：太阳升得很高了我仍然在熟睡当中，将军的敲门声惊醒了我的美梦。仆人传话说谏议来信了，白色绢布上斜斜地盖了三个大封印，打开就如同见到谏议的人一样，用手抚摩三百片月团新茶。信中说新年过后进到山里，天上开始打雷刮春风，连皇上都还没有品尝过阳羡茶，百草也不敢擅自开花。柔风吹过蓓蕾暗结，刚开春就抽出了黄金芽。趁新鲜摘下来焙好密封包裹，又精致又美好而且不显得浪费。王公贵族这样的人士，为了什么事情来到普通人家呢？反关柴门不让俗气的客人进来，纱帽还戴在头上就自己煎茶吃起来，清风吹拂下，茶的白花在碗里就像有一层光似的，一碗能滋润人的喉咙；两碗能消除人的孤寂；三碗能激发人的灵感，搜索枯肠只有5000字的文章；四碗能让人发出一点汗水，生平所有的不平之事，都从毛孔散发出去了；五碗能使筋骨清爽；六碗简直可以直通仙境；七碗就不能再喝了，只感觉两边腋下清风习习。

原文

唐冯贽《记事珠》：建人谓斗茶曰茗战。

《荈赋》云：“茶能调神、和内、解倦、除慵①。”

《续博物志》：南人好饮茶，孙皓以茶与韦曜代酒，谢安诣陆纳，设茶果而已。北人初不识此，唐开元中，泰山灵岩寺有降魔师教学禅者以不寐②法，令人多作茶饮，因以成俗。

注释

①慵：懒、困倦。

②寐：睡。

译文

唐冯贽《记事珠》：建人把斗茶叫做茗战。

《荈赋》：喝茶能调节精神、调解脾胃、消除困乏、去除慵懒。

《续博物志》：南方人喜欢喝茶。孙皓以茶水给韦曜代酒。谢安造访陆纳，只摆出茶水和水果。北方人开始的时候不懂喝茶，唐朝开元年间，泰山灵岩寺有降魔法师教学禅的人不睡觉的方法，就是让人多喝茶，因此就成了风俗。

原文

《大观茶论》：“点茶[①]不一，以分轻清重浊，相稀稠得中，可欲则止。《桐君录》[②]云：‘茗有饽[③]，饮之宜人，虽多不为贵也’”“夫茶以味为上，香甘重滑为味之全。惟北苑、壑源之品兼之。卓绝之品，真香灵味，自然不同。”“茶有真香，非龙麝可拟。要须蒸及熟而压之，及干而研，研细而造，则和美具足。入盏则馨香四达，秋爽洒然。”“点茶之色，以纯白为上真，青白为次，灰白次之，黄白又次之。天时得于上，人力尽于下，茶必纯白。青白者，蒸压微生。灰白者，蒸压过熟。压膏不尽则色青暗。焙火太烈则色昏黑。”

注释

①点茶：宋代斗茶和唐代的斗茶虽大体相似，但在各方面的要求更加严格，十分强调一个“斗”字，强调达到最佳效果所发挥的人力作用。“点茶”和“击拂”是关键。点茶即执壶向茶杯中点水要有节制，落水要准，不能破茶面。苏虞的《十六汤品》中有三品专门论述点水注汤的。宋代诗文中常常把斗茶叫点茶，可见点茶的重要。点茶要达到的标准一是要汤花面色泽鲜白，如白米粥冷后略

带凝结状叫“粥面”，汤花均匀适中像白色粟粒纹一样均匀叫“粥面粟纹”。汤花保持时间较长，能紧贴茶杯散退的叫“咬盏”，散退较快的或随点随散的叫“云脚涣散”。汤花散退后，茶杯内沿出现水的痕迹叫“水脚”。汤花散退早，茶杯中先出现水痕的斗茶者就是输家。反之，为取胜者。“击拂”就是在点茶时用“茶筅”有规律的配合点茶在茶汤中搅动，以产生斗茶的最佳效果。

②《桐君录》：《桐君录》是唐代以前的药物著作。

③饽（bō）：古代几个人在一起饮茶，讲究分茶，而其妙处在于分汤花。汤花有三种：看上去细而轻的叫“花”，薄而密的叫“沫”，厚而棉的叫“饽”。最好的“饽”是用沉淀在锅底的茶末再加以煎煮时所生的“饽”。陆羽形容说“重华累沫，皤皤然积雪”，高高地隆出水面。这种“饽”，也叫“隽永”。意思是味道醇厚悠长。

译文

《大观茶论》：“泡的茶水不同，可分为轻、清、重、浊，看起来稀稠适合，就可以了。《桐君录》中说：喝茶对人来说有好处，而且也很便宜。”“对于茶来说味道最重要，香、甘、重、滑就算是味之全了。只有北苑、壑源这样的品种才有。好的品种，是真正的香味，当然就不一样了。”“茶真正的香味，不是龙麝的香味可以相比的。需要蒸熟后压榨它。等到干了的时候再碾细，碾细后再进行制作，这样一来就会调和美味了。放进杯子里到处弥漫着醉人的香气，让人感觉非常清爽。”“浸泡的茶水，颜色纯白是最好的，青白的略微差一点，灰白的比青白的差，黄白的就更差了。能得到好时节，有一定的制茶技艺，茶叶必会纯白。如果是青白，是因为蒸压得有点生。灰白的，是蒸压得过熟了。如果蒸压的茶叶膏不干的话，颜色就变得青暗。如果焙火烧得太大，颜色就会变得昏黑。”

原文

《苏文忠集》：“予去黄①十七年，复与彭城张圣途、丹阳陈辅之同来。院僧梵英葺治堂宇，比旧加严洁，茗饮芳冽。予问：‘此新茶耶？’英曰：‘茶性新旧交则香味复。’予尝见知琴者言，琴不百年，则桐之生意不尽。缓急清浊常与雨旸寒暑相应。此理与茶相近，故并记之。”“王焘集《外台秘要》有《代茶饮子》诗云，格韵高绝，惟山居逸人乃当

作之。予尝依法治服，其利膈调中，信如所云。而其气味乃一贴煮散耳，与茶了无干涉。""《月兔茶》诗：环非环，玦非玦，中有迷离玉兔儿，一似佳人裙上月。月圆还缺缺还圆，此月一缺圆何年。君不见，斗茶公子不忍斗小团，上有双衔绶带双飞鸾。"坡公尝游杭州诸寺，一日，饮酽茶七碗，戏书云："示病维摩原不病，在家灵运已忘家。何须魏帝一丸药，且尽卢仝七碗茶。"

注释

①黄：黄冈。

译文

《苏文忠集》里载有："我到黄冈17年，同彭城的张圣途、丹阳的陈辅之一起来到寺院。和尚梵英修整的屋子，比以前更干净了，茶水也芳香清冽。我问：'这是新茶叶吗？'梵英说：'茶叶在新旧交替的时候香味会更浓。'我曾经听懂琴的人说，琴不超过百年，桐木生机就没有失尽，琴的音色常跟天气和季节的变化相呼应。这个道理跟茶很相近，所以就一起记下来了。""王焘收集了《外台秘要》，有一首《代茶饮子》的诗，格调高雅，只有隐居的雅士才能这样做。我按照这个方法做过，它的确能调和机理，我才相信了这种说法。而它的气味只要一次就煮得散失了，同茶没有什么关系。""《月兔茶》诗中说：'环非环，玦非玦，中有迷离玉兔儿，一似佳人裙上月。月圆还缺缺还圆，此月一缺圆何年。君不见，斗茶公子不忍斗小团，上有双衔绶带双飞鸾。'"苏东坡游览过杭州各个寺庙，一天，喝了七碗浓茶，就写下了："示病维摩原不病，在家灵运已忘家。何须魏帝一丸药，且尽卢仝七碗茶。"

原文

《侯鲭录》：东坡论茶：除烦已腻。世固不可一日无茶，然暗中损人不少，故或有忌而不饮者。昔人云，自茗饮盛后，人多患气、患黄，虽损益相半，而消阴助阳，益不偿损也。吾有一法，常自珍之，每食已，辄以浓茶漱口，烦腻既去，而脾胃不知。凡肉之在齿间。得茶漱

涤,乃尽消缩,不觉脱去,毋须挑刺也。而齿性便苦,缘此渐坚密,蠹[①]疾自已矣。然率用中茶,其上者亦不常有。间数日一啜,亦不为害也。此大是有理,而人罕知者,故详述之。

白玉蟾《茶歌》:味如甘露胜醍醐,服之顿觉沉疴苏。身轻便欲登天衢,不知天上有茶无。

注释

①蠹(dù):本义指蛀蚀器物的虫子,这里指疾病。

译文

《侯鲭录》:东坡说茶,认为茶可以除去烦恼和油腻,虽然世上不可以一天没有茶,但是茶暗中也害了不少人,所以就有人顾及这个不去饮茶。前人说:自从喝茶这种风气盛行后,人们就容易患上呼吸和气色上的疾病,虽说损益参半但是消阴壮阳,益不偿损。我有一个方法,可以保护自己,每次吃饭以后,就用浓茶漱口。夹杂的油腻也一起没有了,而且脾脏和肠胃不受影响。如果牙齿之间还残留肉等杂物的话,经过茶的过滤,就会全部消缩,不知不觉就去掉了,不用再挑了。这样一来牙齿就成苦性的了,就会越来越坚固致密,里面的疾病就可以痊愈了。平时就用普通的茶,最好的茶也不常有。隔几天喝一次,也没有什么危害。这很有好处,但是知道的人很少,所以在这里详细地记述。

白玉蟾《茶歌》:味道像甘露一样比醍醐还好,喝下以后顿时觉得其他的杂物都沉积下去了。一身清爽飘飘欲仙,不知道天上有没有茶叶。

原文

唐庚《斗茶记》:政和三年三月壬戌,二三君子相与斗茶于寄傲斋。予为取龙塘水烹之,而第其品。吾闻茶不问团铸,要之贵新;水

为问江井，要之贵活。千里致水，伪固不可知，就令识真，已非活水。今我提瓶走龙塘，无数千步。此水宜茶，昔人以为不减清远峡。每岁新茶，不过三月至矣。罪戾[1]之余，得与诸公从容谈笑于此，汲泉煮茗，以取一时之适，此非吾君之力欤！

蔡襄《茶录》：茶色贵白，而饼茶多以珍膏油（去声）其面，故有青黄紫黑之异。善别茶者，正如相工之视人气色也，隐然察之于内，以肉理润者为上。既已末之，黄白者受水昏重，青白者受水鲜明，故建安人斗试，以青白胜黄白。

注释

①罪戾（lì）：.罪过。

译文

唐庚《斗茶记》记载：政和三年三月壬戌的时候，几个人相约到寄傲斋去斗茶。我特意用龙塘水烹煮，可以提高茶的品味。我听说茶的外形从来不重视是团还是铸（铸，古代附在腰间的装饰品），主要是要求新茶；不用江水，只要活水。到千里以外去弄水，这样做虽然不知道是否可行，但是就算是真的，也不是活水了。现在我提着瓶子走到龙塘，距离还没有千步。这里的水适合泡茶，古人认为不比清远峡的水差。每年的新茶上市，3月就开始了。罪戾以外，能够同各位在这里从容谈笑，打水煮茶，可以痛快一时，这其实不是我的原因，是茶的缘故啊。

蔡襄《茶录》：白色的茶叶最难得，但是饼状的茶叶多是用珍膏涂在它上面，所以有青黄紫黑这些颜色的变化。善于识茶的人，就像相士辨别人的气色一样，默然观察它的内部，有肉理那样滋润的是上品。其他的都差一些，黄白色的受水以后变得昏重，青白色的受水以后颜色就会很清晰，所以建安时期的人比试茶叶，是青白胜过黄白。

原文

张淏《云谷杂记》：饮茶不知起于何时。欧阳公《集古录跋》云：

“茶之见前史,盖自魏晋以来有之。”予按《晏子春秋》,婴相齐景公时,食脱粟之饭,炙三弋五卵,茗菜而已。又汉王褒《僮约》有“五阳(一作武都)买茶”之语,则魏晋之前已有之矣。但当时虽知饮茶,未若后世之盛也。考郭璞①注《尔雅》云:“树似栀子,冬生,叶可煮作羹饮。”然茶至冬味苦,岂可作羹饮耶?饮之令人少睡,张华得之,以为异闻,遂载之《博物志》。非但饮茶者鲜,识茶者亦鲜。至唐陆羽著《茶经》三篇,言茶甚备,天下益知饮茶。其后尚茶成风。回纥入朝,始驱马市茶。德宗建中间,赵赞始兴茶税。兴元初虽诏罢,贞元九年,张滂复奏请,岁得缗钱四十万。今乃与盐酒同佐国用,所入不知几倍于唐矣。

注释

①郭璞(pú)(公元276~324年):字景纯,河东闻喜县人(今山西省闻喜县),西晋建平太守郭瑗之子。东晋著名学者,既是文学家和训诂学家,又是道学术数大师和游仙诗的祖师。

译文

据张淏《云谷杂记》记载:不知道是从什么时候兴起喝茶的。欧阳修《集古录跋》里说:“历史上有关茶的记载,是魏晋以后才有的。”我根据《晏子春秋》的记载,婴相齐景公的时候,吃的也不过是米饭、鸡蛋、蔬菜和茶水。另外汉朝王褒的《僮约》里面有“五阳(原注:有的说是武都)买茶”这句话,这样看来,魏晋以前就有茶了。但是当时虽然知道饮茶,却没有后来这样风行。考证到郭璞注释的《尔雅》里有这样的句子:“树似栀子,冬生,叶可煮作羹饮。”但是茶叶到了冬天味道就会变苦,又怎么能作为汤饮用呢?喝茶后,会让人睡眠减少,张华得到茶叶后,认为是奇闻,就把它写进了《博物志》,说明当时不但喝茶的人少,能够认识茶叶的人也很少。到唐代陆羽所著的《茶经》三篇,说茶能够滋补身体,人们才渐渐知道饮茶了。直到后来成了风气。回纥人来到京城,开始用马换茶。德宗建中年间,从赵赞开始征收茶税。兴元初年皇上准奏免了茶税,贞元九年,张滂再上奏恢复,一年就得到茶税钱40万两。现在茶税同盐酒税一起交给国家,所得到的收入不知道是唐朝的多少倍啊!

原文

《品茶要录》:“余尝论茶之精绝者,其白合未开,其细如麦,盖得青阳之轻清者也。又其山多带砂石,而号佳品者,皆在山南,盖得朝阳之和者也。余尝事闲,乘晷景之明净,适亭轩之潇洒,一一皆取品试。既而神水生于华池,愈甘而新,其有助乎。”“昔陆羽号为知茶,然羽之所知者,皆今之所谓茶草。何哉?如鸿渐所论蒸笋并叶,畏流其膏,盖草茶味短而淡,故常恐去其膏。建茶力厚而甘,故惟欲去其膏。又论福建为未详,往往得之,其味极佳。由是观之,鸿渐其未至建安欤。”

谢宗《论茶》:候蟾背之芳香,观虾目之沸涌。故细沤花泛,浮饽[①]云腾[②],昏俗[③]尘劳,一啜而散。

注释

①浮饽:水蒸气、云气。

②云腾:蒸腾,水蒸气蒸发时的样子。

③昏俗:烦恼。

译文

《品茶要录》:“我曾说过茶叶最精绝的,是白色的叶子还没有开,像麦芽一样细,这是因为青阳轻清,又因为那里的山多是砂石为土的,而能称为上等茶叶的,都在山的南面,有充足的阳光照耀。我曾在空闲的时候找到一处很明净的地方,在亭轩里歇息,把茶拿来一一品尝。感觉从华池取来的水,又甘甜又清澈,对发挥茶性有帮助。”“以前听说陆羽精通茶,但陆羽知道的茶,都是今天所说的茶草。为什么呢？如果像陆羽说的那样蒸煮茶笋和叶子，不让它里面的汁水流失，这是因为茶草的味道很淡，所以怕去掉它里面的汁水。建茶后劲很足而且很甘甜，所以要去掉它里面的汁水。福建的茶知道的不大详细，得到的茶叶，味道都很好。这样看来，陆羽并没有到过建安。”

谢宗《论茶》：等到水像蟾背发出芳香以后，看到泛出虾眼大的水泡。水花泛起，云气蒸腾，所有的烦恼和疲惫，喝一口香茶就可以消散了。

原文

《黄山谷集》：品茶一人得神，二人得趣，三人得味，六七人是名施茶。

沈存中《梦溪笔谈》：芽茶古人谓之雀舌、麦颗，言其至嫩也。今茶之美者，其质素良，而所植之土又美①，则新芽一发，便长寸余，其细如针。惟芽长为上品，以其质干、土力皆有余故也。如雀舌、麦颗者，极下材耳。乃北人不识，误为品题。予山居有《茶论》，且作《尝茶》诗云：“谁把嫩香名雀舌，定来北客未曾尝；不知灵草天然异，一夜风吹一寸长。”

《遵生八笺》：茶有真香，有佳味，有正色。烹点之际，不宜以珍果香草杂之。夺其香者，松子、柑橙、莲心、木瓜、梅花、茉莉、蔷薇、木樨之类是也。夺其色者，柿饼、胶枣、火桃、杨梅、橘饼之类是也。凡饮佳茶，去果方觉清绝，杂之则味无辨矣。若欲用之，所宜则惟核桃、榛子、瓜仁、杏仁、榄仁、栗子、鸡头、银杏之类，或可用也。

注释

①美：这里形容土壤肥沃。

译文

《黄山谷集》:一个人品茶可以品到其中的神韵,两个人品茶可以品出茶的趣味,三个人品茶可以品出茶的味道。六七个人那就是喝茶了。

沈存中《梦溪笔谈》:古人把茶叶叫做雀舌、麦颗,这是说茶叶非常鲜嫩。现在的好茶,质量好,加上种植茶叶的土壤很肥沃,新芽只要一出来,就有一寸多长,像针一样细。只有芽长的茶才是最好的,这跟它的水分、土壤的状况都有关系。像雀舌、麦颗这样的茶,只不过是最次的了。只是北方人不会辨别茶叶,误认为它是上好的茶叶才这样说,我住山里时曾作过《茶论》,而且还有《尝茶》诗:"谁把嫩香名雀舌,定来北客未曾尝。不知灵草天然异,一夜风吹一寸长。"

《遵生八笺》记载:茶叶很香,味道也非常好,有很好的颜色。烹煮泡茶的时候,不应该在里面夹上水果。会夺走它香味的东西有松子、柑橙、莲心、木瓜、梅花、茉莉、蔷薇、木樨等。会污染它颜色的东西有柿饼、胶枣、火桃、杨梅、橘饼之类。凡是想喝到好茶的,去除果子才觉得清爽,掺杂了其他的东西,味道就没有办法辨认了。如果实在想用,只能用核桃、榛子、瓜仁、杏仁、榄仁、栗子、鸡头、银杏这些东西。

原文

徐渭《煎茶七类》:"茶入口,先须灌漱,次复徐啜,俟甘津潮舌,乃得真味。若杂以花果,则香味俱夺矣。""饮茶宜凉台静室,明窗曲几,僧寮道院,松风竹月,晏坐行吟,清谈把卷。""饮茶宜翰卿墨客,缁衣羽士,逸老散人,或轩冕中之超轶世味者。""除烦雪滞,涤醒[①]破睡[②],谭渴书倦,是时茗碗策勋,不减凌烟。"

注释

①涤醒:解渴。

②破睡:提神,没有困意。

译文

徐渭《煎茶七类》:“要先用第一口茶漱口,然后再喝,这样才能品出它真正的味道。如果掺进其他花果,香味就会被夺走。”“喝茶适合在凉台静室里,窗明几净,和尚和道士居住的地方,有风中松林和月下的竹影,端坐伴唱,读书清谈。”“喝茶适宜文人雅士脱离尘世的修炼的人,潇洒闲逸的人,或是满腹诗书的超凡脱俗的人。”“消除烦恼去掉污垢,解渴提神,去除疲倦,都是茶的功效。那时的雅兴不比唐代‘天子画读烟云阁’差啊!”

原文

许次杼《茶疏》:“握茶手中,俟汤入壶,随手投茶,定其浮沉,然后泻啜,则乳嫩清滑,而馥郁于鼻端。病可令起,疲可令爽。”“一壶之茶,只堪再巡。初巡鲜美,再巡甘醇,三巡则意味尽矣。余尝与客戏论,初巡为‘婷婷袅袅十三余’,再巡为‘碧玉破瓜年’,三巡①以来,‘绿叶成阴’矣。所以茶注宜小,小则再巡已终,宁使余芬剩馥尚留叶中,犹堪饭后供啜嗽之用。”“人必各手一瓯,毋劳传送。再巡之后,清水涤之。”“若巨器屡巡,满中泻饮,待停少温,或求浓苦,何异农匠作劳但资口腹,何论品赏,何知风味乎?”

注释

①三巡:三次,这里指泡茶第三次。

译文

许次杼《茶疏》:“手里拿着茶叶,将开水倒进壶里,随手也把茶叶放进去。茶叶沉淀到底以后,再倒出来喝,那样茶水就会很清爽,香气会萦绕在鼻子的周围。可以去病,也可消除疲劳。”“一壶茶,只能泡两次,第一次味道鲜美,第二次味道甘醇,第三次味道就没了。我曾跟客人开玩笑说,第一次就像是婷婷袅袅的13岁少女,第二次就像是刚嫁为人妇的小家碧玉,三次以后就像是生了一堆孩子，已绿叶成荫了。所以泡茶时每次应少泡，少的话再喝就没有了，宁可让残留的香味留在叶子当中，还可以在饭后漱口用。”“一人一个茶杯，不能传送。喝过第二遍，用清水洗干净。”“如果装茶的器具太大，倒满了会不容易喝完，放置的时间太长水就会冷了，味道就会浓苦，这就和农民劳作累了后为了解渴喝茶没有什么区别。哪里还谈得上品尝，又怎么能知道它的味道呢？”

原文

《煮泉小品》：“唐人以对花啜茶为杀风景，故王介甫诗云‘金谷千花莫漫煎’。其意在花，非在茶也。余意以为金谷花前，信不宜矣；若把一瓯对山花啜之，当更助风景，又何必羔儿酒也。”“茶如佳人，此论最妙，但恐不宜山林间耳。昔苏东坡诗云‘从来佳茗似佳人’，曾茶山诗云‘移人尤物众谈夸’。是也。若欲称之山林，当如毛女麻姑，自然仙风道骨，不浼烟霞。若夫桃脸柳腰，亟宜屏诸销金帐中，毋令污我泉石。”“茶之团者、片者，皆出于碾硙[1]之末，既损真味，复加油垢，即非佳品。总不若今之芽茶也，盖天然者自胜耳。曾茶山《日铸茶》诗云‘宝镑自不乏，山芽安可无’，苏子瞻《壑源试焙新茶》诗云‘要知玉雪心肠好，不是膏油首面新’。是也。且末茶瀹之有屑，滞而不爽，知味者当自辨之。”“煮茶得宜，而饮非其人，犹汲乳泉以灌蒿莸，罪莫大焉。饮之者一吸而尽，不暇辨味，俗莫甚焉。”“人有以梅花、菊花、茉莉花荐茶者，虽风韵可赏，究损茶味。如品佳茶，亦无事此。今人荐茶，类下茶果，此尤近俗。是纵佳者能损茶味，亦宜去之。且下果则必用匙，若金银，大非山居之器，而铜又生锉，皆不可也。若旧称北人和以酥酪，蜀人入以白土，此皆蛮饮，固不足责。”

注释

①硙(wèi):指石磨(mò),也可指动作磨(mó),使物粉碎。

译文

《煮泉小品》中记载:"唐代的人认为对着花喝茶是很杀风景的,所以王介甫有这样的诗:'金谷千花莫漫煎。'人的心在花上而不在茶上。我不赞同这种说法,如果拿着茶杯对着山花品赏,应当更有助于风景,为什么还要喝酒呢?""茶就像是美人,这种比喻很好,但只怕不适合山林间。以前苏东坡曾经有诗:'从来佳茗似佳人',曾茶山有诗说:'移人尤物众谈夸',都是这个意思。如果这样的比喻用在山野林间,那就只有像尼姑那样的人,仙风道骨,不会玷污烟霞了。如果是桃面柳腰的女子,那就赶快放进销金帐中吧,不要污染了我的泉石。""茶叶中的团、片都是由碾碎后的粉末做成的,损失了它真正的味道,再加上油垢,不会是好茶。无论如何也比不上今天的茶叶,是以天然品质取胜。曾茶山有诗《日铸茶》这样说:'宝铸自不乏,山芽安可无',苏子瞻《壑源试焙新茶》诗中说:'要知玉雪心肠好,不是膏油首面新',说的就是这个意思。如果是不好的茶,冲的时候会有细末,喝起来口感不清爽,懂喝茶的人应该注意分辨。""茶煮得好但喝茶的人不懂得品尝,就像把甘甜的泉水浇灌了野草一样,罪过太大了。如果喝茶的人一饮而尽,不去辨别它的味道,那就太俗气了。""有人将梅花、菊花、茉莉花放在茶中,虽然风韵还值得欣赏,但是会损害茶的味道。如果想品尝真正的好茶,就不要这样做。现在的人烹茶还有放果子的,这是最低俗的做法。再好的东西只要会损茶的味道,都应该去掉。况且放果子在里面,必须用匀子,如果是金银的话,又不是山里人可以用的,但铜又容易生锈气,都不可以用。如果像从前的北方人那样往里面加进酥酪,或者像蜀地的人那样往里面加进白土,都是野蛮的喝法,不值得提倡。"

原文

罗廪《茶解》:"茶通仙灵,然有妙理。""山堂夜坐,汲泉煮茗,至水火相战,如听松涛,倾泻入杯,云光潋滟。此时幽趣,故难与俗人

言矣。”

顾元庆《茶谱》：品茶八要：一品，二泉，三烹，四器，五试，六候①，七侣②，八勋③。

张源《茶录》：“饮茶以客少为贵，众则喧，喧则雅趣乏矣。独啜曰幽，二客曰胜，三四曰趣，五六曰泛，七八曰施。”“酾不宜早，饮不宜迟。酾早则茶神未发，饮迟则妙馥先消。”

《云林遗事》：倪元镇向来喜欢喝茶，在惠山的时候，用核桃、松子肉加上真粉一起做成像石头一样的块状，放在茶叶里喝。取名清泉白石茶。

注释

①候：指煮茶的火候。

②侣：一起喝茶的人。

③勋：功劳。

译文

罗廪《茶解》：“茶有仙人的灵气，的确有很奇妙的道理。”“晚上坐在依山的屋子里，打水煮茶，这样可以水火相互作用。就像听着松涛的声音一样，倒入杯中，云光潋滟。此时情趣的幽雅，是无法与普通人说清楚的。”

顾元庆《茶谱》：品茶有八大要素：一是品，二是水，三是烹，四是器具，五是试茶，六是火候，七是茶伴，八是功劳。

张源《茶录》里说：“喝茶的时候人少为最好，人多了就会有些吵闹，如果吵闹，就一点情调都没有了。一个人喝茶可以称为幽，两个人可以称为胜，三四个人称为趣，五六个人就感觉多了，七八个人的话就是喝茶了。”“倒茶的时候不应该太早，喝的时候不应该太迟。过早的话，茶的神韵还没有发出来，喝迟了的话那些美妙的味道已经挥发尽了。”

《云林遗事》：倪元镇向来喜欢喝茶，在惠山的时候，用核桃、松子肉加上真粉一起做成像石头一样的块状，放在茶叶里喝。取名清泉白石茶。

原文

闻龙《茶笺》：东坡云："蔡君谟嗜茶，老病不能饮，日烹而玩之。可发来者之一笑也。"孰知千载之下有同病焉。余尝有诗云："年老耽弥甚，脾寒量不胜。"去烹而玩之者几希矣。因忆老友周文甫，自少至老，茗碗薰炉，无时暂废。饮茶日有定期：旦明、晏食、禺中、晡时、下舂、黄昏，凡六举，而客至烹点不与焉。寿八十五，无疾而卒。非宿植[①]清福，乌能毕世安享？视好而不能饮者，所得不既多乎！尝蓄一龚春壶，摩挲宝爱，不啻掌珠。用之既久，外类紫玉，内如碧云，真奇物也，后以殉葬。

注释

①宿植：整天享受。

译文

闻龙《茶笺》：苏东坡说："蔡君谟喜欢喝茶，老了以后因为病痛的原因不能喝茶，每天烹茶玩。可以博得宾客一笑。"怎么会知道千年以后有人跟他同病相怜呢！我曾经有这样的诗："年老耽弥甚，脾寒量不胜。"煮茶为了玩的人很少。所以想起了老友周文甫，从小时候到现在，茶碗熏炉几乎没有停止过。每天喝茶有时间：天明、早餐、上午、中餐、下午、黄昏，这六个时间一定要烹茶，客人来了泡茶除外。活到了85岁，没有得病而老死。如果不是整天享受这样的清福，又怎么能安享晚年呢？看着茶好却不能喝的，所得到的不也是很多吗？他曾经有一个供春茶壶，平日爱不释手就像掌上明珠，用得久了，外面像紫玉，里面像碧玉一样，真是件奇特的物品啊！后来跟着他一起安葬了。

原文

《快雪堂漫录》：昨同徐茂吴至老龙井买茶，山民十数家，各出茶。茂吴以次点试，皆以为赝，曰：真者甘香而不冽，稍冽便为诸山赝品。得一二两以为真物，试之。果甘香若兰。而山民及寺僧反以茂吴为非，吾亦不能置辩。伪物乱真如此。茂吴品茶，以虎丘为第一，常用银一两余购其斤许。寺僧以茂吴精鉴，不敢相欺。他人所得虽厚价，亦赝物也。子晋云：本山茶叶微带黑，不甚青翠。点之色白如玉，而作寒豆香，宋人呼为白云茶。稍绿便为天池物。天池茶中杂数茎虎丘，则香味迥别[1]。虎丘其茶中王种耶！岕茶精者，庶几妃后；天池、龙井便为臣种，其余则民种矣。

注释

①迥别：特殊，特别。

译文

《快雪堂漫录》：昨天和徐茂吴一同到老龙井买茶叶，那里几十家山民都种植茶叶。茂吴逐个品尝，都是不好的品种。他说：真的甘甜清香却不冽口，略微有一点冽的就是这些山上的赝品。得到了一二两真的茶叶，试过，果然甘甜香美像兰花一样。但是山民和寺庙里的和尚都说茂吴的说法是不正确的，我也不能辨别谁对谁错。假的东西就能够冒充到这种程度。茂吴品尝茶叶，认为虎丘最好，常常花1两多银子买1斤左右的茶叶。寺庙中的和尚知道茂吴善于鉴定真假，都不敢欺骗他。别人得到的茶叶虽然价格昂贵，但仍然是假货。子晋说：

本山的茶叶略微带着一点黑色，不是特别的青翠。冲泡了之后颜色白得像玉一样，叫做寒豆香，宋朝的人称它为白云茶。再绿的就是天池，在天池茶中夹杂一些虎丘茶香味就会很特别。虎丘茶难道是茶中的王种吗？茶中的精品，简直可以称为茶叶中的皇后，天池、龙井都是臣种，其他的茶就好比是普通的老百姓。

原文

熊明遇《岕山茶记》：茶之色重、味重、香重者，俱非上品。松萝香重，六安味苦，而香与松萝同；天池亦有草莱气，龙井如之。至云雾则色重而味浓矣。尝啜虎丘茶，色白而香似婴儿肉①，真称精绝。

注释

①婴儿肉：婴幼儿的皮肤。

译文

熊明遇《岕山茶记》：颜色太深、味道太重、香气太浓的茶叶，都不是上好的品种。松萝的茶香气很重，六安的茶味道很苦涩，但是香气类似于松萝；天池中仍有丛生的野草的气味，龙井跟它一样；至于云雾的颜色就是太深而且味道很浓。曾喝过虎丘茶，颜色又白又香就像婴儿的肌肤一样，真可谓是绝品了。

原文

邢士襄《茶说》：夫茶中着料，碗中着果，譬如玉貌加脂，蛾眉染黛，翻累①本色矣。

注释

①翻累：翻，违反。累，失去。

译文

邢士襄《茶说》：如果茶叶中放调料，碗中放果子，就像在美丽的外表涂蜡抹粉，描眉画目，相反却失去了原来的颜色。

原文

冯可宾《岕茶笺》：茶宜无事、佳客、幽坐、吟咏、挥翰[①]、徜徉、睡起、宿醒、清供、精舍、会心、赏鉴、文僮。茶忌不如法、恶具、主客不韵、冠裳苛礼、荤肴杂陈、忙冗、壁间案头多恶趣。

注释

①挥翰：挥动毛笔写字。

译文

冯可宾《岕茶笺》：喝茶适合在闲暇的时候、有尊贵的客人的时候、单独坐着的时候、吟诵诗歌的时候、写字的时候、徜徉的时候、睡醒的时候、睡觉之前、清供的时候、在精美的房子里、心情好的时候、鉴赏的时候、写文章的时候。喝茶最忌讳的是不注重要领、使用粗俗的茶具、主人和客人都没有雅兴、衣冠不整、荤菜杂放、匆忙的时候、房间案头摆放不高尚东西的时候。

原文

谢在杭《五杂俎》："昔人谓：'扬子江心水，蒙山顶上茶。'蒙山在蜀雅州，其中峰顶尤极险秽，虎狼蛇虺[①]所居，采得其茶，可蠲百疾。今山东人以蒙阴山下石衣为茶当之，非矣。然蒙阴茶性亦冷，可治胃热之病。""凡花之奇香者，皆可点汤。《遵生八笺》云：'芙蓉可为汤。'然今牡丹、蔷薇、玫瑰、桂、菊之属，采以为汤，亦觉清远不俗，但

不若茗之易致耳。”“北方柳芽初茁者，采之入汤，云其味胜茶。曲阜孔林楷木，其芽可以烹饮。闽中[2]佛手、柑、橄榄为汤，饮之清香，色味亦旗枪之亚也。又或以绿豆微炒，投沸汤中顷之，其色正绿，香味亦不减新茗。偶宿荒村中觅茗不得者，可以此代也。”

注释

①虺(huī)：古书上说的一种毒虫。

②闽中：福建。

译文

谢在杭《五杂俎》：“古人曾说‘扬子江心水，蒙山顶上茶。’蒙山在蜀地的雅州，它的峰顶是最险峻的，老虎、豺狼、毒蛇都爱居住在那里，采到那里的茶，可治百病。现在的山东人用蒙阴山下的石衣冒充茶叶，其实那不是。但是蒙阴茶性质很冷，可以治愈胃热的毛病。”“凡是很香的花，都可以泡成茶水。《遵生八笺》说：‘芙蓉可以做成汤’。像牡丹、蔷薇、玫瑰、桂、菊之类的花，采摘下来泡茶，也会觉得清远不俗，但是不像茶叶那样容易冲泡出香味来。”“北方的柳芽刚萌发时，采摘之后煮水，据说味道比茶还好。曲阜孔林里的楷木，它的新芽也可以泡茶喝。福建的佛手、柑、橄榄都可以泡成茶水，喝下之后感觉味道清香，颜色和味道也不比旗枪差。也可以把绿豆微微翻炒，放到开水中，它的颜色很绿，香味也不比新茶次。偶尔在荒村里找不到茶叶的时候，可以用这个来代替。”

原文

《谷山笔麈》：六朝时，北人犹不饮茶，至以酪与之较，惟江南人食之甘。至唐始兴茶税。宋元以来，茶目遂多，然皆蒸干为末，如今香饼之制，乃以入贡，非如今之食茶，止采而烹之也。西北饮茶不知起于何时。本朝以茶易马，西北以茶为药，疗百病皆瘥[1]，此亦前代所未有也。

注释

①瘥(chài):治好病。

译文

《谷山笔麈》记载:六朝的时候,北方人还不爱喝茶,都是用酥酪来代替的,只有江南人喝完觉得很甘甜。一直到唐代才开始征收茶税。宋代和元代以来,茶叶的品种逐渐变得多了,但都是把它蒸干成为粉末,现在制作的这种饼制的茶叶,都是用来作贡品的,并不像今天我们喝的茶,只要采来就可以喝。不知道西北地方的人是什么时候开始喝茶的,我朝用茶叶去换马,西北却把茶当药,能够治很多病,这是从前没有过的。

原文

《金陵琐事》:思屯乾道人,见万镃[1]手软膝酸,云:"系五藏皆火,不必服药,惟武夷茶能解之。"茶以东南枝者佳,采得烹以涧泉,则茶竖立,若以井水即横。

注释

①镃(zī):古代的锄头。这里用作人名。

译文

《金陵琐事》:思屯乾道人,看见万镃手软膝酸,就说,"那是因为你五脏里都是火气,不用服用药物,只需要喝武夷的茶叶就可以消除此时的症状。"长在东南方向的茶叶最好。采来用山涧里的水煮,茶叶就会竖立起来,如果用井水煮就横起来。

原文

《六研斋笔记》："茶以芳冽洗神，非读书谈道，不宜亵用。然非真正契道之士，茶之韵味，亦未易评量。尝笑时流持论，贵嘶声之曲，无色之茶。嘶近于哑，古之绕梁遏云，竟成钝置。茶若无色，芳冽必减，且芳与鼻触，冽以舌受，色之有无，目之所审。根境不相摄①，而取衷于彼，何其悖耶，何其谬耶！""虎丘以有芳无色，擅茗事之品。顾其馥郁不胜兰芷，与新剥豆花同调，鼻之消受，亦无几何。至于入口，淡于勺水，清泠之渊，何地不有，乃烦有司章程，作僧流棰楚哉。"

注释

①相摄：相近，类似。

译文

《六研斋笔记》记载："茶因为芳香纯冽能够修身养神，不是读书养神，不应随便亵渎去用。就是真正能够悟道的人，茶的韵味，也不应该做轻易的评论。如果笑谈时议论流言，喜欢喧闹的音乐，茶也会显得没有颜色。嘶声接近于哑，即使古代绕梁遏云的高声也会停止。如果茶叶没有颜色，香气一定会减少，而且香气是用鼻子来闻的，味道是用舌头来感受的，有没有颜色，那是要用眼睛来看的。相互排斥的，如果非把它们放在一起，多么的反常、多么的荒谬啊！""虎丘茶因为有香味而没有颜色，是茶叶中的出众者。它的芳香比不上兰芷，和新剥的豆花放在一起调制，用鼻子闻起来，也差不了什么。至于到了口中，像水一样淡，清冷的水，哪里没有呢，还要劳烦这么烦琐的程序，僧流棰楚呢！"

原文

《紫桃轩杂缀》："天目清而不醨，苦而不螫，正堪与缁流漱涤。笋蕨、石濑则太寒俭，野人之饮耳。松萝极精者方堪入供，亦浓辣有余，甘芳不足。恰如多财贾人，纵复蕴藉[①]，不免作蒜酪气[②]。分水贡芽，出本不多。大叶老根，泼之不动，入水煎成，番有奇味。荐此茗时，如得千年松柏根作石鼎薰燎，乃足称其老气。""'鸡苏佛'、'橄榄仙'，宋人咏茶语也。鸡苏即薄荷，上口芳辣。橄榄久咀回甘。合此二者，庶得茶蕴，曰仙、曰佛，当于空玄虚寂中，嘿嘿证入。不具是舌根者，终难与说也。""赏名花不宜更度曲，烹精茗不必更焚香，恐耳目口鼻互牵，不得全领其妙也。""精茶不宜泼饭，更不宜沃醉。以醉则燥渴，将灭裂吾上味耳。精茶岂止当为俗客吝？倘是日汩汩尘务，无好意绪，即烹就，宁俟冷以灌兰，断不令俗肠污吾茗君也。""罗山庙后岕精者，亦芬芳回甘。但嫌稍浓，乏云露清空之韵。以兄虎丘则有余，以父龙井则不足。""天地通俗之才，无远韵，亦不致呕秽寒月。诸茶晦黯无色，而彼独翠绿媚人，可念也。""屠赤水云：'茶于谷雨候、晴明日采制者，能治痰嗽、疗百疾。'"

注释

①蕴藉：这里作掩饰讲。

②作蒜酪气：这里指视钱如命，带有铜臭味。

译文

《紫桃轩杂缀》里这样说："天目茶清而不淡，苦却不涩，正好可以用来漱洗。笋蕨、石濑就太寒酸了，那是乡下人喝的。松萝茶的精品可以充当贡品，不过茶味太浓，甘香不足，就像很有钱财的商贾，再怎么掩饰，也难免会有铜臭气。分水贡芽，出产的不多。大叶的老根，用开水泼它它也不动，放进水里煎，更具有一番风味。制造这种茶叶的时候，如果得到了千年的松柏根来熏烧石鼎，就可以烹出茶叶的老气来。""'鸡苏佛''橄榄仙',宋朝的人这样赞赏茶。鸡苏就是薄荷,进口之后会感觉有些香辣。橄榄多咀嚼一会儿就会变得甘甜。把这两样合起来,才算得到了茶叶蕴藏的风味,要说仙啊、佛的应该在很玄妙孤寂的时候,默默求证的。不都是舌头根部的感觉,最终很难说清楚。""欣赏名花时不应该演奏音乐,煮名茶不应该烧香,主要是怕耳朵、眼睛、嘴巴、鼻子互相牵制,不能领会到其中最美妙的地方。""好茶不适合浇饭,更不适合大醉的时候喝。因为醉酒后干燥口渴,肯定要损坏好茶的味道。上等的茶岂只对普通的客人小气呢?如果整天忙碌在世俗的事务中,没有好的情绪,即使煮好了茶,宁可让它冷却后浇灌兰花,也千万不可以让凡夫俗子玷污了茶君。""罗山庙后的茶是茶中的精品,也同样芬芳甘甜,但是过浓了一点,缺乏白云、露水这样的神韵。和它的兄弟虎丘相比要好,但要跟它的父亲龙井相比就差了。""天地之间通俗的东西没有雅趣,但也不致弄脏了寒月。其他的茶叶都晦暗没有色,它却独独翠绿动人,令人感叹啊。""屠赤水说:'茶叶在谷雨节气中天气晴朗的日子里、晴月时采摘的,能够治疗咳嗽,有利于治愈百病。'"

原文

《类林新咏》:顾彦先曰:"有味如臛,饮而不醉;无味如茶,饮而醒焉。"醉人何用也。

徐文长《秘集致品》:茶宜精舍,宜云林,宜磁瓶,宜竹灶,宜幽人雅士,宜衲子仙朋,宜永昼清谈,宜寒宵兀坐,宜松月下,宜花鸟间,宜清流白石,宜绿藓苍苔,宜素手[①]汲泉,宜红妆扫雪,宜船头吹火,宜竹里飘烟。

注释

①素手:干净的手。

译文

《类林新咏》载:顾彦先说:"有味道的东西像肉汤,喝了以后也不会醉;无味道的饮品像茶,喝了以后能使人头脑清醒。"喝醉了的人还有什么用。

徐文长《秘集致品》:喝茶应该在精舍、云林中,用瓷瓶、竹灶,适合文人雅士同要好的朋友彻夜清谈,也可以独自坐在寒冷的夜晚,在松树月光下、花鸟间,辅以清澈的河水,洁白的石头,绿色的苔藓,用干净的手去汲取泉水,浓妆后去扫雪,在船头上吹火,竹子里飘烟。

原文

《芸窗清玩》:茅一相云:"余性不能饮酒,而独耽味于茗。清泉白石可以濯五脏之污,可以澄心气之哲①。服之不已,觉两腋习习,清风自生。吾读《醉乡记》,未尝不神游焉。而间与陆鸿渐、蔡君谟上下其议,则又爽然自释矣。"

注释

①哲:这里是浮躁的意思。

译文

《芸窗清玩》里记载:茅一相说:"我天生不能喝酒,但却沉醉迷恋于品茶。清泉白石可以洗清五脏里的污垢,可以澄清心底里的浮躁。喝完,感觉两边的腋下习习生风。我读《醉乡记》,何尝不神游其间,与陆羽、蔡君谟这些人一起谈论,又觉得很痛快。"

原文

《三才藻异》:雷鸣茶产蒙山顶,雷发收之,服三两换骨,四两为地仙。

《闻雁斋笔记》:赵长白自言:“吾生平无他幸,但不曾饮井水耳。”此老于茶,可谓能尽其性者。今亦老矣,甚穷,大都不能如曩[①]时,犹摩挲万卷中作《茶史》,故是天壤间多情人也。

注释

①曩(nǎng):以往,从前,过去的。

译文

《三才藻异》里记载:雷鸣茶出产在蒙山的顶部,春雷响后采摘它,喝下三两就感觉像脱胎换骨了一样,四两简直就可以羽化成仙了。

《闻雁斋笔记》记载:赵长白自言自语:“我平生没有别的幸事,就是没有喝过井水。”他对于茶,可以说是品尝到了它的本性。现在他已经老了,还很穷,很多时候不能跟从前一样,但仍从许多书中整理而作《茶史》,因此是天地之间的多情之人。

原文

袁宏道《瓶花史》:赏花,茗赏者上也,谭[①]赏者次也,酒赏者下也。

《茶谱》:《博物志》云:“饮真茶令人少眠。”此是实事,但茶佳乃效,且须末茶饮之。如叶烹者,不效也。

注释

①谭:清淡。

译文

袁宏道《瓶花史》：对于赏花，喝着茶赏花是最好的，清谈差一些，喝着酒赏花是最差的。

《茶谱》：《博物志》中说，“喝纯正的茶可以使人少睡觉。”这是实事，但一定得是上好的茶才有效果，而且需要碾碎了喝。烹煮叶子的，没有效果。

原文

《太平清话》：琉球国亦晓烹茶。设古鼎于几上，水将沸时投茶末一匙，以汤沃①之。少顷奉饮，味清香。

注释

①沃：这里作调和讲。

译文

《太平清话》：台湾人也知道煮茶。将古鼎放在茶几上，水煮沸后再放进一调羹茶末，用开水调和。过一会儿再倒出来喝，感觉味道特别清香。

原文

《藜床瀋余》：长安妇女有好事者，曾侯家睹彩笺曰：“一轮初满，万户皆清。若乃狎处衾帏，不惟辜负蟾光①，窃恐嫦娥生妒。涓于十五、十六二宵，联②女伴同志者，一茗一炉，相从卜夜，名曰‘伴嫦娥’。凡有冰心，伫垂玉允。朱门龙氏拜启。”（陆浚原）

注释

①蟾光：美好的时光。

②联：同，“和”，“与”。

译文

《藜床瀋余》：长安有好事的妇女，在王侯家看到彩色的请柬上说，“月亮圆的时候，所有的地方都会明亮。如果到我们那里去玩。就算不上辜负大好时光，就怕天上的嫦娥也会妒忌。请于十五、十六两天的晚上，和女伴一起，一茶一炉，相伴来过夜，名叫‘伴嫦娥’。如果你不嫌弃的话，还请答应。朱门姓龙的邀请。”

原文

沈周《跋茶录》：樵海先生真隐君子也。平日不知朱门为何物，日偃仰于青山白云堆中，以一瓢[①]消磨半生。盖实得品茶三味，可以羽翼桑苎翁之所不及，即谓先生为茶中董狐可也。

注释

①瓢：这里是喝茶的意思。

译文

沈周《跋茶录》：樵海先生是真正的隐君子。平日不知道富贵是什么东西，每天看着青山白云，用喝茶来消磨时间。实在是领会到了茶中真正的韵味，可以说陆羽都比不上他，所以就把他称为茶中的董狐。

原文

王晫《快说续记》:春日看花,郊行一二里许,足力小疲①,口亦少渴。忽逢解事僧邀至精舍,未通姓名,便进佳茗,踞竹床连啜数瓯,然后言别,不亦快哉。

注释

①小疲:小,稍微,有些。小疲,稍微有些疲倦。

译文

王晫《快说续记》:春天看花,往野外走一二里,脚步有些疲倦,口中也有点渴。偶尔遇到好心的和尚,被邀请到他住的地方,还没有相互告诉姓名就上了好茶,坐在竹床上连喝了几杯,然后道别出来,非常高兴。

原文

卫泳《枕中秘》:读罢吟余,竹外茶烟轻扬;花深酒后,铛中声响初浮。个中风味谁知,卢居士可与言者;心下快活自省①,黄宜州岂欺我哉。

注释

①自省:这里是自得的意思。

译文

卫泳《枕中秘》:读书以外的闲余时候,竹子外面的茶烟轻轻飞扬,在鲜花深处喝酒后,锅中的声音开始响起。这中间的风味又有谁能知道呢?卢居士是可以领会的,心里的快乐自得,黄宜州怎么能比得上我呢?

原文

江之兰《文房约》:"诗书涵圣脉,草木栖神明。一草一木,当其含香叶艳,倚槛临窗,真足赏心悦目,助我幽思。亟宜烹蒙顶石花,悠然啜饮,""扶舆①沆瀣,往来于奇峰怪石间,结成佳茗。故幽人逸士,纱帽笼②头,自煎自吃。车声羊肠,无非火候,苟饮不尽,且漱弃之,是又呼陆羽为茶博士之流也。"

注释

①扶舆:乘着车子。

②笼:用帽子将头发聚拢在一起。

译文

江之兰《文房约》:"诗书中包含着非常深刻的道理,草木中也蕴藏着神明。一草一木,当它含着香气开放,倚靠着栏杆看着窗外,真的可以称为赏心悦目,有助于我内心的思绪。此时的情景非常适合煮蒙顶石花这样的好茶悠闲地品尝。""乘着车子沐浴着露水,在奇峰怪石之间来回走,为了摘到好茶叶。所以隐士贤人,头上戴着帽子,自己煎茶自己喝。车子走在羊肠般的小道上,也不注重什么火候,如果不能喝完,就把它倒掉,这些是叫陆羽为茶博士之类的人。"

原文

高士奇《天禄识余》：饮茶或云始于梁天监中，见《洛阳伽蓝记》，非也。按《吴志·韦曜传》："孙皓每宴飨，无不竟日，曜不能饮，密赐茶荈以当酒。"如此言，则三国时已知饮茶矣。逮唐中世，榷茶[1]遂与煮海[2]相抗，迄今国计赖之[3]。

注释

①榷(què)茶：古代称官府制造的物品进行专卖为榷。榷茶，即官卖茶，用以征税。唐德宗时开始向茶征税，唐穆宗时设置榷茶使。

②煮海：指煮海水制盐。官卖盐为榷盐。

③国计赖之：指国家的税收来源靠榷茶、榷盐的专卖专利，以保证国家的财政收入。

译文

高士奇《天禄识余》：有人说喝茶开始于梁朝天监中，见《洛阳伽蓝记》，其实不是。按照《吴志·韦曜传》所说："孙皓每天都会宴请客人，没有一天间断，因为韦曜不会喝酒，孙皓暗中赏赐茶当作酒。"按照这样的说法，三国的时候，就已经知道喝茶了。后来到了唐代中期喝茶就可以和煮梅抗衡了，到如今国家生计都要依靠它。

原文

《中山传言录》：琉球[1]茶瓯颇大，斟茶止二三分，用果一小块贮匙内。此学中国献茶法也。

王复礼《茶说》：花晨月夕，贤主嘉宾，纵谈古今，品茶次第，天壤[2]间更有何乐？奚俟[3]脍鲤炰羔，金罍玉液，痛饮狂呼，始为得意也？范文正公云："露芽错落一番荣，缀玉含珠散嘉树。斗茶味兮轻醍醐，斗

茶香兮薄兰芷。"沈心斋云:"香含玉女峰头露,润带珠帘洞口云。"可称岩茗知己。

注释

①琉球:指位于日本西南部群岛,即在九州岛与中国台湾省之间的冲绳和先岛,通常称琉球群岛。

②天壤:天地。

③奚俟:为什么等待。

译文

《中山传言录》记载:台湾的茶瓶非常大,斟茶时到二三分就可以,将一小块果子放在调羹上,这是学习我们这里进献茶的方法。

王复礼《茶说》:花晨月下,圣明的君主和这样好的客人,一起纵谈古今,品味茶叶的好坏,天地之间还有其他的乐趣吗?难道必须要脍鱼炖肉、金樽美酒、痛饮狂欢,才算正合心意吗?范仲淹说:"露芽错落一番荣,缀玉含珠散嘉树。斗茶味兮轻醍醐,斗茶香兮薄兰芷。"沈心斋说:"香含玉女峰头露,润带珠帘洞口云。"可以说是岩茶的知音。

原文

陈鉴《虎丘茶经注补》:鉴亲采数嫩叶,与茶侣汤愚公小焙烹之,真作豆花香。昔之鬻虎丘茶者,尽天池也。

陈鼎《滇黔记游》:贵州罗汉洞,深十余里,中有泉一泓,其色如黝[①],甘香清冽。煮茗则色如渥丹[②],饮之唇齿皆赤,七日乃复。

注释

①黝:黑色。

②渥(wò)丹:染成红色。

译文

陈鉴所著《虎丘茶经注补》记载：我亲自采摘一些鲜嫩的茶叶与茶友汤愚公一起用小火煮，发出了豆花一样的香味。以前卖虎丘茶的，全是天池了。

陈鼎《滇黔记游》：贵州的罗汉洞，有十几里深，中间有一汪清泉，颜色很黑。气味香甜甘冽。煮出的茶水颜色如同渥丹一样，喝完唇部和牙齿都变黑了，一个星期以后才能恢复。

原文

《瑞草论》云：茶之为用，味寒。若热渴、凝闷胸、目涩、四肢烦、百节[①]不舒，聊四五啜，与醍醐甘露抗衡也。

注释

①百节：人体各个关节。

译文

《瑞草论》："茶叶的味道略微寒冷，如果燥热口渴，胸闷，目光青涩，四肢乏力，身体不舒服，喝下四五杯，可以与甘露抗衡。"

原文

《本草拾遗》："茗味甘微寒，无毒，治五脏邪气，益意思[①]，令人少卧，能轻身、明目、祛痰、消渴、利水道[②]。""蜀雅州名山茶有露铵芽、籛芽，皆云火之前者，言采造于禁火之前也。火后者次之。又有枳壳芽、枸杞芽、枇杷芽，皆治风疾。又有皂荚芽、槐芽、柳芽，乃上春摘其芽，和茶作之。故今南人输官茶，往往杂以众叶，惟茅芦、竹箬之类，不可以入茶。自余山中草木、芽叶，皆可和合，而椿、柿叶尤奇[③]。真

茶性极冷，惟雅州④蒙顶⑤出者，温而主疗疾。”

注释

①益意思：有利于头脑思考问题。

②利水道：利尿。

③奇：奇特，好的意思。

④雅州：今四川雅安。

⑤蒙顶：茶名，产在四川名山县蒙山顶。详见“八、茶之出”注。

译文

《本草拾遗》：“茶叶味道稍微有点苦寒，没有什么毒害，可以调治五脏里的邪气，对身心有好处，能减少人的睡眠，还能使人浑身轻松、眼睛明亮、消痰、解渴、利尿。”“蜀地雅州著名的茶叶有露铵芽、籛芽，都说是火前茶，就是说采摘在禁火以前。火后茶要差一点。还有枳壳芽、枸杞芽、枇杷芽，都能治疗风疾。还有皂荚芽、槐芽、柳芽，开春摘下它的芽，跟茶叶一起制作。所以今天南方送官茶的人，平常夹杂一些其他的叶子，只有茅庐、竹叶这些东西，不可以加进茶里。其他的像山中的草木、芽叶，都可以和在一起，特别是椿树、柿树的叶子更加特别。真正的茶叶是凉性的，只有雅州蒙顶山出产的茶叶，才是暖性的，可以治疗疾病。”

原文

李时珍《本草》：服葳灵仙、土茯苓者，忌饮茶。

《群芳谱》：疗治方二：气虚、头痛，用上春茶末，调成膏，置瓦盏内覆转，以巴豆四十粒，作一次烧，烟熏之，晒干碾细，每服一匙。别入好茶末，食后煎服立效。又赤白痢下，以好茶一斤，炙捣为末，浓煎一二盏服，久痢亦宜，又二便不通，好茶、生芝麻各一撮，细嚼，滚水冲下，即通。屡试立效。如嚼不及，擂①烂，滚水送下。

《随见录》：《苏文忠集》载，宪宗赐马总治泄痢腹痛方：以生姜和皮切碎如粟米，用一大钱并草茶相等煎服。元祐二年，文潞公得此

疾，百药不效，服此方而愈。

注释

①擂(léi)：研磨、捣烂。

译文

李时珍《本草纲目》：服用了葳灵仙、土茯苓的人，不能喝茶。

《群芳谱》里面记载：治病方子：气虚、头痛，用春天的茶末，调制成膏，放在瓦罐里反复搅动，用40粒巴豆，一次烧了，用烟熏它，晒干碾碎，每次服用一调羹。要是用好的茶叶，饭后煎了冲服很快就能有疗效。还有赤白痢下。将1斤好茶叶捣成碎末，煎成很浓的一两杯，冲服后，病很快就好了。如果是大小便不通的话，用上等茶叶、生芝麻各一小撮，慢慢咀嚼，用开水冲服，马上见效。此方多次试用都很有效。若来不及咀嚼，也可以捣烂和开水一起服用。

《随见录》：《苏文忠集》中记载，宪宗赐给马总治泻痢、腹痛的方法：用生姜和皮一起切碎成粟米大小，用一大钱跟一样多的草茶一起煎服。元祐二年，文潞患了这个病，所有的药都不见效，服用这个方子很快就痊愈了。

七 茶之事

茶 经

原文

三皇:炎帝神农氏。

周:鲁周公旦[1],齐相晏婴。

汉:仙人丹丘子,黄山君,司马文园令相如,扬执戟雄。

吴:归命侯[2],韦太傅弘嗣。

晋:惠帝[3],刘司空琨,琨兄子兖州刺史演,张黄门孟阳[4],傅司隶咸[5],江洗马统[6],孙参军楚[7],左记室太冲,陆吴兴纳,纳兄子会稽内史俶,谢冠军安石,郭弘农璞,桓扬州温[8],杜舍人毓,武康小山寺释法瑶,沛国夏侯恺[9]。余姚虞洪,北地傅巽,丹阳弘君举,新安任育长[10],宣城秦精,敦煌单道开[11],剡县陈务妻,广陵老姥,河内山谦之。

注释

①鲁周公旦:鲁是周公旦的封底,故称鲁周公旦。鲁的开国君主是周公旦

的儿子伯禽。

②归命侯:指孙皓。东吴亡国之君。公元280年,晋灭东吴,孙皓投降,封"归命侯"。

③惠帝:晋惠帝司马衷,公元290~306年在位。

④张黄门孟阳:张载字孟阳,但未任过黄门侍郎。任黄门侍郎的是他的弟弟张协。

⑤傅司隶咸:傅咸(公元239~294年),字长虞,北地泥阳人(今陕西铜川),官至司隶校尉,简称司隶。

⑥江洗马统:江统(公元? ~310年),字应元,陈留圉县人(今河南杞县东)。曾任太子洗马。

⑦孙参军楚:孙楚(公元? ~293年),字子荆,太原中都人(今山西平遥县)。曾任扶风王的参军。

⑧桓扬州温:桓温(公元312~373年),字符子,龙亢人(今安徽怀远县西)。曾任扬州牧等职。

⑨沛国夏侯恺:晋书无传。干宝《搜神记》中提到他。

⑩新安任育长:任育长,生卒年不详,新安人(今河南渑池)。名詹,字育长,曾任天门太守等职。

⑪敦煌单道开:晋时著名道士,敦煌人。《晋书》有传。

译文

三皇时期:神农氏(即"炎帝","三皇"之一)。

周代:周朝鲁周公旦,齐国宰相晏婴。

汉代:仙人丹丘子、黄山君,文园令司马相如,执戟黄门侍郎扬雄。

三国东吴:归命侯孙皓,太傅韦弘嗣。

晋代:晋惠帝司马衷,司空刘琨,刘琨兄长之子兖州刺史刘演,张孟阳(张载),司隶校尉傅咸,太子洗马江统,参军孙楚,记室督左太冲(左思),吴兴人陆纳,纳兄之子会稽内史陆俶,冠军谢安石(谢安),弘农太守郭璞,扬州太守桓温,舍人杜毓,武康小山寺和尚法瑶,沛国人夏侯恺,余姚人虞洪,北地人傅巽,丹阳人弘君举，乐安人任瞻，宣城人秦精，敦煌人单道开，剡县陈务之妻，广陵一老妇人，河内人山谦之。

原文

后魏：琅琊王肃[①]。

宋：新安王子鸾，鸾弟豫章王子尚[②]，鲍昭妹令晖[③]，八公山沙门谭济[④]。

齐：世祖武帝[⑤]。

梁：刘廷尉[⑥]，陶先生弘景[⑦]。

皇朝：徐英公勣[⑧]。

《神农食经》[⑨]："茶茗久服，令人有力，悦志"。

周公《尔雅》："槚，苦荼"。

《广雅》[⑩]云："荆巴间采叶作饼，叶老者，饼成以米膏出之。欲煮茗饮，先炙令赤色，捣末，置瓷器中，以汤浇覆之，用葱、姜、橘子芼之。其饮醒酒，令人不眠。"

注释

①琅琊王肃：王肃（公元436~501年），字恭懿，琅琊人（今山东临沂），北魏著名文士，曾任中书令等职。

②新安王子鸾，鸾弟豫章王子尚：刘子鸾、刘子尚，都是南北朝时宋孝武帝的儿子。一封新安王，一封豫章王。但子尚为兄，子鸾为弟，这里是作者误记。

③鲍昭妹令晖：鲍昭，即鲍照（公元414~466年），字明远，东海郡人（今江苏镇江），南朝著名诗人。其妹令晖，擅长辞赋，钟嵘《诗品》说她："耿诗往往崭新清巧，拟古尤胜。"

④八公山沙门谭济：八公山，在今安徽寿县北。沙门，佛家指出家修行的人。谭济，应为昙济，即下文说的"昙济道人"。

⑤世祖武帝：南北朝时南齐的第二个皇帝，名萧赜，公元483~493年在位。

⑥刘廷尉：刘孝绰（公元480~539年），彭城人（今江苏徐州）。为梁昭明太子赏识，任太子仆兼廷尉卿。

⑦陶先生弘景：陶弘景（公元456~536年），字通明，秣陵人（今江苏江宁

县),有《神农本草经集注》传世。

⑧徐英公勣:徐世勣(公元 592~667 年),字懋功,唐开国功臣,封英国公。

⑨《神农食经》:古书名,已佚。

⑩《广雅》:字书。三国时张揖撰,是对《尔雅》的补作。

译文

北魏:琅琊人王肃。

南朝宋:新安王刘子鸾,鸾之弟豫章王刘子尚,鲍昭的妹妹鲍令晖,八公山道人昙济。

南北朝南齐:世祖武帝萧赜。

南朝梁:廷尉卿刘孝绰,贞白先生陶弘景。

唐代:英国公徐勣。

《神农食经》记载说:"长期喝茶,使人身体强壮有力、精神愉快。"

周公《尔雅》说:"槚,就是苦茶。"

《广雅》说:"在荆州(即今湖北西部)和巴州(即今四川东部)一带地方,人们摘采茶叶做成茶饼,那些叶子老的,在做成茶饼之后,用米汤把它浸泡。若想煮茶喝,先把茶饼烤成赤红色,捣成碎末,放到瓷器里,用开水浇泡并加上盖,再往茶水里加入葱、姜、橘子等。这样喝茶,不但可以醒酒,还会让人兴奋得睡不着觉。"

原文

《晏子春秋》①:"婴相齐景公时,食脱粟之饭,炙三弋②、五卵,茗菜而已。"

司马相如《凡将篇》③:"乌喙④、桔梗、芫华、款冬、贝母、木、檗⑤、蒌、芩、草、芍药、桂、漏芦、蜚廉⑥、雚菌⑦、荈诧、白蔹、白芷、菖蒲、芒硝、莞、椒、茱萸。"

《方言》:"蜀西南人谓茶曰蔎。"

注释

①《晏子春秋》：又称《晏子》，旧题齐晏婴撰，实为后人采晏子事迹编辑而成。成书约在汉初。此处陆羽引书有误。《晏子春秋》原为："炙三弋五卵苔菜而矣"。不是"茗菜"。

②弋：射猎物，指禽鸟。

③《凡将篇》：伪托司马相如作的字书。已佚。此处引文为后人所辑。

④乌喙：又名乌头，毛茛科植物，有毒。

⑤檗：指黄柏。

⑥蜚廉：菊科植物，花，强壮，利尿。

⑦萑菌：又名藋芦，有小毒。

译文

《晏子春秋》记载："晏婴在给齐景公做相国时，吃的是粗米饭，菜只是两三只烤野禽，几道腌菜和茶水而已。"

司马相如《凡将篇》记载："乌喙、桔梗、芫华、款冬、贝母、木、檗、蒌、芩、草、芍药、桂、漏芦、蜚廉、萑菌、荈诧、白蔹、白芷、菖蒲、芒硝、莞、椒、茱萸。"

《方言》记载："四川西南部的人把茶叫做蔎。"

原文

《吴志·韦曜传》："孙皓每飨[1]宴，坐席无不悉以七升为限，虽不尽入口，皆浇灌取尽。曜饮酒不过二升，皓初礼异，密赐茶荈以代酒。"

《晋中兴书》[1]："陆纳为吴兴太守时，卫将军谢安尝欲诣纳，(《晋书》以纳为吏部尚书。)纳兄子俶怪纳无所备，不敢问之，乃私蓄十数人馔。安既至，所设惟茶果而已。俶遂陈盛馔，珍羞毕具。及安去，纳杖俶四十，云：'汝既不能光益叔父，奈何秽吾素业？'"

注释

①飨：设宴待客。

②《晋中兴书》：佚书。有清人辑存一卷。

译文

《吴忠·韦曜传》记载："孙皓每次摆酒设宴，对入座的人都命令其喝满七升酒，凡是喝不完的，都硬给灌进嘴里。韦曜酒量一向没有超过二升，孙皓刚开始看重他时，暗中赏赐他以茶水代替酒。"

《晋中兴书》记载："陆纳任吴兴太守时，卫将军谢安拜访陆纳。（《晋书》说是陆纳任吏部尚书时的事。）他的侄儿陆俶得知他未做招待客人的准备，又不敢问他，就私下准备了十来个人的酒菜。谢安来了，陆纳只摆上茶和果品招待。陆俶便把丰盛酒菜端上来，各种珍贵美味的食品样样齐全。等到谢安告辞之后，陆纳把陆俶叫来，打了40板子，说：'你这样做不但没有使为叔增加光彩，反而还玷污了我一向崇尚俭朴的节操。'"

原文

《晋书》："桓温为扬州牧，性俭，每宴饮，惟下七奠柈茶果而已。"

《搜神记》[①]："夏侯恺因疾死，宗人字苟奴察见鬼神，见恺来收马，并病其妻。著平上帻[②]、单衣，入坐生时西壁大床，就人觅茶饮。"

刘琨《与兄子南兖州[③]刺史演书》云："前得安州[④]干姜一斤，桂一斤，黄芩一斤，皆所需也。吾体中溃（溃，当作愦）闷，常仰真茶，汝可致之。"

注释

①《搜神记》：东晋干宝著，计三十卷，为我国志怪小说之始。

②帻：古代男子戴的一种巾帽。

③南兖州：晋时州名，治所在今江苏镇江市。

④安州：晋时州名。治所在今湖北安陆县一带。

译文

《晋书》记载："桓温任扬州牧时，品性俭朴，每次宴请客人，只摆上7种果子和茶水而已。"

《搜神记》记载："夏侯恺患病死去，他的族人有个名叫苟奴的，看见了他的鬼魂，见他来收生前骑过的马，并且作祟使他妻子得病。当时，夏侯恺的鬼魂戴着平顶帽、穿着单衣进入屋内，坐在活着时候常坐的靠西墙的大床上，吩咐下人找茶水给他喝。"

刘琨《与兄子南兖州刺史演书》："先前收到你给的安州干姜一斤，肉桂一斤，黄芩一斤，这些都是我正需要的。我身体不舒服，胸中烦闷（溃，应该是'愦'），常想喝点真正的茶，你可给我采买一些。"

原文

傅咸《司隶教》曰："闻南方有蜀妪作茶粥卖，为廉事打破其器具。后又卖饼于市，而禁茶粥以困蜀妪何哉？"

《神异记》①："余姚人虞洪，入山采茗，遇一道士，牵三青牛，引洪至瀑布山，曰：'予，丹丘子也。闻子善具饮，常思见惠。山中有大茗，可以相给，祈子他日有瓯牺之余，乞相遗也'。因立奠祀。后常令家人入山，获大茗焉。"

注释

①《神异记》：西晋王浮著。原书已佚。

译文

傅咸《司隶教》说："听说四川有个老太太制作茶粥出卖，四川的官员为执行皇帝提倡节俭的命令，打破了这位老太太的制粥器具。后来她又在市场上卖大饼，我想不明白官吏们为什么要禁止老太太卖茶粥让她为难呢？"

《神异记》记载："余姚人虞洪，到山里采摘茶叶，遇见一名道士，牵着三条青牛，指引虞洪到瀑布山，说：'我叫丹丘子，听说你善于制茶煮茶，常常想得到你的馈赠。这山里有大叶茶树，可以送给你采摘，希望你以后茶杯中有多余的茶水，就赠送我一些。'回到家中虞洪就立了丹丘子的牌位，经常用茶奠祀。后来经常让家里人进山采茶，每次都能采摘到大叶茶。"

原文

左思《娇女诗》[①]："吾家有娇女，皎皎颇白皙[②]。小字为纨[③]素，口齿自清历。有姊字蕙芳，眉目灿如画。驰骛翔园林，果下皆生摘。贪华风雨中，倏[④]忽数百适[⑤]。心为茶荈剧，吹嘘对鼎䥶。"

张孟阳《登成都楼诗》[⑥]云："借问扬子舍，想见长卿庐。程卓累千金，骄侈拟五侯[⑦]。门有连骑客，翠带腰吴钩。鼎食随时进，百和妙且殊。披林采秋橘，临江钓春鱼。黑子过龙醢[⑧]，吴馔逾蟹蝑。芳茶冠六清，溢味播九区。人生苟安乐，兹土聊可娱。"

注释

①左思《娇女诗》：原诗五十六句，陆羽所引仅为有关茶的十二句。

②皙：皮肤白。

③纨：一种丝织品。

④倏：疾行。

⑤适：往之意。

⑥张孟阳《登成都楼诗》：张孟阳，见前注。原诗三十二句，陆羽仅录有关茶的十六句。

⑦五侯：本指公、侯、伯、子、男五等诸侯，亦泛指权贵之家。

⑧醢：肉酱。

译文

左思《娇女诗》写道："我家有娇女，皎皎颇白皙。小字为纨素，口齿自清历。有姊字蕙芳，眉目灿如画。驰骛翔园林，果下皆生摘。贪华风雨中，倏忽数百适。心为茶荈剧。吹嘘对鼎钖。"

张孟阳《登成都楼诗》写道："借问扬子舍，想见长卿庐。程卓累千金，骄侈拟五侯。门有连骑客，翠带腰吴钩。鼎食随时进，百和妙且殊。披林采秋橘，临江钓春鱼。黑子过龙醢，吴馔逾蟹蝑。芳茶冠六清，溢味播九区。人生苟安乐，兹土聊可娱。"

原文

傅巽《七诲》："蒲桃、宛柰[①]，齐柿、燕栗，恒阳黄梨，巫山朱橘，南中茶子，西极石蜜。"

弘君举《食檄》："寒温既毕，应下霜华之茗：三爵而终。应下诸蔗、木瓜、元李、杨梅、五味、橄榄、悬豹、葵羹各一杯"。

孙楚《歌》："茱萸[②]出芳树颠，鲤鱼出洛水泉。白盐出河东，美豉出鲁渊。姜桂茶荈出巴蜀，椒橘木兰出高山。蓼苏出沟渠，精稗出中田。"

华佗《食论》[③]："苦茶久食，益意思。"

壶居士[④]《食忌》："苦茶久食，羽化。与韭同食，令人体重。"

郭璞《尔雅注》云："树小似栀子，冬生叶，可煮羹饮。今呼早取为茶，晚取为茗，或一曰荈，蜀人名之苦茶。"

注释

①柰：苹果的一种。

②茱萸：茱萸有浓郁香味，可入药。古代用来辟邪。

③华佗《食论》：华佗（约公元141～208年），字符化，是东汉末著名医师。《三国志·魏书》有传。

④壶居士：道家传说的真人之一，又称壶公。

译文

傅巽《七诲》记载："蒲板的桃子，南阳的苹果，山东的柿子，河北的板栗，恒阳的黄梨，巫山的朱橘，云南的茶子饼，西域（主要指印度）的石蜜。"

弘君举《食檄》写道："客人来了问过寒暖后，就应该斟上沫饽如霜的最好的茶。三杯喝过后，再摆出甘蔗、木瓜、大李子、杨梅、五味子、橄榄、山莓。每人再上一杯莼菜汤。"

孙楚《歌》写道："芳香的茱萸生长在树枝尖，鲜肥的鲤鱼出自洛水泉。洁白的池盐出于山西，美味的豆豉出于齐鲁间。姜桂茶叶产在四川，椒橘木兰长在高山。蓼辣紫苏生在沟渠，精细的白米出自农田。"

华佗《食论》说："长期喝茶，对大脑思维有好处。"

壶居士《食忌》讲："长期喝茶，可以羽化成仙。如果与韭菜一起吃，可以增加人的体重。"

郭璞《尔雅注》说："茶树矮小的像栀子。冬天生长的树叶，可以煮成汤喝。现在人们把早采摘的叫做茶，晚采摘的叫做茗，还有一个名字叫做荈，四川人称作苦茶。"

原文

《世说》[①]："任瞻，字育长，少时有令名，自过江失志。既下饮，问人云：'此为茶？为茗？'觉人有怪色，乃自申明云：'向问饮为热为冷耳。'"

《续搜神记》[②]："晋武帝，宣城人秦精，常入武昌山采茗，遇一毛

人，长丈余，引精至山下，示以丛茗而去。俄[3]而复还，乃探怀中橘以遗精。精怖，负茗而归。”

《晋四王起事》[4]：“惠帝蒙尘[5]，还洛阳，黄门以瓦盂盛茶上至尊。”

注释

①《世说》：指《世说新语》，南朝宋临川王刘义庆著，为我国志人小说之始。

②《续搜神记》：旧题陶潜著，实为后人伪托。

③俄：短时间。

④《晋四王起事》：南朝卢綝著。原书已失。

⑤蒙尘：旧称帝王逃亡在外曰蒙尘，意指蒙受风尘劳顿之苦。

译文

《世说新语》记载：“任瞻，字育长，年轻时就有好名声。自从北方避难到江南后再没喝到好茶。有人用茶招待他，他问主人：‘这是茶，还是茗？’看到主人脸上有惊奇的神色。便强调说：‘我是问是喝热茶还是凉茶。’”

《续搜神记》记载：“西晋武帝时，宣城人秦精经常到武昌山中采摘茶叶。遇见一个毛人，身高一丈多，引他到一座山峰下，指给他一丛茶树就走开了。过了一会儿毛人又回来，还从怀里掏出橘子送给秦精。秦精感到害怕，忙背着茶叶跑回家。”

《晋四王起事》说：“晋四王叛乱时，惠帝逃难到外面，返回洛阳的时候，黄门用瓦盂盛茶，献给惠帝喝。”

原文

《异苑》[1]：“剡县陈务妻，少与二子寡居，好饮茶茗。以宅中有古冢，每饮，辄先祀之。二子患之，曰：‘古冢何知？徒以劳！’意欲掘去之，母苦禁而止。其夜，梦一人云：‘吾止此冢三百余年，卿二子恒欲

见毁，赖相保护，又享吾佳茗，虽潜壤朽骨，岂忘翳桑之报[②]！’及晓，于庭中获钱十万，似久埋者，但贯[③]新耳。母告二子，惭之，从是祷馈愈甚。”

《广陵耆老传》：“晋元帝时，有老妪每旦独提一器茗，往市鬻[④]之。市人竞买，自旦至夕，其器不减。所得钱散路旁孤贫乞人。人或异之。州法曹絷之狱中。至夜老妪执所鬻茗器，从狱牖[⑤]中飞出。”

注释

①《异苑》：东晋末刘敬叔所撰。今存十卷。

②翳桑之报：翳桑，古地名。春秋时晋赵盾，曾在翳桑救了将要饿死的灵辄，后来晋灵公欲杀赵盾，灵辄扑杀恶犬，救出赵盾。后世称此事为“翳桑之报”。

③贯：这里指穿钱的绳子。

④鬻：卖。

⑤牖：窗户。

译文

《异苑》记载：“郯县陈务的妻子，年轻时带着两个儿子守寡，喜欢喝茶。因为院里有一座古墓，每次喝茶，都先向古墓奠祀一杯。时间长了两个儿子感到厌烦，说：‘古墓知道什么？白费你的精神。’于是便想挖掉古墓，经过母亲再三劝阻才没有挖。这天夜里，母亲梦见一个人来对她说：‘我在这墓冢里已住了300余年，您的两个儿子常常想掘毁它，幸亏有你的保护，又经常用佳茗祭奠我，我虽是黄泉的枯骨，但也不会忘记报答您的恩情。’到了早晨，她在院子里看见10万枚铜钱，好像埋了很长时间，但穿钱的绳子却是新的。她把这奇事说给儿子，两个儿子都有些惭愧，从此更加殷勤地用茶茗向古墓祈祷祭奠。”

《广陵耆老传》记载：“晋元帝时，有位老太太每天早晨独自提一壶茶水到市场上去卖。街上的人都争着买，但从早晨卖到晚上，壶里的茶水却一点也不减少。所卖的钱都散发给路旁孤苦贫民和乞丐。有人怀疑她有神奇的法术。于是州郡官派掌刑事的衙吏把她抓走关入牢中。到了半夜，这老太太便提着卖茶的壶从牢狱窗口飞走了。”

原文

《艺术传》①："敦煌人单道开，不畏寒暑，常服小石子，所服药有松、桂、蜜之气，所饮茶苏而已。"

释道该说《续名僧传》："宋释法瑶，姓杨氏，河东人。元嘉中过江，遇沈台真君武康小山寺，年垂悬车。（悬车，喻日入之候，指垂老时也。《淮南子》②曰：'日至悲泉，爰息其马'，亦此意也。）饭所饮茶。永明中，敕吴兴礼致上京，年七十九。"

宋《江氏家传》③："江统，字应元，迁愍怀太子④洗马。尝上疏谏云：'今西园卖醯⑤、面、篮子、菜、茶之属，亏败国体。'"

注释

①《艺术传》：指唐房玄龄所著《晋书·艺术列传》。

②《淮南子》：又名《淮南鸿烈》，为汉淮南王刘安及其门客所著。今存二十一篇。

③《江氏家传》：南朝宋江统著。已佚。

④愍怀太子：晋惠帝之子，立为太子，元康元年（公元300年）被贾后害死，年仅21岁。

⑤醯：读xī，醋。

译文

《艺术传》记载："敦煌人单道开，不怕冷也不怕热，经常吃小石子，他服用的药有松子、桂圆、蜂蜜气味，所喝的也是茶和紫苏汤。"

释道该宣讲《续名僧传》说："南朝宋有个释法瑶和尚，姓杨，山西河东郡人。元嘉年间，从北方渡江到南方，在浙江武康县小山寺遇见沈台真，两人都已老耄，所吃的只是茶粥。南齐永明年间，武帝命令吴兴太守准备礼品请他进京，这时，他已经79岁。"

南朝宋《江氏家传》记载："江统，字应元，迁升为愍怀太子洗马时，曾经上书劝谏太子说：'现在西园卖醋、面、篮子、菜、茶之类东西，有损国家体面。'"

原文

《宋录》："新安王子鸾、豫章王子尚，诣昙济道人于八公山。道人设茶茗。子尚味之，曰：'此甘露也，何言茶茗？'"

王微《杂诗》[①]："寂寂掩高阁，寥寥空广厦。待君竟不归，收领今就槚。"

鲍昭妹令晖著《香茗赋》。

南齐世祖武皇帝《遗诏》[②]："我灵座上慎勿以牲为祭，但设饼果、茶饮、干饭、酒脯而已。"

梁刘孝绰《谢晋安王饷米等启》[③]："传诏李孟孙宣教旨，垂赐米、酒、瓜、笋、菹[④]、脯、鲊[⑤]、茗八种。气苾[⑥]新城，味芳云松。江潭抽节，迈昌荇[⑦]之珍。疆埸[⑧]擢翘[⑨]，越葺精[⑩]之美。羞非纯束野麋[⑪]，裛[⑫]似雪之鲈；鲊异陶瓶河鲤，操如琼之粲。茗同食粲，酢类望柑。免千里宿舂，省三月粮聚。小人怀惠，大懿[⑬]难忘。"

注释

①王微《杂诗》：王微，南朝诗人。

②南齐世祖武皇帝《遗诏》：南朝齐武皇帝名萧赜。《遗诏》写于齐永明十一年（公元493年）。

③梁刘孝绰《谢晋安王饷米等启》：刘孝绰，见前注。他本名冉，孝绰是他的字。晋安王名萧纲，昭明太子卒后，继为皇太子。后登位称简文帝。

④菹：酸菜。

⑤鲊（zhǎ）：用盐腌制的鱼。

⑥苾：香气浓。

⑦昌荇：菖蒲。

⑧疆埸：埸指田界、边界。疆埸指边境。

⑨擢翘：擢指植物长得润秀，翘指植物长得特别突出。意指菜蔬果物生长得滋润、丰硕。

⑩葺精：加倍的好。如加厚茅草，覆盖茅草屋顶。

⑪麋：指獐子。

⑫裒：缠裹。

⑬大懿：懿指美德，大懿指极大的美德。

译文

《宋录》记载："新安王刘子鸾，豫章王刘子尚，在八公山拜访释昙济道长。道长呈献茶茗，刘子尚品尝茶茗后说：'这是甘露啊，为什么叫它茶茗？'"

王微《杂诗》写道："寂寂掩高阁，寥寥空广厦。待君竟不归，收领今就槚。"

鲍照之妹鲍令晖著有《香茗赋》。

南齐世祖武皇帝，临终时写下《遗诏》说："我的灵座前千万不要用牛羊牲品祭奠，只要供奉饼果、茶茗、干饭、酒类就可以了。"

南朝梁刘孝绰《谢晋安王饷米等启》中写道："传诏官李孟孙宣示了您的教旨，恭蒙您赏赐了米、酒、瓜、笋、腌菜、肉干、醋、茶八种。醇香芬芳的美酒，真像新丰、松花的佳酿。江滨新长的竹笋，可以与菖蒲、荇菜媲真。园圃中摘来的瓜儿，味道醇美到了极点。腊味虽不是白茅纯束的獐鹿，但也是雪白肥嫩的肉脯；腌鱼胜过陶侃坛装的河鲤，又加上晶莹如玉的白米。茶茗真是最好的饮品，陈醋正如又酸又甜的柑橘。赏赐的物品这么多，好几个月也不必再去采买。小人感恩不尽，盛德永难忘怀。"

原文

陶弘景《杂录》："苦茶，轻身换骨，昔旦丘子、黄山君服之。"

《后魏录》："琅琊王肃，仕南朝，好茗饮、莼羹。及还北地，又好羊肉、酪浆。人或问之：'茗何如酪？'肃曰：'茗不堪与酪为奴①。'"

《桐君录》②："西阳、武昌、庐江、晋陵③好茗，皆东人作清茗。茗有饽，饮之宜人。凡可饮之物，皆多取其叶，天门冬、菝葜④取根，皆益人。又巴东⑤别有真茗茶，煎饮令人不眠。俗中多煮檀叶并大皂李作茶，并冷。又南方有瓜芦木，亦似茗，至苦涩，取为屑茶饮，亦可通夜不眠。煮盐人但资此饮，而交、广⑥最重，客来先设，乃加以香芼辈。"

注释

①王肃，本在南朝齐做官，后降北魏。北魏是北方少数民族鲜卑族拓跋部建立的政权，该民族习性喜食牛羊肉、饮牛羊奶加工的酪浆。王肃为讨好新主子，所以当北魏高祖问他时，他贬低说茶还不配给酪浆当奴仆。这话传出后，北魏朝贵遂称茶为“酪奴”，并且在宴会时，“虽设若饮，皆耻不复食”。（见《洛阳伽蓝记》）

②《桐君录》：全名《桐君采药录》，已佚。

③西阳、武昌、庐江、晋陵：西阳、武昌、庐江、晋陵均为晋郡名，治所分别在今湖北黄冈、湖北武昌、安徽舒城、江苏常州一带。

④菝葜：落叶藤本植物，根茎可入药。

⑤巴东：晋郡名。治所在今四川万县一带。

⑥交、广：交州和广州。交州，在今广西合浦、北海市一带。

译文

陶弘景《杂录》说：“苦茶，可以使人轻身换骨，从前的丹丘子、黄山君就经常喝茶而羽化成仙。”

《后魏录》记载：“琅琊人王肃，在南朝齐为官，爱喝茶和莼茶汤。后来到了北方，又爱吃羊肉和酪浆。有人问他：‘茶比酪浆怎么样？’王肃说：‘茶给酪浆做奴隶还不配呢。’”

《桐君录》记载：“西阳、武昌、庐江、晋陵的人都爱喝茶，做东道主的就烹煮清茶。茶水里有沫饽，常喝对人体有好处。凡是可以当做饮料的，大都是选取其叶子，但天门冬、菝葜却取根，都对人有好处。又四川巴东郡有真茶茗，烹饮使人兴奋得睡不着觉。民间多有用檀树叶和大皂李制作茶，喝它们有种清凉感觉。南方还有种叫瓜芦木的，也像茶，滋味又苦又涩，采取制成碎末当茶喝，也可使人彻夜不眠。沿海各地煮盐的人专门拿它当做饮料，而以交州、广州两地最为重视，客人来了，就首先献上这种饮料，还加入一些芳香调料。”

原文

《坤元录》[1]：“辰州溆浦县西北三百五十里无射山，云蛮俗当吉庆之时，亲族集会，歌舞于山上。山多茶树。”

《括地图》[2]：“临遂[3]县东一百四十里有茶溪。”

山谦之《吴兴记》[4]：“乌程县[5]西二十里，有温山，出御荈。”

《夷陵图经》[6]：“黄牛、荆门、女观、望州[7]等山，茶茗出焉。”

注释

①《坤元录》：古地学书名，已佚。

②《括地图》：指《括地志》，唐萧德言等人著，已散佚，清人辑存一卷。

③临遂：晋时县名，今湖南衡东县。

④《吴兴记》：南朝宋山谦之著，共三卷。

⑤乌程县：治所在今浙江湖州市。

⑥《夷陵图经》：夷陵，在今湖北宜昌地区，这是陆羽从方志中摘出自己加的书名。（下同）

⑦黄牛、荆门、女观、望州：黄牛山在今宜昌市向北 80 里处。荆门山在今宜昌市东南 30 里处。女观山在今宜都县西北。望州山在今宜昌市西。

译文

《坤元录》记载：“湖南辰州溆浦县西北方 350 里有座无射山，据说当地少数民族风俗在吉庆的时候，亲族友人在山上聚集在一起歌舞。山中长有许多茶树。”

《括地图》记载：“湖南临遂县东 140 里有茶溪。”

山谦之《吴兴记》说：“浙江乌程县西 20 里，有座温山，出产贡茶。”

《夷陵图经》记载："湖北峡州的黄牛、荆门、女观、望州等山，都出产茶叶。"

原文

《永嘉图经》："永嘉县[1]东三百里有白茶山。"

《淮阴图经》："山阴县[2]南二十里有茶坡。"

《茶陵图经》："茶陵[3]者，所谓陵谷生茶茗焉。"

《本草·木部》[4]："茗：苦茶。味甘苦，微寒，无毒。主瘘疮，利小便，去痰渴热，令人少睡。秋采之苦，主下气消食。《注》云：'春采之。'"

注释

①永嘉县：治所在今浙江温州市。

②山阴县：今称淮安县。

③茶陵：指今湖南茶陵县。

④《本草·木部》：《本草》即《唐新修本草》又称《唐本草》或《唐英本草》，因唐英国公徐勣任该书总监。下文《本草》同。

译文

《永嘉图经》记载："浙江永嘉县东300里有座白茶山。"

《淮阴图经》记载："山阴县南20里处有茶坡。"

《茶陵图经》说："茶陵县，就是因为山陵河谷中盛产茶叶而得名。"

《本草·木部》说："茗，又叫苦茶。味道甘甜带有苦味，略微寒，没有毒。主治瘘疮，利尿、去痰、止渴解热，使人兴奋得不能入睡。秋天采集的茶味道苦，主要功能是下气消化食物。陶弘景的《神农本草集注》说：'要春天采制。'"

原文

《本草·菜部》："苦菜，一名荼，一名选，一名游冬，生益州川谷，山陵道旁，凌冬不死。三月三日采，干。《注》云：'疑此即是今楪，一

名茶，令人不眠。’”《本草注》：“按，《诗》云：谁谓荼苦[①]，又云：堇荼如饴[②]，皆苦菜也。陶谓之苦茶，木类，非菜流。茗，春采谓之苦搽(途遐反)。”

《枕中方》：“疗积年瘘：苦茶、蜈蚣并炙，令香熟，等分，捣筛，煮甘草汤洗，以末敷之。”

《孺子方》：“疗小儿无故惊厥，以苦茶、葱须煮服之。”

注释

①谁谓荼苦：用荼时，荼作二解，一为茶，一为野菜。这里是野菜。

②堇荼如饴：荼也是野菜。

译文

《本草·菜部》说：“苦菜，又叫荼，又叫选，或者叫游冬，出产于四川益州川谷山陵路旁，严寒的冬天也冻不死。第二年春天三月三采集阴干。陶弘景《神农本草集注》说：‘怀疑这就是现在人说的搽，又叫荼，让人兴奋地不能入睡。’”《本草注》按：“《诗经》说：‘谁说荼苦’，又说：‘堇荼如饴’。这都是苦菜。陶弘景说的苦茶，是木本植物的茗，不是草本植物菜类。茗，在春天采摘的叫苦搽。”

《枕中方》记载：“治疗多年来没有治愈的瘘疮，用茶叶和蜈蚣一起烧，炙熟散发出香气，再等分两份，捣碎，过筛，拿一份加甘草煮汤洗患处，另一份敷在疮口。”

《孺子方》记载：“治疗小孩不明原因的惊厥，用苦茶和葱根煎水服下。”

续茶经

原文

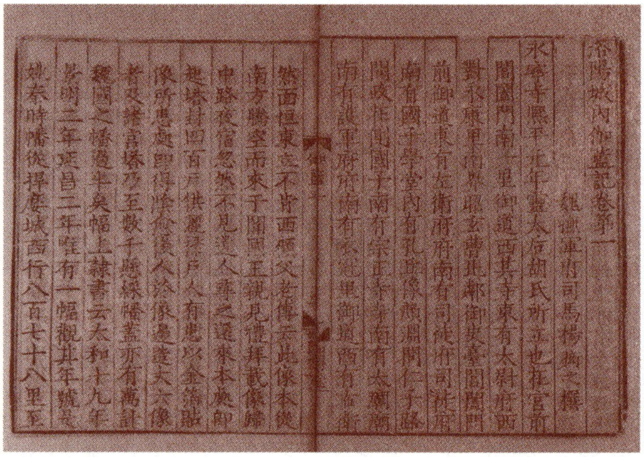
洛陽城內伽藍記卷第一
魏撫軍府司馬楊衒之撰

《晋书》：温峤表遣取供御之调，条列真上茶千片，茗三百大薄[①]。

《洛阳伽蓝记》：王肃初入魏，不食羊肉及酪浆等物，常饭鲫鱼羹，渴饮茗汁。京师士子道肃一饮一斗，号为漏卮[②]。后数年，高祖见其食羊肉酪粥甚多，谓肃曰："羊肉何如鱼羹？茗饮何如酪浆？"肃对曰："羊者是陆产之最，鱼者乃水族之长，所好不同，并各称珍，以味言之，甚是优劣。羊比齐鲁大邦[③]，鱼比邾莒[④]小国，惟茗不中，与酪作奴。"高祖大笑。彭城王勰谓肃曰："卿不重齐鲁大邦，而爱邾莒小国，何也？"肃对曰："乡曲所美，不得不好。"彭城王复谓曰："卿明日顾我，为卿设邾莒之食，亦有酪奴。"因此呼茗饮为酪奴，时给事中刘缟慕肃之风，专习茗饮。彭城王谓缟曰："卿不慕王侯八珍，而好苍头[⑤]水厄[⑥]。海上有逐臭之夫，里内有学颦之妇，以卿言之，即是也。"盖彭城王家有吴奴，故以此言戏之。后梁武帝子西丰侯萧正德归降时，元乂欲为设茗，先问："卿于水厄多少？"正德不晓乂意，答曰："下官生于水乡，而立身以来，未遭阳侯[⑦]之难。"元乂与举座之客皆笑焉。

注释

①薄:古代计算物品数量的单位。

②漏卮(zhī):卮是古代盛酒的器皿。漏卮,寓意为盛不满的酒器,以比喻王肃喝茶水很多,好像永远喝不够。

③齐鲁大邦:周武王封姜尚于齐,封姬旦于鲁,封地都在今山东,土地广,人口多,故称大邦。

④邾莒(zhū jǔ):邾、莒都是周代诸侯国,邾在山东邹县,莒在山东莒县,两国占地面积小,人口少,故说邾莒小国。

⑤苍头:深青色为苍。旧时奴仆以苍巾饰头,故称奴仆为苍头。

⑥水厄:指厄于水。意指被水溺没,用以比喻饮茶水过多。

⑦阳侯:水神名。《淮南子注》说,陵阳国侯死于水为神,能为大波,造成伤害,故称阳侯之难。

译文

《晋书》:温峤上奏要求调取御用所需要的茶叶,在上面列举了真正上好的茶叶上千种,茶名写了300大簿。

《洛阳伽蓝记》:王肃刚刚到魏国的时候,不吃羊肉和酪浆之类的东西,常常将鲫鱼羹当饭吃,渴了就喝茶水。京师里面的人说王肃一喝就是一斗,被称为有漏洞的盛茶器。几年后,高祖看见他吃羊肉和酪粥很多,就对王肃说:"羊肉跟鱼羹相比哪样更好些呢?茶跟酪浆相比怎么样呢?"王肃回答说:"羊是陆地上所出产最好的,而鱼是水中的灵长,两者的特点不同,并且各有自己珍贵的地方,根据味道来说,那更是有很大的区别了。羊就好比是齐鲁大国,鱼就好比邾莒小国,只有茗不重用,所以才成为了酪的奴隶。"高祖大笑。彭城王回答王肃说:"你不重视齐鲁大国,却偏偏爱邾莒小国,这是为什么呢?"王肃回答说:"自己的故土才是最好的。"彭城王又说:"你明日到我家,我为你设邾营之食,也有酪奴。”因此叫茗饮为酪奴。那时候给事中刘缟因为仰慕王肃的为人,因此专门向他学习,也来喝茶。彭城王又对刘缟说:“你不仰慕王侯将相的珍馐佳肴,却去爱好什么苍头的水厄。海上有追逐臭味的人,市井有效颦的妇人,听了你的话看来你就是这样的人。”因为彭城王家里有吴地的奴隶,所以才出此戏言。后来梁武帝的儿子西丰侯萧正德归降,那时元乂想为他设置茶水,先问他:“你需要多少水厄呢?”正德不明白元乂话中所包含的意思,回答说:“下官生于水乡,但是出生以来,从来就没有遭受阳侯这样的灾难。”元乂和在座所有的客人都笑了起来。

原文

《海录碎事》:晋司徒长史王濛,字仲祖,好饮茶,客至辄饮之。士大夫甚以为苦,每欲候濛,必云:“今日有水厄[①]。”

注释

①水厄:水灾。

译文

《海录碎事》:晋朝的司徒长史王濛,字仲祖,喜欢喝茶,来了客人总是让他们饮茶。士大夫觉得喝茶很苦,所以每次要去见王濛的时候就会说:“今天有水灾了。”

原文

《续搜神记》:桓宣武有一督将,因时行病后虚热,更能饮复茗,一斛二斗乃饱,才减升合,便以为不足,非复一日。家贫,后有客造之,正遇其饮复茗,亦先闻世有此病,仍令更进五升,乃大吐,有一物出如升大,有口,形质缩皱,状似牛肚。客乃令置之于盆中,以一斛二斗复浇之,此物噏[①]之都尽,而止觉小胀。又增五升,便悉混然从口中涌出。即吐此物,其病遂瘥[②],或问之:“此何病?”客答云:“此病名斛二瘕[③]。”

注释

①噏（xī）：同吸。

②瘥（chài）：病愈。

③瘕（jiǎ）：肚里结块的病。

译文

《续搜神记》：桓宣武有一个有名的督将，因生病后身体虚热，更能够喝茶了。要喝1斛2斗才行，才少喝了十分之一，就觉得没有喝足，像这样已经不止一天了。家里贫穷以后，一天有客人来造访，正好碰见他正在喝茶，在此之前，客人听说了他有这种毛病，便让他再喝5升，于是他大吐，吐出了一个像升那样大的物体，而且还长着嘴巴，看起来全身收缩褶皱，就像牛的肚子一样。客人叫他把它放进盆中，再加上1斛2斗的水，这东西都将它喝干了，看起来才有点胀。再增加5升，那它就再也喝不下去了。吐出了这个东西之后，他的病很快就好了，有人问："这是什么病呢？"客人回答说："这种病的名字就叫做'斛二瘕'。"

原文

《潜确类书》：进士权纾文云："隋文帝微时，梦神人易其脑骨，自尔脑痛不止。后遇一僧曰：'山中有茗草，煮而饮之当愈。'帝服之有效，由是人竞采啜。因为之赞。其略曰：'穷春秋①，演河图②，不如载茗一车。'"

注释

①穷春秋：这里穷作读完、研究透讲。《春秋》原为鲁国史，孔子删定，起自鲁隐公元年止于鲁哀公十四年，历十二公，二百四十二年，系编年史。

②演河图：演即演示、书画。《河图》与《洛书》儒家认为是《周易》和《洪范》的来源。《易·系辞上》说："河出图，洛出书，圣人则之。"传说伏羲时，有龙马

从黄河出现，背负河图，有神龟从洛水出现，背负洛书。伏羲根据两图书画八卦。

译文

《潜确类书》载：进士权纾文说："隋文帝年轻时，梦见神人改变了他的脑骨，从此脑袋开始不断地疼痛。后来遇见了一个和尚说：'山里面有一种茗草，煮了喝之后应该可以痊愈。'隋文帝饮用之后果然有效，于是大家就竞相去采摘饮用。因此有人写诗赞叹，大概说：'穷春秋，演河图，还比不上载茗一车。'"

原文

《唐书》："太和七年，罢吴蜀冬贡茶。太和九年，王涯献茶，以涯为榷茶使，茶之有税自涯始。十二月，诸道盐铁转运榷茶使令狐楚奏：'榷茶不便于民。'从之。""陆龟蒙嗜茶，置园顾渚山下[①]，岁取租茶，自判品第。张又新为《水说》七种，其二惠山泉、三虎丘井、六淞江水。人助其好者，虽百里为致之。日登舟设篷席，赍[②]束书、茶灶、笔床、钓具往来。江湖间俗人造门，罕觏[③]其面。时谓江湖散人，或号天随子、甫里先生，自比涪翁[④]、渔父、江上丈人。后以高士征，不至。"

注释

①顾渚山：在浙江长兴县，产茶之地为吉祥寺，岁产五六斤。附近所产紫笋茶亦名顾渚茶，颇有名。唐诗人陆龟蒙，不愿做官，居淞江甫里，在顾渚山下置茶园，收取茶租。

②赍(jī)：带着。

③觏(gòu)：遇见。

④涪翁：据《后汉书》记载：有老父不知从什么地方来，经常在涪水钓鱼，因号涪翁。发现人有病，时下针砭，用石针扎皮肉治病，并著有针经诊脉法传于世。

译文

《唐书》记载:"太和七年取消了吴和蜀两地冬天进贡的茶叶。太和九年王涯进贡茶,于是任命王涯为榷茶使,茶叶收税就是从他开始的。在十二月的时候,盐铁转运榷茶使叫令狐楚上告皇上:'对茶叶征税对老百姓是不利的。'皇上就听从他的建议。陆龟蒙喜欢喝茶,在顾渚山下置办了园子,每年从茶叶中收取租茶,等级自己评判。张又新做了《水说》7种,第二是惠山泉,第三是虎丘井,第六是淞江水。有的人为了满足他的嗜好,即使是百里远的地方也为他送水来。每天在船上搭篷,束书、茶灶、笔床、钓具互相赠送。一般的人来造访他,很少有能够见到他的。那时候称他为江湖散人,或者称为天随子、甫里先生,自比为涪翁、渔夫、江上丈人。后来官府任命他为高士召集,他也不去。"

原文

《国史补》:"故老云,五十年前多患热黄,坊曲有专以烙黄为业者。灞浐诸水中,常有昼坐至暮者,谓之浸黄。近代悉无,而病腰脚者多,乃饮茶所致也。""韩晋公滉[①]闻奉天之难,以夹练囊盛茶末,遣健步[②]以进。""常鲁使西番,烹茶帐中,番使问:'何为者?'鲁曰:'涤烦消渴,所谓茶也。'番使曰:'我亦有之。'取出以示曰:'此寿州者,此顾渚者,此蕲门者。'"

注释

①韩滉：唐贞元初曾参加平定藩镇叛乱，官检校左仆射同中书门下平章事。书画均极有名，是长安人，生于公元725年，卒于公元787年。

②健步：名词，指能快走路的人。

译文

《国史补》载："老人们说：50年前很多人患热黄病，民间出现了专门以烙黄为业的人。在灞浐这条水系河中，经常有人从早坐到晚，被称为浸黄。近代没有了，而得腰腿病的人却多了，这都是喝茶造成的。""韩晋公滉听说有奉天之难，就用夹练囊装茶末，派遣人很快进献上去。""常鲁出使西番的时候，在帐篷中煮茶，番人问：'这是什么？'常鲁说：'去烦止渴，这就是茶。'番人说：'我也有。'取出茶叶给他看，说：'这是寿州的，这是顾渚的，这是蕲门的。'"

原文

唐赵璘[1]《因话录》：陆羽有文学，多奇思，无一物不尽其妙，茶术最著。始造煎茶法，至今鬻茶之家，陶其像，置炀突间，祀为茶神，云：宜茶足利。巩县为瓷偶人，号"陆鸿渐"，买十茶器得一鸿渐，市人沽茗不利，辄灌注之。复州一老僧是陆僧弟子，常诵其《六羡歌》，且有《追感陆僧》诗。

注释

①唐赵璘：字泽章，南阳人，后徙平原。生卒年均不详，约唐武宗会昌中前后在世。宣宗常索科名记，郑颢令璘采访诸家科目记，撰成十三卷，进之。

译文

唐赵璘《因话录》：陆羽很有文采，常常有很多的奇思妙想，没有一件事不精通，尤其精通茶术。他发明了煎茶的方法，至今卖茶的人家，还把他的陶像供奉在灶头上，当茶神祭祀。说：能保佑茶好多赚钱。巩县出产一种瓷偶人，称为“陆鸿渐”，买10件茶器送1个瓷鸿渐，商人茶卖得不好，就往瓷人里灌注。复州一个老和尚是陆羽的弟子，经常背诵陆羽的《六羡歌》还作有《追感陆僧》。

原文

唐何晦《摭言》：郑光业策试[1]，夜有同人突入，吴语曰：“必先必先，可相容否？”光业为掇半铺之地。其人曰：“仗取一勺水，更讬煎一碗茶。”光业欣然为取水、煎茶。居二日，光业状元及第[2]，其人启谢曰：“既烦取水，更便煎茶。当时不识贵人，凡夫肉眼；今日俄为后进，穷相骨头。”

注释

①策试：古代考试士子问对策，故曰策试。科举考试，发策问之，使之策对。

②及第：考取的意思。

译文

唐代何晦《摭言》：郑光业参加策试时，夜里有同样参加策试的人突然进来，用吴地的方言说：“先来的人，能不能容我住下？”光业为他腾出半铺的地方。此人又说：“既然借取了一瓢水，就请再代煎一碗茶吧。”光业欣然为他取水煎茶。住了两天，光业考了个状元，这个人开始道谢说：“既麻烦你为我取水，还让你煎茶。当时不识贵人，真是凡夫肉眼；今天我立刻就落榜了，骨子里都是穷相。”

原文

唐李义山《杂纂》：富贵相：捣药碾茶声。

唐冯贽《烟花记》：建阳进茶油花子饼，大小形制各别，极可爱。宫嫔缕金于面，皆以淡妆，以此花饼施于鬓上，时号北苑妆。

唐《玉泉子》：崔蠡知制诰[1]丁太夫人尤，居东都里第时，尚苦节

啬，四方寄遗茶药而已，不纳② 金帛，不异寒素。

注释

①制诰：官吏受封之词。唐代的制度规定，凡是任命官吏和进行赏罚要用制书，称为制诰，这里所说丁太夫人是受过封赏有等级、地位的人。

②纳：接受。

译文

唐代李义山所著《杂纂》：富贵人家的标志：有捣药碾茶的声音。

唐代冯贽《烟花记》记载：建阳向宫中进献了茶油花子饼，它们大小形状都不一样，特别可爱。宫中的嫔妃描金在脸上，都以淡色为主，把这种茶油花子饼插在鬓角上，当时号称为北苑妆。

唐代《玉泉子》一书记载：崔蠡知制诰丁太夫人尤，住在东都里府第的时候，生活清苦节俭，各地寄送的物品只有药品和茶叶而已，不接受金银锦缎，生活一直清寒朴素。

原文

《颜鲁公帖》：廿九日南寺通师设茶会，咸来静坐，离诸烦恼，亦非无益。足下此意，语虞十一，不可自外耳。颜真卿顿首顿首①。

《开元遗事》：逸人王休居太白山下，日与僧道异人往还。每至冬时，取溪冰敲其晶莹者煮建茗，供宾客饮之。

注释

①顿首顿首：点点头，表示赞同的意思。

译文

《颜鲁公帖》说：二十九日南寺的通师大师举行茶会，都来静坐。祛除烦恼，这也不是没有好处。他的意思是，语虞十一，不要把自己当外人啊。颜真卿点点头。

《开元遗事》记载：王休隐居在太白山下，每天与和尚道士异人交往。每到冬天的时候，就敲取晶莹的溪冰煮建茶，与宾客一起饮用。

原文

《李邺侯家传》：皇孙奉节王好诗，初煎茶加酥椒之类，遗泌求诗，泌戏赋云："旋沫翻成碧玉池，添酥散出琉璃眼。"奉节王即德宗也。

注释

（略）

译文

《李邺侯家传》记载：皇帝的孙子奉节王爱好诗歌，开始煎茶加酥椒之类的东西，送给泌，求他作诗，泌作诗取笑他说："旋沫翻成碧玉池，添酥散出琉璃眼。"奉节王就是德宗啊。

原文

《中朝故事》：有人授舒州牧，赞皇公李德裕谓之曰："到彼郡日，天柱峰茶可惠数角。"其人献数十斤，李不受。明年罢郡，用意精求，

获数角[1]投之。李阅而受之曰："此茶可以消酒食毒。"乃命烹一觥，沃于肉食内，以银合闭之。诘旦视其肉，已化为水矣。众服其广识。

注释

①数角：几两。

译文

《中朝故事》载：有人任舒州牧的时候，赞皇公李德裕对他说："等你到了舒州，天柱峰的茶叶可以给我惠赠一点。"那个人向他进献了几十斤，李德裕不肯接受。第二年那个人让郡里的人精益求精，送给他几两。李德裕欣然接受，说："这种茶叶可以解除酒的危害。"于是让人烹煮了一酒杯，放在肉食里面，用银盒子封闭起来。第二天再来看肉，已经化成水了。众人都佩服称赞皇公的见识。

原文

段公路《北户录》：前朝短书杂说，呼茗为薄，为夹。又梁《科律》有薄茗、千夹云云。

注释

（略）

译文

段公路《北户录》：前朝有一些文章把茗称为薄，称为夹。又有梁《科律》中称它为薄茗、千夹等。

原文

唐苏鹗《杜阳杂编》：唐德宗每赐同昌公主馔，其茶有绿华、紫英之号。

《凤翔退耕传》：元和时，馆阁汤饮待学士者，煎麒麟草①。

注释

①麒麟草：多年生草本，花期夏秋。生于山区阴地，主要分布我国东南至西南部。

译文

唐代苏鹗《杜阳杂编》记载：唐德宗每次赏赐给同昌公主的茶，其中有叫做绿华、紫英的称号。

《凤翔退耕传》记载：在元和年间，馆阁煮麒麟草来招待学士。

原文

温庭筠《采茶录》：李约字存博，汧公子也。一生不近粉黛，雅度简远，有山林之致。性嗜茶，能自煎，尝谓人曰："当使汤无妄沸，庶可养茶。始则鱼目散布，微微有声；中则四际泉涌，累累若贯珠；终则腾波鼓浪，水气全消。此谓老汤三沸之法，非活火不能成也。"客至不限瓯数，竟日爇火，执持茶器弗倦。曾奉使行至陕州硖石县东，爱其渠水清流，旬日①忘发。

注释

①旬日：十几天。

译文

温庭筠《采茶录》记载：李约字存博，是李汧的儿子。他一生不近女色，风度优雅，有山林的雅致。特别喜欢喝茶，能够自己煎煮，曾经对人说："不要使水一味地沸腾，才可以养茶。开始的时候水泡就像是散布在上面的鱼眼睛，有很小的声音；然后就像泉水一样四围喷涌，泛起成串的珠子；最后就像澎湃的波浪，水汽全部消散了。这就是所谓的老汤三沸的办法，不是活火是不能达到这种效果的。"客人来的时候不限制瓯数，整天烧火，不停地拿着茶器都不觉得疲倦。曾经奉命行使经过陕州硖石县东边，因为爱那里清澈的渠水，十几天都忘记出发。

原文

《南部新书》："杜豳公悰，位及人臣，富贵无比。尝与同列言平生不称意有三，其一为澧州刺史，其二贬司农卿，其三自西川移镇广陵，舟次瞿塘，为骇浪所惊，左右呼唤不至，渴甚，自泼汤茶吃也。""大中三年，东都进一僧，年一百二十岁。宣皇问服何药而至此，僧对曰：'臣少也贱，不知药。性本好茶，至处惟茶是求。或出，日过百余碗，如常日亦不下四五十碗。'因赐茶五十斤，令居保寿寺，名饮茶所曰茶寮。""有胡生者，失其名，以钉铰为业，居霅溪而近白蘋洲。去厥居十余步有古坟，胡生每瀹茗必奠酹之。尝梦一人谓之曰：'吾姓柳，平生善为诗而嗜茗。及死，葬室在于今居之侧，常衔子之惠，无以为报，欲教子为诗。'胡生辞以不能，柳强之曰：'子但率言之，当有致矣。'既寤，试构思，果若有冥助者。厥后遂工焉，时人谓之'胡钉铰诗'。柳当是柳恽也。又一说，列子终于郑，今墓在效薮，谓贤者之迹，而或禁其樵牧焉。里有胡生者，性落魄。家贫，少为洗镜、铰钉之业。遇有

甘果名茶美醖，辄祭于列御寇之祠垄，以求聪慧而思学道。历稔，忽梦一人，取刀划其腹。以一卷书置于心腑。及觉，而吟咏之意，皆工美之词，所得不由于师友也。既成卷轴，尚不弃于猥贱之业，真隐者之风。远近号为'胡钉铰'云。"

注释

（略）

译文

《南部新书》记载："杜豳公悰，地位显赫，非常的富贵。曾与同行人说起平生不如意的事情有三件：一是为澧州的刺史，第二是被贬为司农卿，第三是从西川到广陵，船经过瞿塘江的时候，被大风浪所惊吓，却没有办法呼唤到一个人，特别地渴，于是自己煎茶喝。""大中三年，东都来了一个和尚，有120岁。宣皇问他服用了什么药这样长寿？和尚回答说：'我出身低贱，不曾吃药。一生喜欢喝茶，每到一处都化求茶水，有的时候一天求的茶超过了上百碗，就是最平常的时候也不少于喝四五十碗。'因此宣皇赏赐给他50斤茶叶，让他居住在保寿寺，将喝茶的地方称为茶寮。""有姓胡的人，他的名字已经不知道了，以做钉子、剪子为职业，居住在云溪且靠近白萍洲的地方。距离他家十几步有一座古坟，胡生每次喝茶必定要对古坟奠祭一杯。后来梦到一个人对他说：'我姓柳。善于作诗且喜欢喝茶。死了之后，埋葬在你现在居所的旁边，经常得到你的恩惠，我没有什么可以回报的，想教你作诗。'胡生推辞说他不行，柳坚持说：'你很坦率，到时候就行了。'醒了之后，尝试着去构思作诗。果然觉得好像有人在暗中帮助一样。以后他的诗写得很工整，后来的人称他为'胡钉铰诗。'这里所指的柳应该是柳恽。还有一种说法是，列子在郑国去世，现在他的墓地在郊外杂草丛生的地方，作为贤者的墓地，不允许人到那里砍柴放牧。

当地有一个姓胡的人，生性落魄。家里很贫穷，小的时候从事洗镜、做钉子的工作。每当有甘甜的果子、好的茶水和美味佳肴，就把它拿到列子的祠堂里面去祭祀，来求变得聪明而懂道理。有一天忽然梦见一个人用刀划开他的腹部，将一卷书放在他的心肺里面。等到醒来，有作诗的感觉，结果做出来都是非常工美的词句，都不是从老师和朋友那里学来的。他既具备了这样的才华，也不放弃以前的工作，真是具有隐者的风度。远近的人都称他为‘胡钉铰’。”

原文

张又新《煎茶水记》：代宗朝，李季卿刺湖州，至维扬逢陆处士鸿渐。李素熟陆名，有倾盖之欢，因之赴郡，泊扬子驿，将食，李曰：“陆君善于茶，盖天下闻名矣，况扬子南零水又殊绝。今者二妙，千载一遇，何旷之乎？”命军士谨信者操舟挈瓶，深诣南零。陆利器以俟之。俄水至，陆以勺扬其水曰：“江则江矣，非南零者，似临岸之水。”使曰：“某操舟深入，见者累百，敢虚绐乎？”陆不言，既而倾诸盆，至半，陆遽止之，又以勺扬之曰：“自此南零者矣。”使蹶然大骇，服罪曰：“某自南零赍至岸，舟荡覆半，至，惧其少，挹①岸水增之，处士之鉴，神鉴也，其敢隐乎。”李与宾从数十人皆大骇愕。

注释

①挹：读作 yì。

译文

张又新《煎茶水记》：代宗朝的时候，李季卿任湖州的刺史，到维阳的时候碰到了陆羽。李季卿本来对陆羽的名字很熟，有仰慕之意，因此前去拜访，在扬子驿馆，快要吃饭的时候，李季卿说："陆处士善于煮茶水，这是天下闻名的，何况扬子南零的水又很不一般。现在碰到这两种妙处，真是千载难逢的好机会，怎么能错过呢？"于是让军中亲信拿着瓶子划着船，去南零取水。陆羽准备好器具等着。过了一会儿水到了，陆羽用勺子舀起水说："江水倒是江水，并不是南零的水，好像是岸边的水。"使者说："我划船深入到里面，超过上百的人看见，难道还有假吗？"陆羽不再说话。然后把水往盆子里倒，倒到一半的时候，陆羽才停住，又用勺子舀起水来说："从这里开始才是南零的水了。"使者顿时大吃一惊，马上认罪说："我从南零运水到岸边时，船一晃洒掉了一半，怕水太少了，于是将岸边的水加到了里面，处士的判别能力，真是圣明，我怎么还敢隐瞒呢！"李季卿和他的随从几十人都感到很惊愕。

原文

《茶经》本传：羽嗜茶，著《经》三篇。时鬻茶①者，至陶羽形置炀突间，祀为茶神。有常伯熊者，因羽论，复广著茶之功。御史大夫李季卿宣慰江南，次临淮，知伯熊善煮茗，召之。伯熊执器前，季卿为再举杯。其后尚茶成风。

注释

①鬻茶者：喜欢煮茶的人

译文

《茶经》本传：陆羽喜欢喝茶，著有《茶经》三篇。当时喜欢煮茶的人，将陆羽的陶像放在灶龛间，作为茶神祭祀。有个叫常伯熊的，因为受陆羽的影响，也写文章说茶的好处。御史大夫李季卿到江南的时候，次日到了淮水，知道伯熊擅长煮茶，于是把他叫来。伯熊在茶器前煮茶，李季卿喝了好几杯。后来喝茶就成了风气。

原文

《金銮密记》:金銮故例,翰林当直学士,春晚人困,则日赐成像殿茶果。

注释

(略)

译文

《金銮密记》:金銮以前的惯例,翰林院值班的学生,春天的傍晚人容易犯困,于是每天赐给成像殿茶果。

原文

《梅妃传》:唐明皇与梅妃斗茶,顾诸王戏曰:“此梅精也,吹白玉笛,作惊鸿舞,一座光辉,斗茶今又胜吾矣。”妃应声曰:“草工之戏,误胜陛下。设使调和四海,烹饪鼎鼐,万乘自有宪法,贱妾何能较胜负也。”上大悦。

注释

(略)

译文

《梅妃传》:唐明皇与梅妃斗茶,对各位王爷开玩笑说:“这人是梅精,吹白玉制成的笛子,像惊鸟一样的舞蹈。使满座生辉,现在斗茶又赢了我。”妃子回答说:“草木这样的游戏,偶然胜了陛下。假若论治理天下,处理国家大事,万岁自然有自己的好办法，我就不能和你比较胜负了。”皇上听了十分开心。

原文

杜鸿渐[1]《送茶与杨祭酒书》：顾渚山中紫笋茶两片，一片上太夫人，一片充昆弟同饮，此物但恨帝未得尝，实所叹息。

注释

①杜鸿渐：濮阳人，字之选，鹏举之子。

译文

杜鸿渐《送茶与杨祭酒书》：取顾渚山里面的紫笋茶叶两片，一片送给太夫人，一片送给你，这种东西皇上没有品尝，实在有些令人叹息。

原文

《白孔六帖》：寿州刺史张镒，以饷钱百万遗陆宣公贽。公不受，止受茶一串，曰：“敢不承公之赐。”

注释

（略）

译文

《白孔六帖》：寿州刺史张镒，送给陆宣公百万两银钱。陆宣公拒绝接受百万两银钱，只接受了一串茶叶说："怎么敢不接受你的赏赐呢！"

原文

《海录碎事》：邓利云："陆羽，茶既为癖，酒亦称狂。"

《侯鲭录》：唐右补阙綦毋煚，博学有著述才，性不饮茶，尝著《伐茶饮序》，其略曰："释滞消壅，一日之利暂佳；瘠气耗精，终身之累斯大。获益则归功茶力，贻患则不咎茶灾。岂非为福近易知，为祸远难见欤。"煚[1]在集贤，无何以热疾暴终。

注释

①煚：读作 yīng。

译文

《海录碎事》：邓利说："陆羽，茶上可以称为癖，酒上也可以称为狂。"

《侯鲭录》：唐代的右补阙綦毋煚，博学多才且有很多著作，但不喜欢喝茶，曾经著有《伐茶饮序》，他在书中说："茶能消除体内的阻滞和疲劳，一天的好处还只是短暂的；消耗精气，累及终身的危害才算大。只要是好处就归功于茶，获得坏处却不去追究茶叶的责任，难道不是福近容易知道，祸远却难以看到。"煚活着的时候十分贤明，却因为热疾而暴病身亡。

原文

《苕溪渔隐丛话》：义兴贡茶非旧也。李栖筠典是邦，僧有献佳茗，陆羽以为冠于他境，可荐于上。栖筠从之，始进万两。

注释

（略）

译文

《苕溪渔隐丛话》记载：义兴的贡茶并不是过去就有的。李栖筠在此当官时候，有和尚进献上好的茶叶，陆羽认为这种茶叶比其他地方的品种要好，可以作为贡品献给皇上。李栖筠采纳了他的说法，才开始进贡万两贡茶。

原文

《合璧事类》：唐肃宗赐张志和奴婢各一人，志和配为夫妇，号渔童、樵青。渔童捧钓收纶，芦中鼓枻；樵青苏兰薪桂，竹里煎茶。

注释

（略）

译文

《合璧事类》记载：唐肃宗赐给张志和一个奴一个婢，志和将他们结为夫妇，称为渔童、樵青。渔童负责整理渔具，芦中划船；樵青主要负责砍柴伐薪，竹林中煎茶。

原文

《万花谷》：《顾渚山茶记》云："山有鸟如鸲鹆而小，苍黄色，每至

正二月作声云'春起也',至三四月作声云'春去也'。采茶人呼为报春鸟。"

注释

(略)

译文

《万花谷》载:《顾渚山茶记》中说:"山中有像鸲鹆一样的苍黄色的小鸟但比鸲鹆要小,每到正二月发出'春起也'的叫声,到三四月的时候发出'春去也'的叫声。采茶人把它叫做报春鸟。"

原文

董逌[1]《陆羽点茶图跋》:竟陵大师积公嗜茶久,非渐儿煎烹不向口。羽出游江湖四五载,师绝于茶味。代宗召师入内供奉,命宫人善茶者烹以饷,师一啜而罢。帝疑其诈,令人私访,得羽召入。翌日,赐师斋,密令羽煎茗遗之,师捧瓯喜动颜色,且赏且啜,一举而尽。上使问之,师曰:"此茶有似渐儿所为者。"帝由是叹师知茶,出羽见之。

注释

①董逌:字彦远,东平(今山东省东平县)人。著有《广川画跋》全书6卷,共收题跋134篇,《唐武帝仙乐图》,又称《醉僧图》《广川书跋》等作品。

译文

董逌《陆羽点茶图跋》:竟陵大师积公虽然喜欢喝茶已经很久了,但是不是陆羽煎的茶他尝都不尝。在陆羽出游五湖四海的四五年中,大师拒绝喝茶。代宗把大师请进大内伺候,让宫里善于煮茶的人烹煮好茶给他尝试,竟陵大师喝一口就不喝了，皇上怀疑他有诈，让人私自去寻访，将陆羽请进宫中。第二天，暗中命令将陆羽所煎制的茶水给他，大师捧着茶瓯喜形于色，一边欣赏一边喝，一下子就喝光了。皇上让人去问他，大师说："这茶好像是陆羽所泡的啊。"皇上于是赞叹大师对茶有研究，让陆羽出来和他相见。

原文

《蛮瓯志》：白乐天方斋，刘禹锡正病酒，乃以菊苗齑①、芦菔鲊馈乐天，换取六斑茶以醒酒。

《诗话》：皮光业字文通，最耽茗饮。中表请尝新柑，筵具甚丰，簪绂丛集。才至，未顾尊罍，而呼茶甚急，径进一巨觥，题诗曰："未见甘心氏，先迎苦口师。"众嘘云："此师固清高，难以疗饥也。"

《太平清话》：卢仝自号癖王，陆龟蒙自号怪魁。

注释

①齑：酱。

译文

《蛮瓯志》记载：白乐天到的时候，刘禹锡还在酒醉之中，于是用菊苗酱、芦菔干送给白乐天，以换取六斑茶叶来醒酒。

《诗话》：皮光业字文通，最喜欢喝茶。中表请他品尝新鲜的柑橘，筵席很丰盛，到了很多有身份的人。文通一到，不看酒杯就大声叫茶，于是主人就抬进来一个很大的茶杯，题诗说："未见甘心氏，先迎苦口师。"众人都说："此师固清高，难以疗饥也。"

《太平清话》：卢仝自己号称为癖王，陆龟蒙自己号称为怪魁。

原文

《潜确类书》：唐钱起，字仲文，与赵莒为茶宴，又尝过长孙宅，与朗上人作茶会，俱①有诗纪事。

注释

①俱：都。

译文

《潜确类书》：唐钱起字仲文，跟赵莒一起举行茶宴，曾经到长孙家，又跟朗上人一起举行茶会，这些事情都有诗记载的。

原文

《湘烟录》：闵康侯曰："羽著《茶经》，为李季卿所慢，更著《毁茶论》。其名疾，字季疵者，言为季所疵也。事详传①中。"

《吴兴掌故录》：长兴啄木岭，唐时吴兴、昆陵二太守造茶修贡，会宴于此。上有境会亭，故白居易有《夜闻贾常州崔湖州茶山境会欢宴》诗。

注释

①传：传记。

译文

《湘烟录》：闵康侯说："陆羽著作《茶经》，但被李季卿所看不起，所以著有《毁茶论》。他名疾，字季疵，就是说为季所疵。此事详细记在他的传记里面。"

《吴兴掌故录》记载：长兴的啄木岭，唐朝时候吴兴、昆陵两太守造茶修贡于此，曾经在这里举行宴会。上面有个境会亭，所以白居易有《夜闻贾常州崔湖州茶山境会欢宴》诗。

原文

包衡《清赏录》:唐文宗谓左右曰:“若不甲夜①视事,乙夜②书,何以为君?”尝召学士于内庭,论讲经史,较量文章,宫人以下侍茶汤饮馔。

《名胜志》:唐陆羽宅在上饶县东五里。羽本竟陵人,初隐吴兴苕溪,自号桑苎翁,后寓新城时,又号东冈子。刺史姚骥尝诣其宅,凿沼为溟渤之状,积石为嵩华之形。后隐士沈洪乔葺而居之。

注释

①甲夜:上半夜。

②乙夜:下半夜。

译文

包衡《清赏录》:唐文宗对旁边的人说:“如果不在上半夜处理事情,下半夜看书,怎么可以为君王呢?”曾经招学士在内庭,谈论经史,比试文章,宫里的下人服侍他们喝茶吃饭。

《名胜志》记载:唐朝陆羽的房子在上饶县东面五里左右的地方。陆羽本来是竟陵人,开始隐居在吴兴苕溪,自称为桑苎翁;后来住在新城时,又号称为东冈子。刺史姚骥曾经看过他的宅子,内有人工开凿的湖,垒石而成的假山。后来隐士沈洪乔修葺之后居住在里面。

原文

《饶州志》:陆羽茶灶在余干县冠山石峰。羽尝品越溪水为天下第二,故思居禅寺,凿石为灶,汲泉煮茶。曰丹炉,晋张氲作,大德时总管常福生,从方士搜炉下,得药二粒,盛以金盒,及归①开视,失之。

《续博物志》:物有异体而相制者,翡翠屑金,人气粉犀,北人以针

敲冰，南人以线解茶。

注释

①及归：回到家。

译文

《饶州志》记载：陆羽的茶灶做在余干县冠山的石峰上。陆羽品尝了越溪的水之后评为天下第二，所以想居住在禅寺里面，将石头凿成灶，汇集泉水煮茶。有一个炉子被称为丹炉，是晋朝时期的张氲制作的，元朝大德时期的总管常福生，跟从方士搜寻该炉，得到了两粒丹药，盛放在金盒子里面。回家再打开来看的时候，已经不见了。

《续博物志》记载：不同的物体之间可以相互制约，翡翠可以屑金，人气可以粉犀，北方的人用针来敲冰，南方的人用线将茶叶分解开。

原文

《太平山川记》：茶叶寮，五代时于履居之。

《类林》：五代时，鲁公和凝，字成绩，在朝率同列，递日①以茶相饮，味劣者有罚，号为汤社。

注释

①递日：整天，每天。

译文

《太平山川记》：茶叶寮，五代时期的于履居住在里面。

《类林》：五代时候，鲁公和凝，字成绩，在朝中率领同僚，整天喝茶，味道不好的要处罚，被称为汤社。

原文

《浪楼杂记》:天成四年,度支奏,朝臣乞假省觐者,欲量赐茶药,文班自左右常侍至侍郎,宜各赐蜀茶三斤,蜡面茶二斤,武班官各有差①。

注释

①差:差别,区别,不同的情况。

译文

《浪楼杂记》:天成四年,宫中开排支出的奏章中说,朝臣请假省亲的,要适当地赐给茶药,文官从左右常侍到侍郎,每个人赏赐蜀茶三斤,蜡面茶叶两斤,武官根据不同的情况赐给茶药。

原文

马令《南唐书》:丰城毛炳好学,家贫不能自给,入庐山与诸生留讲,获镪①即市酒尽醉。时彭会好茶,而炳好酒,时人为之语曰:"彭生作赋茶三片,毛氏传诗酒半升。"

注释

①镪(qiǎng):钱串,引申为成串的钱。后多指银子或银锭。

译文

马令《南唐书》:丰城的毛炳喜欢学习,家里贫穷不能养活自己,就到庐山教书,获得钱财就到市集上去买酒喝,直到醉了。那时的彭会喜欢茶而毛炳喜欢酒,所以人们说:“彭生作赋茶三片,毛氏传诗酒半升。”

原文

《十国春秋·楚王马殷世家》:开平二年六月,判官高郁请听民售茶,北客收其征以赡军,从之。秋七月,王奏运茶河之南北,以易缯纩①、战马,仍岁贡茶二十五万斤,诏可。由是属内民得自摘山造茶而收其算,岁入万计。高另置邸阁居茗,号曰八床主人。

注释

①缯纩:缯(zēng),古代对丝织品的总称。缯纩,丝织品和丝绵的合称。纩(kuàng),絮衣服的新丝绵。

译文

《十国春秋·楚王马殷世家》:开平二年六月,判官高郁请求让老百姓买卖茶叶,对北方商人收税以补给军队,这个意见被采纳。七月的时候,王奏请在南北之间通过水路运送茶叶,来换取丝绸、战马。每年进贡茶叶25万斤,皇上准许。从此以后管辖之内的百姓到山里造茶叶,按照他们的收入来征税,每年收入以万计。高郁还另建房屋放茶,称为八床主人。

原文

《荆南列传》:文了,吴僧也,雅善烹茗,擅绝一时。武信王时来游荆南,延住紫云禅院,日试其艺,王大加欣赏,呼为汤神,奏授华亭水

大师。人皆目为乳妖。

《谈苑》:茶之精者北苑,名白乳头。江左有金蜡面。李氏别命取其乳作片,或号曰"京挺"、"的乳"二十余品。又有研膏茶,即龙品也。

注释

(略)

译文

《荆南列传》中载:吴国有个和尚叫文了,有烹煮茶叶的雅致,可以称为一时之绝。武信王荆南来游玩的时候,暂时住在紫云禅院,每天看他的茶艺,武信王大加赞赏,把他称为汤神,奏请将他授封为华亭水大师。别人都把他看成乳妖。

《谈苑》中载:茶叶最好的产自北苑,名字叫做白乳头。江左有茶叶名叫金蜡面。李氏命人取它的乳芽制作成茶片,称为"京挺""的乳"等二十多个品种。还有研膏茶,就是所谓的龙品。

原文

释文莹[1]《玉壶清话》:黄夷简雅有诗名,在钱忠懿王俶幕中,陪樽俎二十年。开宝初,太宜赐俶"开吴镇越崇文耀武功臣制诰"。俶遣夷简入谢于朝,归而称疾,于安溪别业保身潜遁。著《山居》诗,有"宿雨一番蔬甲嫩,春山几焙茗旗香"之句。雅喜治宅,咸平中,归朝为光禄寺少卿,后以寿终焉。

注释

①释文莹：字道温，一字如晦，钱塘（今浙江杭州）人，尝居西湖之菩提寺。著有《湘山野录》《玉壶野史》《玉壶清话自序》《郧溪集》《文莹师诗集序》《忠肃集》等作品。

译文

释文莹《玉壶清话》：黄夷简有很雅致的诗名，在钱忠懿王俶府中，做幕僚20年。开宝年初，太祖赐工作为"开吴镇越崇文耀武功臣制诰"。王俶派夷简到朝上去谢恩，回来之后就患病了，到安溪隐居修养身心。著有《山居》诗，有"宿雨一番蔬甲嫩，春山几焙茗旗香"这样的句子。因为他喜欢治办住宅，在咸平年间，回到朝中被封为光禄寺少卿，后来寿终年。

原文

《五杂组》：建人喜斗茶，故称茗战。钱氏子弟取霅上瓜，各言其中子之的数①，剖之以观胜负，谓之瓜战。然茗犹堪战，瓜则俗矣。

注释

①数：数目。

译文

《五杂组》载：建人喜欢斗茶，因此称为茗战。姓钱的子弟摘取蔓上的瓜，各自说出其中瓜子的数目，剖开之后来分辨胜负，所以被称为瓜战。然而茗可以战，瓜就显得有些俗气了。

原文

《潜确类书》:伪闽甘露堂前,有茶树两株,郁茂[1]婆娑,宫人呼为清人树。每春初,嫔嫱戏于其下,采摘新芽,于堂中设倾筐会。

《宋史》:"绍兴四年初,命四川宣抚司支茶博焉。""旧赐大臣茶有龙凤饰,明德太后曰:'此岂人臣可得。'命有司别制入香京挺以赐之。"

《宋史·职官志》:茶库掌茶,江、浙、荆、湖、建、剑、茶茗,以给翰林诸司赏赉出鬻。

《宋史·钱俶传》:太平兴国三年,宴俶长春殿,令刘铱、李煜预坐。俶贡茶十万斤,建茶万斤,及银绢等物。

注释

①郁茂:茂盛。

译文

《潜确类书》载:在伪闽王宫甘露堂的前面,有两棵茶树。茂盛婆娑,宫里的人把它叫做清人树。每年初春的时候,宫中的嫔妃都在它们的下面嬉戏,采摘新生长出来的茶芽,到屋子里面开设倾筐会。

《宋史》载:"绍兴四年初,让四川的宣抚司拿出了很多茶叶。""以前封赐给大臣的茶叶上面有龙凤的装饰,明德太后说:'这种茶叶哪是身为人臣可以得到的呢?'命令有司另外制作叫京挺的茶送进宫中以赐给大臣们。"

《宋史·职官志》载:茶库是负责管理茶的,江、浙、荆、湖、建、剑茶茗以便赏赐给诸位翰林。

《宋史·钱俶传》:太平兴国三年,皇上在长春殿设宴款待钱俶,命刘铱、李煜陪坐。钱俶进献贡茶十万斤,建茶万斤,以及银钱布匹等东西。

原文

《甲申杂记》:仁宗朝,春试进士集英殿,后妃御太清楼观之。慈圣光献出饼角以赐进士,出七宝茶以赐考官。《玉海》:宋仁宗天圣三年,幸南御庄观刈麦①,遂幸玉津园,宴群臣,闻民舍机杼,赐织妇茶彩。

注释

①刈麦:割麦。

译文

《甲申杂记》:仁宗年间,春试的时候进士聚集在大殿之上,后宫嫔妃们在楼上观看。太后拿出饼角来赏赐进士,拿七宝茶来赏赐考官。

《玉海》:宋仁宗天圣三年,皇上到南御庄视察割麦,随后到了玉津园。摆宴款待群臣,老百姓听说后放下手中的活计出来观看,皇上赏赐茶叶给织布的妇女们。

原文

陶谷①《清异录》:"有得建州茶膏,取作耐重儿八枚,胶以金缕,献于闽王曦,遇通文之祸,为内侍所盗,转遗贵人。""符昭远不喜茶,尝为同列御史会茶,叹曰:'此物面目严冷,了无和美之态,可谓冷面草也。'""孙樵《送茶与

国学经典

茶经

焦刑部书》云:'晚甘侯十五人遣侍斋阁。此徒皆乘雷而摘,拜水而和,盖建阳舟山碧水之乡,月涧云龛之品,慎勿贱用之。'""汤悦有《森伯颂》,盖名茶也。方饮而森然严乎齿牙,既久,而四肢森然,二义一名,非熟乎汤瓯境界者谁能目之。""吴僧梵川,誓愿燃顶供养双林。传大士自往蒙顶山上结庵种茶,凡三年,味方全美。得绝佳者曰'圣杨花''吉祥蕊',共不逾五斤,持归供献。""宣城何子华邀客于剖金堂,酒半,出嘉阳严峻所画陆羽像悬之,子华因言:'前代惑骏逸者为马癖,泥贯索者为钱癖,爱子者有誉儿癖,耽书者有《左传》癖,若此叟溺于茗事,何以名其癖?'杨粹仲曰:'茶虽珍,未离草也,宜追目陆氏为甘草癖。'一座称佳。"

注释

①陶谷(公元903~970年):五代至北宋人,字秀实,邠州新平(今陕西邠县)人。本姓唐,避后晋高祖石敬瑭讳而改姓陶。祖唐彦谦,历任慈、绛、澧三州刺史,有诗名,自号鹿门先生。善于隶书。著有《清异录》等。

译文

陶谷《清异录》:"有得到建州茶膏的人,取来做成八枚小块,把金丝贴在上面,献给闽王鏻,后来发生通文之祸,被内侍偷走,转送给贵人。""符昭远不喜欢喝茶,御史们举行茶会,他说:'这种东西面目最为冷峻,看起来没有一点儿和美之意,可以称为冷面草了。'""孙樵在《送茶与焦刑部书》中说:'晚上甘侯15人派到侍斋阁。这些茶叶都是乘着雷去采来的,水才能使它和美。建阳是舟山碧水的地方,月涧云龛的品种,千万不要将它贱用。'""汤悦著作有《森伯颂》,讲的都是名茶,刚饮时觉得口中森严,时间长了之后四肢觉得很清爽,一种茶有两种感觉,如果不是熟悉汤瓯的人谁能够分辨得出来呢?""吴地的和尚梵川,发誓要在蒙山顶种茶树。让大士往蒙顶盖庵房,种茶树3年,才开始散发出非常美好的味道。得到最好的,被称为'圣杨花''吉祥蕊',总共不超过5斤,拿回来进献。""宣城何子华邀请客人到剖金堂,酒喝到一半的时候,拿出嘉阳岩峻所画的陆羽像挂起来,子华因此说:'前代爱好马的叫马癖,喜欢泥贯索的叫钱癖,喜爱儿子的叫誉儿癖,爱书的人有《左传》癖,像这个人沉溺于茗事,那应该叫什么癖呢?'杨粹仲说:'茶叶虽然珍贵,但是仍然离不开草木的本质,应该将陆羽追奉为甘草癖。'满座的人都认为很好。"

原文

《类苑》:"学士陶谷得党太尉家姬,取雪水烹团茶以饮,谓姬曰:'党家应不识此'?姬曰:'彼粗人安得有此,但能于销金帐中浅斟低唱,饮羊膏儿酒耳。'陶深愧其言。""胡峤《飞龙涧饮茶》诗云:'沾牙旧姓余甘氏,破睡当封不夜侯。'陶谷爱其新奇,令犹子彝和之。彝应声云:'生凉好唤鸡苏佛,回味宜称橄榄仙。'彝时年十二,亦文词之有基址者也。"

注释

(略)

译文

《类苑》:"学士陶谷得到了党太尉家的家姬,拿来雪水烹煮团茶喝,对姬说,'党家应该不认识这个东西。'姬说:'他们都是粗人怎么会有这些东西呢?只能在销金帐中浅斟低唱,喝羊膏酒罢了。'陶谷为自己的话感到深深的愧疚。""胡峤在《飞龙涧饮茶》诗说:'沾牙旧姓余甘氏,破睡当封不夜侯。'陶谷喜爱这新奇的诗句,让侄子彝来对诗,彝应声说:'生凉好唤鸡苏佛,回味宜称橄榄仙。'彝那时候12岁,文辞已有了一定的基础。"

原文

《延福宫曲宴记》:宣和二年十二月癸巳,召宰执亲王学士曲宴于延福宫,命近侍取茶具,亲手注汤击拂。少顷,白乳①浮盏面,如疏星淡月,顾诸臣曰:"此自烹茶。"饮毕。皆顿首谢。

注释

①白乳:白色的泡沫。

译文

《延福宫曲宴记》:宣和二年十二月癸巳,皇上召集宰相、执事、亲王、学士到延福宫里参加宴席,命令身边的侍从取来茶具,皇上亲手泡茶,过了一会儿,杯子上面浮现出了乳白色的泡沫,像流星淡月一样。皇上回头对大臣们说:“这是自己煮的茶。”喝完之后。大臣们都点头谢恩。

原文

《宋朝纪事》:洪迈[1]选成《唐诗万首绝句》,表进,寿皇宣谕:“阁学选择甚精,备见博洽,赐茶一百铐,清馥香一十贴,薰香二十贴,金器一百两。”

注释

①洪迈(公元1123~1202年):南宋饶州鄱阳(今江西省上饶市鄱阳县)人,字景卢,号容斋,洪皓第三子。南宋著名文学家。学识渊博,著书极多,著有《野处类稿》《夷坚志》《万首唐人绝句》《容斋随笔》等,都是流传至今的名作。

译文

《宋朝纪事》:洪迈选编的《唐诗万首绝句》,上朝进献,寿皇称赞他:“阁学选择的很精练,评点广博恰当,赏赐茶叶一百铐,清馥香十帖,薰香二十帖,金器一百两。”

原 文

《乾淳岁时纪》：仲春上旬，福建漕司进第一纲茶，名“北苑试新”，方寸小銙，进御止百銙，护以黄罗软盝[①]，借以青箬，裹以黄罗，夹复臣封朱印，外用朱漆小匣镀金锁，又以细竹丝织笈贮之，凡数重。此乃雀舌水芽，所造一銙之值四十万，仅可供数瓯之啜尔。或以一二赐外邸，则以生线分解转遗，好事以为奇玩。

注 释

①软盝（lù）：盝，古代小型妆具。常多重套装，顶盖与盝体相连，呈方形，盖顶四周下斜，多用作藏香器或盛放玺、印、珠宝。软盝，柔软的盒子。

译 文

《乾淳岁时纪》：在仲春上旬，福建漕运司进献第一批茶，名字叫做“北苑试新”，方寸大小的銙，进贡给皇上的也只有百銙，把它们放在黄罗里面，盖上青色的竹叶，再在外面裹上黄罗，再盖上大红封印，用红漆小盒子装上，再加一把镀金锁，用细竹丝织的箱子储存，一般都要经过这些步骤。这就是所说的雀舌水芽，最早出来的一銙能值四十万，却只能喝几瓯而已。皇上也只偶尔赏赐一点给外面的官员，而且要用生线将茶分开来送，好事的人认为是奇特的玩意。

原 文

《南渡典仪》：车驾幸学，讲书官讲讫[①]，御药传旨宣坐赐茶。凡驾出，仪卫有茶酒班殿侍两行，各三十一人。

注释

①讫(qì):完结,终了。

译文

《南渡典仪》:皇上亲临学堂时,在讲学官讲完了之后,御药传圣旨让讲学官坐下并赐茶。只要圣驾出巡,司仪卫队中就有茶酒班的殿侍分侍在两旁,各有三十一个人。

原文

《司马光日记》:初除学士待诏李尧卿宣召称:"有敕。"口宣毕,再拜,升阶,与待诏坐,啜茶。盖①中朝旧典也。

注释

①盖:都是,全是。

译文

《司马光日记》:开始学士待诏李尧卿宣诏:"有敕。"宣召完毕,再拜,走上台阶。与待诏坐在一起,喝茶。这些都是中朝的旧典了。

原文

欧阳修《龙茶录后序》:皇祐中,修《起居注》,奏事仁宗皇帝,屡承天问,以建安贡茶并所以试茶之状谕臣,论茶之舛谬①。臣追念先帝顾遇之恩,览本流涕,辄加正定,书之于石。以永其传。

注释

①舛谬：舛读作chuǎn，错误，错乱。谬读作miù，错误的，不合情理的。舛谬，谬误。

译文

欧阳修《龙茶录后序》记载：皇祐年间，编撰《起居注》，向仁宗皇帝启奏事情的时候。多次被皇上询问，皇上还告诉我建安贡茶及为什么试茶的原因，论及有关茶叶的谬误。我想起先帝知遇之恩，看了批阅后的文本感激落泪，于是加以更正，将它刻在石头上。以便能够永远流传下去。

原文

《随手杂录》："子瞻在杭时，一日中使至，密谓子瞻曰：'某出京师辞官家，官家曰：辞了娘娘来。某辞太后殿，复到官家处，引某至一柜子旁，出此一角密语曰：赐与苏轼，不得令人知。遂出所赐，乃茶一斤，封题皆御笔。'子赡具札，附进称谢。""潘中散适为处州守，一日作醮，其茶百二十盏皆乳花，内一盏如墨，诘之，则酌酒人误酌茶中。潘焚香再拜谢过，即成乳花，僚吏皆惊叹。"

注释

（略）

译文

《随手杂录》载："子瞻在杭州的时候，有一天中使来到这里，悄悄对他说：'我到京师向皇上辞行的时候，皇上说，辞了娘娘再来。于是我辞别了太后，再来到皇上那里，皇上把我拉到一个柜子的旁边，拿给我一件东西悄悄说：将这个赏赐给苏轼，不能让别的人知道。于是拿出所赏赐的东西，原来是1斤茶叶，上面封题都是御笔。'苏轼写了一封信，交附中使向皇上道谢。""潘中散当处州守的时候，一天做祭礼，120杯茶里都是白色的水花，中间有1杯是黑色的，责问下人，原来是倒酒的人把酒倒入了茶里面。潘中散焚香再拜谢过，茶水就成了白色的水花，手下的人都非常惊叹。"

原文

《石林燕语》故事：建州岁贡大龙凤、团茶各二斤，以八饼为斤。仁宗时，蔡君谟知建州，始别择茶之精者为小龙团，十斤以献，斤为十饼。仁宗以非故事，命劾之，大臣为请，因留而免劾，然自是遂为岁额。熙宁中，贾清为福建运使，又取小团之精者为密云龙，以二十饼为斤，而双袋谓之双角团茶。大小团袋皆用绯[①]，通以为赐也。密云龙独用黄盖，专以奉玉食。其后又有瑞云翔龙者。宣和后，团茶不复贵，皆以为赐，亦不复如向日之精。后取其精者为銙茶，岁赐者不同，不可胜纪矣。

注释

①绯(fēi)：红色，深红色。

译文

《石林燕语》载：以前，每年建州进贡大龙凤、团茶各两斤，八块为一斤。仁宗的时候，蔡君谟任建州知府，开始采摘茶叶之中的精品，制造成小龙团，十斤进献，十块为一斤。仁宗认为有违惯例，要处罚，大臣们为他求情。因此才留下来免予处罚，然而从那以后小龙团就变成每年进贡的物品。熙宁年间，贾清任福建转运使，又挑出小团之中上好的制作成密云龙，用二十块为一斤，分为双袋，被称为双角团茶。大小团袋都用绯红色的，可以作为赏赐的物品。密云龙只用黄色的盖子，专门用它来供奉给皇上食用。后来又有被称为瑞云翔龙的品种。宣和年间之后，团茶不再那么贵重，都用它来作为赠送的物品。也没有以前那么精致。后来将团茶好的挑选出来制成铸茶,每年赏赐的人不一样,简直没有办法记录了。

原文

《春渚记闻》:东坡先生一日与鲁直、文潜诸人会,饭既,食骨鎚儿血羹[1]。客有须薄茶者,因就取所碾龙团遍啜座客。或曰:"使龙茶能言,当须称屈。"

注释

①血羹:用禽、畜的血做成的羹。

译文

《春渚记闻》:东坡先生有一天与鲁直、文潜等人相约会面,吃完饭后,再吃骨头的血羹。有客人说需要喝薄茶才行,于是就取出碾细的龙团茶分给在座的宾客饮用。有人说:"要是龙团能说话,必定要叫屈。"

原文

魏了翁[1]《先茶记》:眉山李君铿,为临邛茶官,吏以故事,三日谒先茶。君诘其故,则曰:"是韩氏而王号,相传为然,实未尝请命于朝也。"君曰:"饮食皆有先,而况茶之为利,不惟民生食用之所资,亦马政、边防之攸赖。是之弗图,非忘本乎!"于是撤旧祠而增广焉,且请于郡,上神之功状于朝,宣赐荣号,以侈神赐。而驰书于靖,命记成役。

注释

①魏了翁(公元 1178~1237 年):字华父,号鹤山,蜀地邛州蒲江(今属四

川)人。南宋哲学家,蜀学集大成者,工书法,尤善篆书、行书。曾为礼部尚书、端明殿学士,追赠太师,谥文靖。魏了翁是一座丰碑。我们研究他留给我们的壮美、博大又渊深的宝贵财富,以弘扬灿烂辉煌的中华民族的传统文化。他的高贵品格和伟大精神,值得我们崇尚。

译文

魏了翁《先茶记》:眉山的李君铿任临邛的茶官的时候,官吏说按规矩,新茶3天内必须先进献朝廷。李君铿问他原因,他说:“韩氏为王时传下来的一贯做法,但实际还没有请命于朝廷。”李君铿说:“饮食都有先后,何况茶叶这种东西,不只是百姓衣食所依靠,就是马政、边防对它都有依赖。这些不顾,难道不是忘本吗?”于是拆掉以前的祠堂再加大,而且将郡上神灵的功劳奏请到朝廷,希望能够赏赐一个名号,以此来告慰神灵。于是就把这件事情记下来了,写成了这篇文章。

原文

《拊掌录》:宋自崇宁后复榷茶,法制日严。私贩者固已抵罪,而商贾官券清纳有限,道路有程。纤悉不如令,则被击断,或没货出告。昏愚者往往不免。其侪[1]乃目茶笼为草大虫,言伤人如虎也。

注释

①侪(chái):辈,同类的人们。

译文

《拊掌录》中载:宋朝从崇宁年间之后开始专营茶叶,管理的法律非常严格。私自贩运茶叶的人虽然已经抓捕认罪,而官府对商贾的管理是有限的,道路遥远不好管理。但是如果有知道而不遵从法令的,就会被截下,将货物没收并出示布告。昏愚的人往往免不了遭殃。他们的同类把茶全部称为草大虫,意思是说伤人如虎。

原 文

《苕溪渔隐丛话》:欧公《和刘原父扬州时会堂绝句》云:"积雪犹封蒙顶树,惊雷未发建溪春。中州地暖萌芽早,入贡宜先百物新。"(时会堂即造贡茶所也。)余以陆羽《茶经》考之,不言扬州出茶,惟毛文锡《茶谱》云:"扬州禅智寺,隋之故宫,寺傍蜀冈[①],其茶甘香,味如蒙顶焉。"第不知入贡之因,起何时也。

注 释

①蜀冈:山冈。

译 文

《苕溪渔隐丛话》:欧公在《和刘原父扬州时会堂绝句》中说,"积雪犹封蒙顶树,惊雷未发建溪春。中州地暖萌芽早,入贡宜先百物新。"(原注说:"当时的会堂,是制造贡茶的地方。")我用陆羽的《茶经》来考证,没有说过扬州出产茶叶,只有毛文锡在《茶谱》里面说:"扬州的禅智寺,是隋朝的故宫,寺庙依傍着山冈,茶味甘甜清香,跟蒙顶的味道一样。"但是就是不知道入贡的起因并且是从什么时候开始的。

原 文

《卢溪诗话》:双井老人以青沙蜡纸裹细茶寄人,不过二两。

《青琐诗话》:大丞相李公昉尝言,唐时目外镇为粗官,有学士贻[①]

外镇茶，有诗谢云："粗官乞与真虚掷，赖有诗情合得尝。"（外镇即薛能也。）

注释

①贻：送。

译文

《卢溪诗话》：双井老人将细茶包裹在青沙蜡纸里面寄给别人，也不超过二两。

《青琐诗话》：大丞相李公昉曾经说过，唐朝的时候别人把外镇看成是粗官，经常有学士赠送茶叶给外镇，因此有诗回谢说："粗官乞与真虚掷，赖有诗情合得尝。"（原注：外镇就是薛能。）

原文

《玉堂杂记》：淳熙丁酉十一月壬寅，必大轮当内直，上[1]曰："卿想不甚饮，比赐宴时，见卿面赤。赐小春茶二十镑，叶世英墨五团，以代赐酒。"

注释

①上：皇上。

译文

《玉堂杂记》：淳熙丁酉年十一月壬寅，必大轮在大内值班，皇上说："你应该是不太会喝酒，赏赐宴席的时候，我看见你面色赤红。赏赐你小春茶二十铐，叶世英墨五团，用它们来代替酒。"

原文

陈师道《后山丛谈》："张忠定公令崇阳，民以茶为业。公曰：'茶利厚，官将取之，不若早自异也。'命拔茶而植桑，民以为苦。其后榷茶，他县皆失业，而崇阳之桑皆已成，其为绢而北者，岁百万匹矣。""文正李公既薨①，夫人诞日，宋宣献公时为侍从。公与其僚二十余人诣第上寿，拜于帘下，宣献前曰：'太夫人不饮，以茶为寿。'探怀出之，注汤以献，复拜而去。"

注释

①薨(hōng)：古代称诸侯或有爵位的大官死去。

译文

陈师道《后山丛谈》："张忠定公任崇阳县令的时候，老百姓以种茶为职业。张忠公说：'茶叶的利润很丰厚，官府将要收取，不如早点改种其他的东西。'于是下令拔掉茶叶种植桑树，老百姓认为深受其苦。后来治理茶叶的时候，其他地方的百姓都失业了，而崇阳的桑已经制成了绢卖到了北方，每年上万匹。""李文正去世以后，夫人过生日，宋宣献公那时是侍从。他与自己的同僚二十多个人一起去为她祝寿，在帘外跪拜，宣献上前说：'太夫人不喝酒，现在我就用茶为您祝寿。'从怀里面拿出茶来，冲水献上，再拜辞而去。"

原文

张芸叟《画墁录》:“有唐茶品,以阳羡为上供,建溪、北苑未著也。贞元中,常衮为建州刺史,始蒸焙而研之,谓研膏茶。其后稍为饼样,而穴其中,故谓之一串。陆羽所烹,惟是草茗尔。迨本朝建溪独盛,采焙制作,前世所未有也,士大夫珍尚鉴别,亦过古先。丁晋公为福建转运使,始制为凤团,后为龙团,贡不过四十饼,专拟上供,即近臣之家,徒闻之而未尝见也。天圣中,又为小团,其品迥嘉于大团。赐两府,然止于一斤,惟上大斋宿两府,八人共赐小团一饼,缕之以金。八人析归,以侈非常之赐,亲知瞻玩,赓唱以诗,故欧阳永叔有《龙茶小录》。或以大团赐者,辄封方寸,以供佛、供仙、奉家庙,已而奉亲并待客享子弟之用。熙宁末,神宗有旨,建州制密云龙,其品又加于小团。自密云龙出,则二团少粗,以不能两好也。予元祐中详定殿试,是年分为制举考第,各蒙赐三饼,然亲知分遗,殆将不胜。”“熙宁中,苏子容使北,姚麟为副,曰:‘盍载些小团茶乎?’子容曰:‘此乃供上之物,畴敢[1]与北人。’未几有贵公子使北,广贮团茶以往,自尔北人非团茶不纳也,非小团不贵也。彼以二团易蕃罗一匹,此以一罗酬四团,少不满意,即形言语。近有贵貂守边,以大团为常供,密云龙为好茶云。”

注释

①畴敢:这里作怎敢之意。

译文

张芸叟《画墁录》："唐朝的茶叶之中，以阳羡的最好，建溪、北苑的茶叶还不怎么著名。贞元年间，常衮任建州刺史的时候，才开始蒸焙碾细它，被称为研膏茶。后来做成饼的样子，而在中间穿上洞，所以称为一串。陆羽所烹煮的，只不过是草茗。到了本朝建溪时期才开始变得兴盛起来，采摘烘焙制作，是以前所没有见过的，士大夫珍惜茶，关注鉴别茶的好坏，也是从前没有过的。丁晋公任福建转运使的时候，才开始制造凤团，后来是龙团，每年贡品也只有四十块，专门用来上贡，就是附近当官的人家，也只是听说而没有见过。天圣年间又制造了小团，这个品种比大团更好。赏赐给两府的，也只有一斤，只有皇上大斋宿两府，八个人才总共赏赐小团一块，在上面用金丝装饰起来。八个人分开拿回去，认为这是非常珍贵的赏赐，把它看成是很珍稀的观赏物品，用诗歌来赞美它，所以欧阳修有《龙茶小小录》。有的赏赐的是大团，也只是割取一点用来供佛、供仙、供奉家庙，然后用来招待亲友、客人和赏给自己的后人用。熙宁末年，神宗有旨，建州制造密云龙，它的品质又比小团更好。自从白色的密云龙出来之后，两团就显得有点粗糙了，因为不能做到两种都好。我在元祐年间制定殿试，那一年分为制举考第，各自蒙皇上赏赐得到三块茶饼，然而分送给亲知都不够。""熙宁年间，苏子容出使北方的时候，姚麟为副手，姚麟说：'你带了小团茶叶吗？'子容说：'这是进贡给皇上的物品，怎么敢赠送给北方的人呢？'过了不久有贵公子出使到北方，大量进购团茶带去。从此以后北方的人非团茶不收，不是小团茶就不觉得珍贵。他们用两团换一匹蕃马，而这里却一匹蕃马换四团，嫌少不满意，立即就翻脸吵起来。近来有贵貂驻守边关，大团为常用，说密云龙是好茶等。"

原文

《鹤林玉露》：岭南人以槟榔[①]代茶。彭城《黑客挥犀》："蔡君谟，议茶者莫敢对公发言，建茶所以名重天下，由公也。后公制小团，其品尤精于大团。一日，福唐蔡叶丞秘教召公啜小团，坐久，复有一客至，公啜而味之曰：'此非独小团，必有大团杂之。'丞惊，呼童诘之，对曰：'本碾造二人茶，继有一客至，造不及，即以大团兼之。'丞神服公

之明审。”“王荆公为学士时，尝访君谟，君谟闻公至，喜甚，自取绝品茶，亲涤器，烹点以待公，冀公称赏。公于夹袋中取消风散一撮，投茶瓯中，并食之。君谟失色，公徐曰：‘大好茶味’。君谟大笑，且叹公之真率也。”

注释

①槟榔：为棕榈科植物槟榔树的种子。

译文

《鹤林玉露》：岭南人经常用槟榔来代替茶叶。彭城写的《黑客挥犀》：“蔡君谟，议论茶的人在他的面前不敢说话，建茶之所以名满天下，都是因为他的缘故。后来他制造的小团，品质又比大团要好。有一天，福唐蔡叶丞秘密让人去叫他来喝小团，坐了很长时间，又有一位客人来了，蔡君谟喝了茶说：‘这里面不只有小团，一定还夹带有大团。’蔡叶丞立即把童子叫来责问，童子回答说：‘本来只碾造了两个人的茶叶。后来又来了一位客人，已经来不及再来制造了，于是就在里面掺杂了大团。’蔡叶丞为他的神明判断而折服不已。”“王荆公为学士的时候，曾经拜访过蔡君谟，蔡君谟听说他来了，非常高兴，自己取来上等的好茶，亲自洗干净器具，煮水泡茶来招待他，希望得到王荆公的称赞。荆公从夹袋里面取出一撮消风散，放进茶杯中，一起喝了下去。蔡君谟大惊失色，他却慢慢地说，‘茶叶的味道真好。’蔡君谟大笑，感叹王荆公实在是很坦率。”

原文

鲁应龙《闲窗括异志》：当湖德藏寺有水陆斋坛，往岁富民沈忠建每设斋，施主虔诚，则茶现瑞花①，故花俨然可睹，亦一异也。

注释

①瑞花：祥瑞的花纹。

译文

鲁应龙《闲窗括异志》：当湖德藏寺有水陆斋坛，以前的富民、沈忠建每次来这里设斋，施主虔诚，那么茶水就会呈现出祥瑞的花纹，而且里面的花仿佛能够看得见，这也是一种很奇怪的现象。

原文

周辉《清波杂记》：先人尝从张晋彦觅茶，张答以二小诗云："内家新赐密云龙，只到调元六七公。赖有山家供小草，犹堪诗老荐春风。""仇池诗里识焦坑，风味官焙可抗衡。钻余权幸亦及我，十辈遣前公试烹。"诗总得偶病，此诗俾其子代书，后误刊《于湖集》中。焦坑产庾岭[①]下，味苦硬，久方回甘。如"浮石已干霜后水，焦坑新试雨前茶"，东坡《南还回至章贡显圣寺》诗也。后屡得之，初非精品，特彼人自以为重，包裹钻权幸，亦岂能望建溪之胜？

注释

①庾岭（yǔ lǐng）：山名，即大庾岭，为五岭之一。在江西省大庾县南。岭上多植梅树，故又名梅岭。

译文

周辉《清波杂记》：我的先人曾经从张晋彦那里找茶叶，张晋彦用两首小诗来回答他："内家新赐密云龙，只到调元六七公。赖有山家供小草，犹堪诗老荐春风。""仇池诗里识焦坑，风味官焙可抗衡。钻余权幸亦及我，十辈遣前公试烹。”那时候张晋彦刚好病了，这首诗是让他的儿子代写的，后来误刊在《于湖集》里面。焦坑茶产于庾岭下面，味道苦硬，时间放长了味道才变得甘甜。就像是“浮石已干霜后水，焦坑新试雨前茶”，东坡《南还回至章贡显圣寺》诗中所说的一样。后来多次得到它，开始的时候并不是精品，但是那里的人都觉得很贵重，把它包裹起来专门送给有权势的人，那怎么能比建溪的好呢？

原文

《东京梦华录》：旧曹门街北山子茶坊内，有仙洞、仙桥，仕女往往夜游，吃茶于彼。

《五色线》：骑火茶，不在火前，不在火后故也。清明改火，故曰骑火茶。

《梦溪笔谈》：王东城素所厚惟杨大年。公有一茶囊，惟大年至，则取茶囊具茶，他客莫与[①]也。

注释

①与：指这种待遇。

译文

《东京梦华录》：旧曹门街北山子茶坊里面有仙洞、仙桥，仕女往往晚上到那里去喝茶游玩。

《五色线》记载：之所以被称为骑火茶，是因为它不在火前，也不在火后的缘故。清明时期能消除火气，所以称为骑火茶。

《梦溪笔谈》：王东城一向只对杨大年比较器重。他有一个茶囊，只有大年到来的时候，才把茶囊取出来泡茶，其他的客人是不可能享受这种待遇的。

原文

《华夷花木考》：宋二帝北狩，到一寺中，有二石金刚并拱手而立。神像高大，首触桁栋[①]，别无供器，止有石盂、香炉而已。有一胡僧出

入其中，僧揖坐问："何来？"帝以南来对。僧呼童子点茶以进，茶味甚香美。再欲索饮，胡僧与童子趋堂后而去。移时不出，入内求之，寂然空舍。惟竹林间有一小室，中有石刻胡僧像，并二童子侍立，视之俨然如献茶者。

注释

①桁栋：屋顶的横木。

译文

《华夷花木考》：宋二帝到北面去狩猎，来到一所寺庙的里面，有两个石制的金刚并排拱手站立在那里。神像十分高大，头部都快碰到了屋顶的横木，没有其他的贡器，只有石盂和香炉。有一个胡僧从里面出来，作揖问："你从哪里来呢？"皇上用从南面来回答他。和尚让童子泡茶，茶水的味道十分香美。想要再喝的时候，胡僧和童子往堂后去了。很长时间都没有出来，到里面去看，发现是一座空的房舍。山林之间只有一座很小的房子，里面有一个石头刻成的胡僧像，两个童子侍立在两旁，看起来就像献茶的人。

原文

马永卿《嬾真子录》：王元道尝言：陕西子仙姑，传云得道术，能不食，年约三十许，不知其实年也。陕西提刑阳翟李熙民逸老，正直刚毅人也，闻人所传甚异，乃往青平军自验之。既见道貌高古，不觉心服，因曰："欲献茶一杯可乎？"姑曰："不食茶久矣，今勉强一啜。"既食，少顷①垂两手出，玉雪如也。须臾，所食之茶从十指甲出，凝于地，色犹不变。逸老令就地刮取，且使尝之，香味如故，因大奇之。

注释

①少顷：不一会儿。

译文

马永卿《嬾真子录》：王元道曾经说，据说陕西的子仙姑，得到了法术，能够不吃东西，大约有30多岁，但是不知道她的实际年龄。陕西提刑阳翟李熙民逸老，是一位正直刚毅的人，听别人说得很奇异，于是亲自到青平军去查证。看到她道貌高古，不觉心里折服，因此说："我想献给你一杯茶可以吗？"仙姑说："很久没有喝茶了，今天暂且喝一口吧！"喝了之后，一会儿垂下两手，手指白如玉雪。过了一会，所喝的茶水都从10指之间流出，滴落在地上凝住了，颜色还没有改变。逸老让人就地刮起来，再尝试之后，觉得香味跟以前一样，因此觉得非常惊奇。

原文

《朱子文集·与志南上人书》：偶得安乐茶，分上廿[1]瓶。

《陆放翁集·同何元立蔡肩吾至丁东院汲泉煮茶》诗云：云芽近自峨眉得，不减红囊顾渚春。旋置风炉清樾下，他年奇事属三人。

《周必大集·送陆务观赴七闽提举常平茶事》诗云：暮年桑苎毁《茶经》，应为征行不到闽。今有云孙持使节，好因贡焙祀茶人。

注释

①廿(niàn)：二十。

译文

《朱子文集·与志南上人书》：偶尔得到安乐茶，分上二十瓶。

《陆放翁集·同何元立蔡肩吾至丁东院汲泉煮茶》诗中说：云茶近自峨眉得，不减红囊顾渚春。旋置风炉清樾下，他年奇事属三人。

《周必大集·送陆务观赴七闽提举常年茶事》诗中说：暮年桑苎毁《茶经》，应为征行不到闽。今有云孙持使节，好因贡焙祀茶人。

原文

《梅尧臣集》：有晏成续太祝遗双井茶五品，茶具四枚，近诗六十篇，因赋诗为谢。

《黄山谷[①]集》：有《博士王扬休碾密云龙，同事十三人饮之戏作》。

《晁补之[②]集·和答曾敬之秘书招能赋堂烹茶》诗：一碗分来百越春，玉溪小暑却宜人。红尘他日同回首，能赋堂中偶坐身。

注释

①黄山谷：指黄庭坚，北宋书法家、文学家。字鲁直，号山谷道人、涪翁，分宁（今江西省修水县）人。其诗书画号称“三绝”，与当时苏东坡齐名，人称“苏黄”。著有《山谷集》。

②晁补之（公元 1053～1110 年）：北宋时期著名文学家。字无咎，号归来子，汉族，济州巨野（今属山东巨野县）人，为“苏门四学士”之一。

译文

《梅尧臣集》中有晏成续太祝遗双井茶五品，茶具四枚，近诗六十篇，因赋诗为谢。

《黄山谷集》中有《博士王扬休碾密云龙，同事十三人饮之戏作》。

《晁补之集·和答曾敬之秘书招能赋堂烹茶》诗中说：一碗分来百越春，玉溪小暑却宜人。红尘他日同回首,能赋堂中偶坐身。

原文

《苏东坡[1]集》:《送周朝议守汉川诗》云:"茶为西南病,甿俗记二李。何人折其锋,矫矫六君子。(二李,杞与稷也。六君子谓师道与侄正儒、张永徽、吴醇翁、吕元钧、宋文辅也。盖是时蜀茶病民,二李乃始敝之人,而六君子能持正论者也。)""仆在黄州,参寥自吴中来访,馆之东坡。一日,梦见参寥所做诗,觉而记其两句云:'寒食清明都过了,石泉槐火一时新。'后七年,仆出守钱塘,而参寥始仆居西湖智果寺院,院有泉出石缝间,甘冷宜茶。寒食之明日,仆与客泛湖自孤山来谒参寥,汲泉钻火烹黄蘗茶。忽悟所梦诗,兆于七年之前。众客皆惊叹。知传记所载,非虚语也。"

东坡《物类相感志》:"芽茶得盐,不苦而甜。"又云:"吃茶多腹胀,以醋解之。"又云:"陈茶烧烟,蝇速去。"

注释

①苏东坡(公元1037~1101年):北宋文学家、书画家。字子瞻,又字和仲,号东坡居士。汉族,眉州眉山(今属四川)人。与父苏洵、弟苏辙合称三苏。著有《东坡七集》《东坡乐府》等作品。

译文

《苏东坡集》:《送周朝议守汉川诗》,"茶为西南病,甿俗记二李。何人折其锋,矫矫六君子。"(二李指的是杞与稷。六君子指的是师道和正儒、张永徽、吴醇翁、吕元钧、宋文辅。这就是蜀地当时患上了茶病的人,二李是最初的人,而六君子是能保持正确言论的人。)“我在黄州,参寥从吴中来访,招待了东坡。一天,梦见参寥作的诗句。醒来还记得其中的两句:‘寒食清明都过了,石泉槐火一时新。’7年后,我到钱塘去任职,而参寥当时居住在西湖智果寺院,院子里面的石缝中间有泉水流出来,味道甘冷很适宜泡茶。寒食节的第二天。我与客人一起从湖中孤山坐船来看望参寥,汲取泉水放在火上烹煮黄檗茶。忽然想起以前梦见的诗,那是发生在7年以前的事情。在座的客人都感觉到非常吃惊。知道传记上所记载的,并不是虚构的。”

东坡《物类相感志》:“茶芽中放进盐,不显得苦反而会显得很甜。”又说:“喝茶容易导致腹部胀痛,可以用醋解掉这种症状。”又说:“用陈茶叶烧烟,很快就能驱赶苍蝇。”

原文

《杨诚斋集[①]·谢傅尚书送茶》:远饷新茗,当自携大瓢,走汲溪泉,束涧底之散薪,然折脚之石鼎,烹玉尘,啜香乳,以享天上故人之惠。愧无胸中之书传,但一味搅破菜园耳。

注释

①杨诚斋:杨万里,字廷秀,号诚斋。吉州吉水(今江西省吉水县)人。南宋杰出的诗人,汉族人。一生力主抗金,与范成大、陆游等合称南宋“中兴四大诗人”。

译文

《杨诚斋集·谢傅尚书送茶》记载:到远处去尝试新茶,应当自己携带大瓢,汲取溪底的泉水,将散柴火放在水的下面,选择有脚的石鼎,烹煮这样香甜的茶水,用来享受天上故人的恩惠。可惜胸中没有书可以流传,只是一味在菜园里面翻腾而已。

原文

郑景龙[①]《续宋百家诗》：本朝孙志举，有《访王主簿同泛菊茶》诗。

吕元中《丰乐泉记》：欧阳公既得酿泉，一日会客，有以新茶献者。公敕汲泉瀹[②]之。汲者道仆覆水，伪汲他泉。公知其非酿泉，诘之，乃得是泉于幽谷山下，因名丰乐泉。

注释

①郑景龙：字伯允，三衢（今浙江衢州）人，约为南宋理宗时人，为当时诗歌选家，选有多部诗歌选本。著有《续宋百家诗》等。

②瀹（yuè）：浸渍。

译文

郑景龙《续宋百家诗》：本朝的孙志举，写有《访王主簿同泛菊茶》诗。

吕元中《丰乐泉记》：欧阳修已经得到酿泉，一天会见客人的时候有人送给他新茶叶。欧阳修让仆人汲取泉水来泡茶叶。半路汲水的人把水洒了，便用其他泉水代替。欧阳修知道他汲取的不是酿泉的水，责问他，原来水是幽谷山下的，因此把它叫做丰乐泉。

原文

《侯鲭录》[①]：黄鲁直云："烂蒸同州羊，沃以杏酪，食之以匕，不以箸。抹南京面作槐叶冷淘，糁以襄邑熟猪肉，饮共城香稻，用吴人鲙松江之鲈。既饱，以康山谷帘泉烹曾坑斗品。少焉，卧北窗下，使人诵东坡《赤壁》前后赋，亦足少快。"

注释

①《侯鲭录》：南宋时赵令畤所著的集子。共八卷，诠释名物、习俗、方言、典实，记叙时人的交往、品评、佚事、趣闻及诗词之作，冥搜远证，颇为精湛，有文学史料价值。原书已失，部分诗散见于诸家笔记。

译文

《侯鲭录》：黄鲁直说："把同州羊蒸烂，再在上面浇上杏酪，用刀子切着吃，不用筷子。把南京面和槐树的叶子一起冷淘，加上襄邑的熟猪肉，加上共城的香稻，用吴人制作松江的鲈鱼。饱了之后，用康山谷帘泉烹煮曾坑斗品茶。一会儿，卧在北窗下，让人来诵读东坡的前后《赤壁》赋，也是件愉快的事情。"

原文

《苏舜钦传》[①]：有兴则泛小舟出盘、阊二门，吟啸览古，渚茶野酿，足以消忧。

《过庭录》[②]：刘贡父知长安，妓有茶娇者，以色慧称。贡父惑之，事传一时。贡父被召至阙，欧阳永叔去城四十五里迓之，贡父以酒病未起。永叔戏之曰："非独酒能醉人，茶亦能醉人多矣。"

注释

①苏舜钦（公元 1008 ~ 1048 年）：北宋诗人，字子美，梓州铜山（今四川中江）人，迁居开封（今属河南）。他与梅尧臣齐名，人称"梅苏"。有《苏学士文集》。

②《过庭录》：主要记述范仲淹等祖辈事迹，它是南宋范公偁（生卒年不详）所著。《过庭录》一卷，一百一十四条，不见诸家著录。书中多述祖德，皆于绍兴十七、八年（公元 1147~1148 年）间闻之于父者，故名《过庭录》。

译文

《苏舜钦传》：有兴致的时候就乘小船出盘、阊两道门，谈古论今，煮茶野酿，足以消除忧虑了。

《过庭录》：刘贡父在长安任职的时候，妓女当中有个叫茶娇的，以美色和聪慧而著称。因此贡父受到了迷惑，事情过了一段时间贡父被召至京城，欧阳修到城外45里去迎接他，贡父因为喝醉酒没有起来。永叔戏说他："不只酒能醉人，茶也能让人迷惑很长时间啊。"

原文

《合璧事类》："觉林寺僧志崇制茶有三等：待客以惊雷荚，自奉以萱草带，供佛以紫茸香。凡赴茶者，辄以油囊盛余沥。""江南有驿官，以干事自任。白太守曰：'驿中已理，请一阅之'。刺史乃往，初至一室为酒库，诸酝皆熟，其外悬一画神，问：'何也？'曰：'杜康。'刺史曰：'公有余也。'又至一室为茶库，诸茗毕备，复悬画神，问：'何也？'曰：'陆鸿渐。'刺史益喜。又至一室为菹库，诸俎[1]咸具，亦有画神，问：'何也？'曰：'蔡伯喈。'刺史大笑，曰：'不必置此。'""江浙间养蚕，皆以盐藏其茧而缲丝，恐蚕蛾之生也。每缲毕，即煎茶叶为汁，捣米粉搜之。筛于茶汁中煮为粥，谓之洗缸粥。聚族以啜之，谓益明年之蚕。"

注释

①俎(zǔ)：古代祭祀时放祭品的器物。

译文

《合璧事类》："觉林寺和尚志崇制作茶叶有三个等级：招待客人用惊雷荚，

自己喝用萱草带，供佛的时候用紫茸草。凡是来喝茶的人，都用油囊来装剩下来的茶水。”“江南有驿官，以干事自居，对太守说：‘驿馆中的事情已经料理完毕，请你一一过目。’刺史于是就来了。开始到的一间屋子是酒库，酿造的酒都还是热的，它的外面悬挂着一张神画，问：‘这是谁呀？’回答：‘杜康。’刺史说：‘他确实可以称得上酒神。’又到了一间房子是茶库，各种出名的茶叶里面都有，也悬挂着一张神画，问：‘这是谁呢？’回答说：‘陆鸿渐。’刺史也很高兴。又到一间屋子，是放咸菜的，各种咸菜都有，也悬挂了一张神像，问：‘这是谁？’答：‘蔡伯喈。’刺史大笑，说：‘这张神像就不必挂了。’”“江浙那里养蚕，都将盐藏在茧里面再去缫丝，这是为了防止蚕茧生出了蚕蛾。每次缫完了之后，就把茶叶煎成汁水，将米粉捣细，筛在茶水里面煮为粥，称为洗缸粥。让整个族的人都来喝它，据说是对明年的蚕有好处。”

原文

《经锄堂杂记》：松声、涧声、禽声、夜虫声、鹤声、琴声、棋声、落子声、雨滴阶声、雪洒窗声、煎茶声，皆声之至清者。

《松漠纪闻》：燕京茶肆设双陆局，如南人茶肆中置棋具也。

《梦粱录》：茶肆列花架，安顿奇松、异桧等物于其上，装饰店面，敲打响盏。又冬月添卖七宝擂茶、馓子[1]葱茶。茶肆楼上专安着妓女，名曰花茶坊。

注释

①馓子：我国一种古老的食品。以糯米粉或是面粉搓成细绳，挽曲如环，入油锅炸成金黄色，香酥无比，为南北之通食。

译文

《经锄堂杂记》：松声、涧声、禽声、夜虫声、鹤声、琴声、棋声、落子声、雨滴台阶的声音、雪落在窗户上的声音、煎茶声，都是清雅的声音。

《松漠纪闻》：北京的茶肆里面设置了双陆局，比如南方人的茶肆那就准备了棋具。

《梦粱录》：茶肆黎民安置了花架，把奇松、异桧等东西放在上面，用它来装饰门面，敲打响杯子。到了冬天的时候添上卖七宝擂茶、馓子葱茶。茶肆的楼上还专门安置有妓女，名叫花茶坊。

原文

《南宋市肆记》："平康歌馆，凡初登门，有提瓶献茗者。虽杯茶，亦犒数千，谓之点花茶。""诸处茶肆，有清乐茶坊、八仙茶坊、珠子茶坊、潘家茶坊、连三茶坊、连二茶坊等名。""谢府有酒名胜茶。"

注释

（略）

译文

《南宋市肆记》："平康歌馆里面，凡是初次登门的，都有人提着瓶子来献茶。即使是一杯茶，也要犒劳几千钱，被称为点花茶。""各地方的茶肆，有清乐茶坊、八仙茶坊、珠子茶坊、潘家茶坊、连三茶坊、连二茶坊等名称。""谢府有种酒名字叫胜茶。"

原文

宋《都城纪胜》：大茶坊皆挂名人书画，人情茶坊本以茶汤为正。水茶坊，乃娼家聊设果凳，以茶为由，后生辈甘于费钱，谓之干茶钱。

又有提茶瓶及齪茶名色。

《臆乘》：杨炫之[①]作《洛阳伽蓝记》，曰食有酪奴，盖指茶为酪粥之奴也。

注释

①杨炫之：北魏散文家，杨或作阳，又误作羊，元魏北平（河北满城）人。史通及晁公武之《读书志》中误作羊炫之。曾任抚军府司马、秘书监、期城郡太守等职。博学能文，精通佛教经典。其著作《洛阳伽蓝记》，是北朝文坛上的旷世杰作。

译文

宋朝《都城纪胜》：大茶坊里面都挂有名人的书画，人情茶坊，本来应该是以茶水为主。水茶坊是娼家所设置的地方，随便放些果盘座椅，以茶为由，一些人心甘情愿付钱，被称为干茶钱。还有提茶瓶和齪茶名色的。

《臆乘》：杨炫之作的《洛阳伽蓝记》说食有酪奴，指的就是茶是酪粥的辅助食品。

原文

《琅環记》：昔有客遇茅君，时当大暑，茅君于手巾内解茶叶，人与一叶，客食之五内清凉。茅君曰："此蓬莱[①]穆陀树叶，众仙食之以当饮。"又有宝文之蕊，食之不饥，故谢幼贞诗云："摘宝文之初蕊，拾穆陀之坠叶。"

杨南峰《手镜》载：宋时姑苏女子沈清友[②]，有《续鲍令晖香茗》。

注释

①蓬莱：属山东省烟台市，地处胶东半岛最北端，濒临渤、黄二海，东临烟台，南接青岛，北与天津、大连等城市及朝鲜半岛隔海相望。

②沈清友：生卒年不详，宋代姑苏（今江苏苏州）女子。

译文

《琅環记》:以前有人遇到茅君,那时候正是最炎热的大暑,茅君在手巾里面拿出茶叶,给每个人一点茶叶,客人吃了之后五脏六腑都觉得很清凉。茅君说:“这是蓬莱穆陀树的叶子,仙人把它当饭吃。”还有宝文的蕊,吃了它不会感到饥饿,所以谢幼贞诗中说:“摘宝文之初蕊,拾穆陀之坠叶。”

杨南峰《手镜》记载:宋朝时期姑苏的女子沈清友,作诗《续鲍令晖香茗》。

原文

孙月峰[1]《坡仙食饮录》:密云龙茶极为甘馨,宋廖正,一字明略,晚登苏门,子瞻大奇之。时黄、秦、晁、张[2]号苏门四学士,子瞻待之厚,每至必令侍妾朝云取密云龙烹以饮之。一日,又命取密云龙,家人谓是四学士,窥之乃明略也。山谷诗有“矞云龙”,亦茶名。《嘉禾志》:煮茶亭在秀水县西南湖中,景德寺之东禅堂。宋学士苏轼与文长老尝三过湖上,汲水煮茶,后人因建亭以识其胜。今遗址尚存。

注释

①孙月峰(公元1543~1613年):名鑛,字文融,号月峰。以号行。余姚横河镇孙家境村(今属慈溪市)人。他是个博学多智、才气横溢之人,批注百家,自成一言。如《评史记》《评史书》《评韩非子》《评公羊传》《评经》《今文选》及《朱订西厢记》等,对古今均产生过很大影响,并有《孙月峰全集》流传至今。

②黄、秦、晁、张:黄庭坚、秦观、晁补之和张耒,都得到过苏轼的赏识、指导和奖拔,世称“苏门四学士”。

译文

孙月峰《坡仙食饮录》:密云龙茶特别甘甜清香,宋廖正,又字明略,晚年才到苏府,苏轼觉得特别惊奇。那时黄、秦、晁、张号称是苏门四学士,苏轼待他们很好,每次来的时候必定要让侍妾朝云取密云龙烹饮款待。一天,朝云又来取密云龙，家里的人以为是招待四学士，偷看了之后才知是明略。山谷诗中有“矞云龙”，也是茶叶的名字。

《嘉禾志》：煮茶亭在秀水县西南湖中，景德寺的东禅堂。宋代学士苏轼与文长老曾经三次经过湖上，汲取湖水煮茶，后有人因此建造亭子作为标志，现在遗址仍然存在。

原文

《名胜志》：茶仙亭在滁州琅琊山，宋时寺僧为刺史曾肇[①]建，盖取杜牧[②]《池州茶山病不饮酒》诗“谁知病太守，犹得作茶仙”之句。子开诗云：“山僧独好事，为我结茅茨。茶仙榜草圣，颇宗樊川诗。”盖绍圣二年肇知是州也。

注释

①曾肇（公元1047~1107年）：字子开，宋南丰人，曾巩弟。自幼聪慧好学，师承其兄曾巩。重儒学，博览经传，为文温润有章法。容貌端庄，为人忠厚仁义。删定《九域志》，检讨《神宗实录》。

②杜牧（公元803~约852年）：唐代诗人，汉族，字牧之，号樊川居士，京兆万年（今陕西西安）人。晚唐杰出诗人，尤以七言绝句著称。杜牧晚年居长安南樊川别墅，故后世称“杜樊川”。杜牧人称“小杜”，并李商隐并称“小李杜”。

译文

《名胜志》：茶仙亭位于滁州的琅琊山，宋朝时期的和尚为刺史曾肇所建造，这是来自杜牧《池州茶山病不饮酒》诗里面的“谁知病太守，犹得作茶仙”这样的句子。子开的诗中说：“山僧独好事，为我结茅茨。茶仙榜草圣，颇宗樊川诗。”绍圣二年肇知州作。

原文

陈眉公《珍珠船》:"蔡君谟[1]谓范文正[2]曰:'公《采茶歌》云:黄金碾畔绿尘飞,碧玉瓯中翠涛起。今茶绝品,其色甚白,翠绿乃下者耳,欲改为'玉尘飞''素涛起',如何?'希文曰'善'。""又,蔡君谟嗜茶,老病不能饮,但把玩而已。"

注释

①蔡君谟(公元1012~1067年):字君谟,原籍仙游枫亭乡东垞村,后迁居莆田蔡垞村。书法史上论及宋代书法,素有"苏、黄、米、蔡"四大书家的说法,他们四人被认为是宋代书法风格的典型代表。蔡襄书法其浑厚端庄,淳淡婉美,自成一体。

②范文正:指范仲淹(公元989~1052年),字希文。北宋名臣,政治家、文学家、军事家,谥号"文正",吴县人。有传世作品《范文正公集》。

译文

陈眉公《珍珠船》:"蔡君谟对范文正说,'你在《采茶歌》中说,黄金碾畔绿尘飞,碧玉瓯中翠涛起。现在茶叶中上好的品种,颜色很白,翠绿是不好的,因此想改成'玉尘飞''素涛起'怎么样?'范文正认为很不错。""还有,蔡君谟好茶,到了老年病得不能喝茶,只好品尝罢了。"

原文

《潜确类书》:"宋绍兴中,少卿曹戬[1]之母喜茗饮。山初无井,戬乃斋戒祝天,斫地才尺,而清泉溢涌,因名孝感泉。大理徐恪[2],建人也,见贻乡信铤子茶,茶面印文曰'玉蝉膏',一种曰'清风使'。""蔡

君谟善别茶，建安能仁院有茶生石缝间，盖精品也。寺僧采造得八饼，号石岩白。以四饼遗君谟，以四饼密遣走京师遗王内翰禹玉。岁余，君谟被召还阙，过访禹玉，禹玉命子弟于茶筒中选精品碾以待蔡，蔡捧瓯未尝，辄曰：'此极似能仁寺石岩白，公何以得之？'禹玉未信，索帖验之，乃服。"

注释

①戬：读作 jiǎn。

②徐恪（公元 1431~1503 年）：明代官员，字公肃，南直隶苏州府常熟（今属江苏）人。

译文

《潜确类书》："在宋朝绍兴年间，少卿曹戬的母亲非常喜欢喝茶。开始的时候山中是没有井的，曹戬虔诚地向上天祈祷，在地上挖了才 1 尺，清澈的泉水就溢满奔涌了出来，因此把它叫做孝感泉。大理的徐恪，是建地的人，见面就送家乡的信铤子茶，茶叶的上面印着文字说叫'玉蝉膏'，另一种叫'清风使'。""蔡君谟善于辨别茶叶，建安的能仁院有茶叶生长在石缝之间，那是精品。寺庙里的和尚采摘制作了 8 块，称为石岩白。将 4 块送给蔡君谟，将另外 4 块暗中派人到京城送给内翰王禹玉。一年之后，蔡君谟被召回了朝廷，过去访问禹玉，禹玉让弟子在茶筒中精选好的茶叶碾碎来招待蔡君谟，蔡君谟捧着茶瓯没有喝就说：'这特别像是能仁寺的石岩白，你是怎么得到的呢？'禹玉不信，把帖子拿过来检验，才折服。"

原文

《月令广义》：蜀之雅州名山县蒙山有五峰，峰顶有茶园，中顶最高处曰清峰，产甘露茶。昔有僧病冷且久，尝遇老父询其病，僧具告之。父曰："何不饮茶？"僧曰："本以茶冷，岂能止乎？"父曰："是非常茶，仙家有所谓雷鸣者，而亦闻乎？"僧曰："未也。"父曰："蒙之中顶有茶，当以春分前后多构人力，俟雷之发声，并手采摘，以多为贵，至三

日乃止。若获一两，以本处水煎服，能祛宿疾。服二两，终身无病。服三两，可以换骨。服四两，即为地仙。但精洁治之，无不效者。”僧因之中顶筑室，以俟及期，获一两余，服未竟而病瘥[①]。惜不能久住博求。而精健至八十余岁，气力不衰。时到城市，观其貌若年三十余者，眉发绀绿。后入青城山，不知所终。今四顶茶园不废，惟中顶草木繁茂，重云积雾，蔽亏日月，鸷兽时出，人迹罕到矣。

注释

①瘥(chài)：病除，病已去体，病有好转。

译文

《月令广义》：蜀地雅州的名山县的蒙山有五座山峰，山峰顶部有茶园，中顶最高的地方被称为上清峰，出产甘露茶。曾经有和尚患上冷病已经很久了，遇见我的父亲。父亲询问他的病，和尚将病情据实相告。父亲说：“为什么不喝茶呢？”和尚说：“茶水本身就是凉性的，又怎么能治病呢？”父亲回答说：“不是一般的茶叶，是仙家所说的雷鸣茶，你听说过吗？”和尚说：“没有。”父亲说：“蒙山的中顶有茶，应当在春分前后多叫一些人力，等有雷声之后，再用手去采摘，越多越好，到三日后就要停止。如果获得了一两，用本地的水煎服，能够祛除积存很长时间的病痛。服食二两的话，全身就没有病痛了。如果服食了三两，简直可以被称为脱胎换骨。服四两，就可以为地仙了。只要用精洁的茶来治疗，没有不能见效的。”和尚因此在中顶建造房屋，等到那个时候，获得了一两多，没有服用完病就已经痊愈了。只可惜不能在那里久住多求。而身体康健到八十多岁，气力仍旧没有变得衰弱。那时他到城里来，看他的外貌就像是三十多岁的样子，眉毛和头发都呈黑绿色。后来进了青城山，不知道最后去了哪里。现在四顶茶园仍然还在，只有中顶草木茂盛，上面有重重的积雾，遮挡住了日月，时常有猛兽出没，是人迹罕至的地方。

原文

《太平清话》:张文规[1]以吴兴白苎[2]、白苹洲、明月峡[3]中茶为三绝。文规好学,有文藻。苏子由、孔武仲、何正臣诸公,皆与之游。

注释

①张文规:弘靖子,彦远父。裴度秉政,引为右补阙。累转吏部员外郎,官终桂管观察使。工书法。少耽墨妙,备尽楷模。《唐书本传、法书要录序》

②白苎(zhù):白色的苎麻,可以用来制成的衣服。

③明月峡:明月峡位于四川广元西陵峡东段,距宜昌25公里左右。峡中多奇峰怪石:有山势嵯峨半插天的天柱峰,有宏丽幽深的黄颡洞,有茶圣陆羽称之为"天下第四泉"的蛤蟆碚,有腾空飞架的仙人桥,有裁云剪雾的青峰"三把刀"。

译文

《太平清话》:张文规以吴兴白苎、白苹洲、明月峡中的茶叶为三绝。文规好学,很有文采。苏子由、孔武仲、何正臣等人,都与他一起游玩。

原文

夏茂卿《茶董》:"刘煜,字子仪,尝与刘筠饮茶,问左右:'汤滚也未?'众曰:'已滚。'筠云:'佥[1]曰鲧[2]哉。'煜应声曰:'吾与点也。'""黄鲁直以小龙团半铤,题诗赠晁无咎,有云:'曲几蒲团听煮汤,煎成车声绕羊肠。鸡苏胡麻留渴羌,不应乱我官焙香。'东坡见之曰:'黄九恁地怎得不穷。'"

注释

①佥(qiān):众人,大家。

②鲧:读作 gǔn。

译文

夏茂卿《茶董》:"刘煜,字子仪,曾经和刘筠一起喝茶,问旁边的人:'水开了吗?'众人说:'开了。'刘筠说:'都说开了。'刘煜应声说:'我来点。'""黄鲁直在半块小龙团上题诗赠送给晁无咎,说:'曲几薄团听煮汤'煎成车声绕羊肠。鸡苏胡麻留渴羌,不应乱我官焙香。'东坡见了之后说:'黄九怎么这样有兴致呢?'"

原文

陈诗教《灌园史》:"杭妓周韶[①]有诗名,好蓄奇茗,尝与蔡公君谟斗胜,题品风味,君谟屈焉。""江参,字贯道,江南人,形貌清癯[②],嗜香茶以为生。"

《博学汇书》:司马温公与子瞻论茶墨云:"茶与墨二者正相反,茶欲白,墨欲黑;茶欲重,墨欲轻;茶欲新,墨欲陈。"苏曰:"上茶妙墨俱香,是其德同也;皆坚,是其操同也。"公叹以为然。元耶律楚材诗《在西域作茶会值雪》,有"高人惠我岭南茶,烂赏飞花雪没车"之句。

元朝耶律楚材的诗《在西域作茶会值雪》中,有"高人惠我岭南茶,烂赏飞花雪没车"这样的优美诗句。

注释

①周韶:生卒年不详,宋代官妓。有《白鹦鹉》一首,向往从良。

②清癯(qú):意为清瘦,一般形容有气质但比较清贫的知识分子。

译文

陈诗教《灌园史》:"杭州的妓女周韶善于作诗,特别喜欢储存好茶,曾经与蔡君谟比试,题品茶的风味,蔡君谟认输。""江参字贯道,江南人,相貌清瘦,嗜好香茶就像是自己的生命一样。"《博学汇书》:司马温跟子瞻讨论茶叶和墨时说:"茶与墨二者正好相反,茶要白,而墨要黑;茶要重,而墨要轻;茶要新,而墨要陈。"苏子瞻说:"上好的茶和好的墨都很香,是因为它们有相同的品行;都很坚硬,因此它们有着相同的本质。"司马温也是这样认为的。

原文

《云林遗事》:光福徐达左,构养贤楼于邓尉山[①]中,一时名士多集于此。元镇为尤数焉,尝使童子入山担七宝泉,以前桶煎茶,以后桶濯[②]足。人不解其意,或问之,曰:"前者无触,故用煎茶,后者或为泄气所秽,故以为濯足之用。"其洁癖如此。

注释

①邓尉山:苏州西南三十公里光福县有个邓尉山,相传东汉太尉邓尉隐居于此而得名。邓尉是我国四大赏梅胜地之一,有"邓尉梅花甲天下"之称。

②濯(zhuó):洗。

译文

《云林遗事》:光福徐达左在邓尉山中建造了养贤楼,当时很多有名的人士集聚在这里。元镇尤其出名,他曾经派童子到山里面去挑七宝泉的水,用前桶里的水先来煎茶,用后桶里的水洗脚。别人不理解他的意思,有人问他,他回答说:"刚开始的水没有被任何东西接触过,所以用来煎茶,后面的水可能被挑水人排出来的气息污染了,因此用它来洗脚。"他就爱干净到了这种程度。

原文

陈继儒《泥古录》：至正辛丑九月三日，与陈征君同宿愚庵师房，焚香煮茗，图石梁秋瀑，翛然有出尘之趣。黄鹤山人王蒙题画。

周叙[1]《游嵩山记》：见会善寺中有元雪庵头陀茶榜石刻，字径三寸，遒[2]伟可观。

注释

①周叙：字功叙，号石溪，吉水人。汉末东吴偏将军周瑜三十八世裔孙。

②遒（qiú）：雄健有力，多形容诗文、书画等雄健精炼。

译文

陈继儒《泥古录》：到正辛丑年九月三日，和陈征一起住在姑庵里，烧香煮茶，画山石和秋天的瀑布，悠然有脱离尘世的情趣。黄鹤山人王蒙题画。

周叙《游嵩山记》：看见会善寺里面有元雪庵头陀茶榜石刻字径3寸。笔迹苍劲有力值得欣赏。

原文

钟嗣成[1]《录鬼簿》：王实甫[2]有《苏小郎夜月贩茶船》传奇。

《吴兴掌故录》：明太祖喜顾渚茶，定制岁贡止三十二斤，于清明前二日，县官亲诣采茶，进南京奉先殿焚香而已，未尝别有上供。

注释

①钟嗣成：元代文学家。字继先，号丑斋，大梁（今河南开封）人。编著《录鬼簿》二卷，所作杂剧今知有《章台柳》《钱神论》《蟠桃会》等，皆不传。

②王实甫（公元1260~1336年）：字德信，大都（今河北定兴县）人。元代杂

剧作家,是中国著名剧作《西厢记》的作者。

译文

钟嗣成《录鬼簿》:王实甫有《苏小郎夜月贩茶船》作品。

《吴兴掌故录》:明朝太祖喜欢喝顾渚茶,规定每年只需要进贡32斤,清明节前两日,县官亲自去指挥采茶,只是到南京奉先殿去焚香而已也没有到别的地方去上供。

原文

《七修汇稿》:明洪武二十四年,诏天下产茶之地,岁有定额,以建宁为上,听[①]茶户采进,勿预有司。茶名有四:探春、先春、次春、紫笋,不得碾揉为大小龙团。

注释

①听:这里是让的意思。

译文

《七修汇稿》:明朝洪武二十四年,昭告天下采茶的地方。每年都有一定的数量,以建宁的最好,让茶户采摘,不准随便地采摘。茶叶有4种名字:探春、先春、次春、紫笋,不要碾揉制成大小龙团。

原文

杨维桢[①]《煮茶梦记》:铁崖道人卧石床,移二更,月微明,及纸帐梅影,亦及半窗,鹤孤立不鸣。命小芸童汲白莲泉,燃槁湘竹,授以凌霄芽为饮供。乃游心太虚,恍兮入梦。

注释

①杨维桢，元代著名的文学家，书法家，号铁崖道人，浙江诸暨人。嗜茶如命，时时沉缅于茶烟乳花，对茶饮独有心得。著有《煮茶梦记》。

译文

杨维桢《煮茶梦记》：铁崖道人卧在石床上，到了二更，月亮有一点明朗，帐子上面显现出了梅花的影子，照在半扇的窗户上，野鹤孤立不鸣。让小云童子汲取白莲泉水，燃烧枯槁湘竹，把凌霄芽煮了喝。这才收敛心神，渐渐进入了梦乡。

原文

陆树声[①]《茶寮记》：园居敞小寮于啸轩埤垣之西，中设茶灶，凡瓢汲、罂、注、濯、拂之具咸庀。择一人稍通茗事者主之，一人佐炊汲。客至，则茶烟隐隐起竹外。其禅宾过从予者，与余相对结跏趺坐，啜茗汁，举无生话。时杪秋既望，适园无诤居士[②]，与五台僧演镇、终南僧明亮，同试天池茶于茶寮中。谩记。

注释

①陆树声（公元1509~1605年）：字兴吉，号平泉，松江华亭（今属上海市）人。晚明官员。善饮茶，著有《茶寮记》、《煎茶七类》。又有《清暑笔谈》等，收于《陆文定公集》。

②无诤居士：刘迎（公元？~1180年），字无党，自号无诤居士，东莱（今山东威海）人。著有《金史》《中州集》《山林长语》等。

译文

陆树声《茶寮记》：有一个小茶寮在啸轩矮墙的西面，敞开的园子中间设置有茶灶，瓢、罂、注、濯、拂这些器具都有。挑选一个稍微懂一点有关茶的事情的人来管理它，另一个帮着烧火汲水。客人来了，茶烟就会隐隐升起在竹林的外面。如果是出家人来到这里，就和我一起相对而坐，喝着茶水，就没有什么见外的话了。正是秋天快到的时候，正好无诤居士来了，和五台的和尚演镇、终南的和尚明亮，一起在茶寮中品尝天池茶。所以这就被记录下来。

原文

《墨娥小录》：千里茶，细茶一两五钱，孩儿茶①一两，柿霜一两，粉草末六钱，薄荷叶三钱。右为细末调匀，炼蜜丸如白豆大，可以代茶，便于行远。

注释

①孩儿茶：别名儿茶膏、儿茶、黑儿茶，为豆科合欢属植物儿茶树，用于清热、生津、止血，主治肺热咳嗽、咯血、腹泻、小儿消化不良，外用治疮疡久不收回、皮肤湿疹、口疮、扁桃体炎。分布于云南南部地区，海南岛有栽培。

译文

《墨娥小录》：千里茶，细茶1两5钱，孩儿茶1两，柿霜1两，粉草末6钱，薄荷叶3钱，碾成细末调配均匀，炼成像白豆一样大的蜜丸，可以用来代替茶叶，出远门带上方便。

原文

汤临川《题饮茶录》：陶学士谓“汤者，茶之司命”，此言最得三味。冯祭酒精于茶政，手自料涤，然后饮客。客有笑者，余戏解之云：“此

正如美人，又如古法书名画，度可着俗汉手否！”

陆钱《病逸漫记》：东宫[①]出讲[②]，必使左右迎请讲官。讲毕，则语东宫官云：“先生吃茶。”

注释

①东宫：这里指太子。

②出讲：上课。

译文

汤临川《题饮茶录》：陶学士说，“汤，是茶叶的灵魂。”这种说法最能体现它的味道。冯祭酒精通茶艺，亲手烹煮，然后让客人饮用。客人当中有笑他的，我开玩笑说：“这就像美人一样，又像古代的有名书画，怎么可让俗人的手所玷污呢？”

陆钱《病逸漫记》：太子上课，必定让左右侍从去迎接讲官。讲完了以后，对讲官说：“先生吃茶。”

原文

《玉堂丛语》：愧斋陈公，性宽坦[①]，在翰林时，夫人尝试之。会客至，公呼：“茶！”夫人曰：“未煮。”公曰：“也罢。”又呼曰：“干茶！”夫人曰：“未买。”公曰：“也罢。”客为捧腹，时号“陈也罢”。

注释

①宽坦：宽厚坦白。

译文

《玉堂丛语》：愧斋陈公，性格宽厚坦白，在翰林的时候，他的夫人曾经试探他。客人来了，他喊：“上茶！”夫人回答说：“还没有煮。”他说：“也罢。”又喊：

"干茶!"夫人回答:"还没有买。"他说:"也罢。"客人捧腹大笑,因此将他叫做"陈也罢"。

原文

沈周《客坐新闻》:吴僧大机所居古屋三四间,洁净不容唾。善瀹茗,有古井清冽为称。客至,出一瓯为供饮之,有涤肠湔[1]胃之爽。先公与交甚久,亦嗜茶,每入城必至其所。

注释

①湔(jiān):洗,洗濯,涤除污秽。

译文

沈周《客坐新闻》:吴地的和尚大机所居住的古屋有三四间,干净得不容许你在那里吐唾沫。他善于茶事,有清澈甘冽的古井供他使用,客人来的时候、拿出一瓯茶来给客人喝,能够洗涤肠胃令人非常清爽。先公跟他交往的时间很长,也喜欢喝茶,每次到城里去必定要到他那里。

原文

沈周[1]《书岕茶别论后》:自古名山,留以待羁人[2]迁客,而茶以资高士,盖造物有深意。而周庆叔者为《岕茶别论》,以行之天下。度铜山金穴中无此福,又恐仰屠门而大嚼者未必领此味。庆叔隐居长兴,所至载茶具,邀余素瓯黄叶间,共相欣赏。恨鸿渐、君谟不见庆叔耳,为之覆茶三叹。

注释

①沈周(公元1427~1509年):明代杰出书画家。字启南,号石田、白石翁、

玉田生、有居竹居主人等。汉族，长洲（今江苏苏州）人。擅长诗文、书画，是明代中期文人画“吴派”的开创者，与文徵明、唐寅、仇英并称“明四家”。有《庐山高图》《秋林话旧图》《沧州趣图》等作品传于世。著有《石田集》《客座新闻》等。

②羁人：游人。

译文

沈周《书岕茶别论后》：自古以来名山是留给旅客游人游玩的，而茶是留给高雅之士品尝的，所以造物是有着一定深意的。而周庚叔著《岕茶别论》，所以传遍天下。我猜想住在铜山金穴里的人没有这种福气，恐怕吃大鱼大肉的人未必能领略到其中的意味。庆叔隐居在长兴，走到哪里都带着茶具，他邀请我在素瓯黄叶之间，共同欣赏。只可惜鸿渐、君谟没有看见庆叔啊，为此我盖上茶长叹三声。

原文

冯梦桢[①]《快雪堂漫录》：李于鳞为吾浙按察副使，徐子与以岕茶之最精饷[②]之。比遇子与于昭庆寺问及，则已赏皂役矣。盖岕茶叶大梗多，于鳞北士，不遇宜也。纪之以发一笑。

注释

①冯梦桢（公元1548~1595年）：明学者、收藏家。字开之，秀水（今浙江嘉兴）人。富收藏，精品甚多，尤以名画、书帖较多，但书籍不加校勘，与学者沈懋学、屠隆等人以文章相尚。著有《快雪堂集》《快雪堂漫录》《历代贡举志》等。

②精饷：精致。

译文

冯梦桢《快雪堂漫录》：李于鳞在浙江任按察副使的时候，徐子与把岕茶中最精致的赠送给他。等到子与在昭庆寺遇到他问到这件事情，他已经赏赐给皂役们了。因为岕茶叶子大，梗比较多，对于李于鳞这样的北方人来说，不容易见到好的。所以写下来笑话一下。

原文

闵元衡《玉壶冰》：良宵燕坐[1]，篝灯煮茗，万籁俱寂，疏钟时闻，当此情景，对简编而忘疲，彻衾枕而不御，一乐也。

注释

①燕坐：安坐；闲坐。

译文

闵元衡《玉壶冰》：这么好的夜晚，烧火煮茶，四周十分静寂，远处的钟声时常传来，此情此景，看书而忘记疲劳，即使不睡觉也不觉得疲惫，真是一件快乐的事情。

原文

《瓯江逸志》："永嘉岁进茶芽十斤，乐清茶芽五斤，瑞安、平阳岁进亦如之。""雁山五珍：龙湫茶[1]、观音竹、金星草、山药、官香鱼也。茶即明茶。紫色而香者，名玄茶，其味皆似天池而稍薄。"

注释

①龙湫茶：龙湫，瀑布名，在浙江雁荡山。龙湫茶，龙湫之地产的茶。

译文

《瓯江逸志》载："永嘉年间进献茶芽10斤，乐清茶芽5斤。瑞安、平阳年间进贡的茶芽也是如此。""雁山五珍指的是：龙湫茶、观音竹、金星草、山药、官香鱼。茶就是明茶。紫色而带着香气的，就叫玄茶，它的味道都跟天池很相近，只是稍微淡一点。"

原文

王世懋[1]《二酉委谭》：余性不耐冠带，暑月尤甚，豫章天气蚤热，而今岁尤甚。春三月十七日，觞客于滕王阁，日出如火，流汗接踵，头涔涔几不知所措。归而烦闷，妇为具汤沐，便科头裸身赴之。时西山云雾新茗初至，张右伯适以见遗，茶色白大，作豆子香，几与虎邱埒。余时浴出，露坐明月下，亟命侍儿汲新水烹尝之。觉沆瀣[2]入咽，两腋风生。念此境味，都非宦路所有。琳泉蔡先生老而嗜茶，尤甚于余。时已就寝，不可邀之共啜。晨起复烹遗之，然已作第二义矣。追忆夜来风味，书一通以赠先生。

注释

①王世懋（公元1536~1588年）：字敬美，别号麟州，时称少美，汉族，江苏太仓人。嘉靖进士，累官至太常少卿，是明代文学家、史学家王世贞之弟，好学善诗文，著述颇富，而才气名声亚于其兄。

②沆瀣（hàng xiè）：夜间的水汽，露水。

译文

王世懋《二酉委谭》：我的性格就是戴不住帽子，尤其是天气炎热的时候，豫章的天气燥热，而今年更加突出。3月17日，和客人一起在滕王阁喝酒，太阳出来像火一样，汗水流到了脚跟，头上涔涔的汗水让人不知所措。回来之后非常烦闷，妻子为我烧水沐浴，于是就裸着身体进去。西山的云雾新茶正好到了，张右伯留下来给我，茶叶白而大，发出豆子一样的香味，几乎跟虎丘差不多。一会儿我就沐浴完了，坐在外面的明月下面让服侍的童子汲取新水来烹煮茶叶。喝下去之后，只觉得两边腋下就像生了风一样。想到这样的意境，连官场前途都不能跟它比。琳泉蔡先生老了之后喜欢喝茶，比我还要厉害。可惜已经到了睡觉的时间，不能邀请他一起来喝茶。早晨起来再烹煮送给他，已经是不同的意味。回想起昨天晚上的风味，因此书写下来赠送给他。

原文

《涌幢小品》①：王琎，昌邑人，洪武初，为宁波知府。有给事来谒，具茶。给事为客居间，公大呼："撤去！"给事惭而退。因号"撤茶太守"。

《临安志》：栖霞洞内有水洞，深不可测，水极甘洌，魏公尝调以瀹茗。

《西湖志余》：杭州先年有酒馆而无茶坊，然富家燕会，犹有尊供茶事之人，谓之茶博士。

注释

①《涌幢小品》：明人笔记。朱国祯（公元？～1632年）撰。朱国祯，字文宁，浙江乌程（今吴兴）人，万历年间进士，历官至礼部尚书兼东阁大学士。

译文

《涌幢小品》载：王琎，昌邑人，洪武初年，任宁波知府。有给事来拜访，茶准备好了。给事作为客人坐在中间，王琎大叫："撤去！"给事因为惭愧而退下。因此被称为"撤茶太守"。

《临安志》记载：栖霞洞里面有水洞，深不可测，水特别甘甜清冽，魏公曾经将它调试用来泡茶。

《西湖志余》载：杭州以前有酒馆而没有茶坊，但是富贵人家聚会，有专门负责茶事的人，这种人被称为茶博士。

原文

《潘子真诗话》：叶涛诗极不工而喜赋咏，尝[1]有《试茶》诗云"碾成天上龙兼凤，煮出人间蟹与虾。"好事者戏云："此非试茶，乃碾玉匠人尝南食也。"

注释

①尝：曾经。

译文

《潘子真诗话》：叶涛的诗特别不工整而又偏偏喜欢作诗，曾经在《试茶》诗中说："碾成天上龙兼凤，煮出人间蟹与虾。"好事的人开玩笑说："这不是试茶，是碾玉的工匠品尝南方的食品。"

原文

董其昌[①]《容台集》："蔡忠惠公进小团茶，至为苏文忠公所讥，谓与钱思公进姚黄花同失士气。然宋时君臣之际，情意蔼然，犹见于此。且君谟未尝以贡茶干宠，第点缀太平世界一段清事而已。东坡书欧阳公滁州二记，知其不肯书《茶录》。余以苏法书之，为公忏悔。否则蛰龙诗句，几临汤火，有何罪过。凡持论不大远人情可也。""金陵春卿署中，时有以松萝茗相贻者，平平耳。归来山馆得啜尤物，询知为闵汶水所蓄。汶水家在金陵，与余相及，海上之鸥，舞而不下，盖知希为贵，鲜游大人者。昔陆羽以精茗事，为贵人所侮，作《毁茶论》，如汶水者，知其终不作此论矣。"

注释

①董其昌：明代后期著名画家、书法家、书画理论家、书画鉴赏家，"华亭派"的主要代表。

译文

董其昌《容台集》："蔡忠惠进献小团茶，导致被苏文忠所议论，说他跟钱思进献姚黄花一样有失士气。然而宋朝时期的君臣之间，情意非常浓厚，在这里可以体现出来。而且君谟也曾经因贡茶求得皇上恩宠，点缀出一段太平世界的清事。在滁州东坡写欧阳公的两篇文章，知道他不肯写《茶录》。我以苏的书法写去，向欧阳公忏悔。不然蛰龙的诗句，几乎靠近了汤火，有什么过错呢？只要所持的言论不要跟人情相隔太远就行了。""金陵春卿的府上，经常有人送给他松萝茶叶，很普通。回来住在山馆喝到了特别好的茶，询问之后才知道是闵汶水所蓄的。汶水的家在金陵，与我很近，海上的鸥鸟，飞着不下来，才知稀为贵。很少被大人得到。以前陆羽因为精通茶事，被贵人所忤逆，作《毁茶论》。像汶水这样的人，知道他肯定不会这样说了。"

原文

李日华[1]《六研斋笔记》：摄山栖霞寺有茶坪，茶生榛莽[2]中，非经人剪植者。唐陆羽入山采之，皇甫冉做诗送之。

《紫桃轩杂缀》：泰山无茶茗，山中人摘青桐芽点饮，号女儿茶。又有松苔，极饶奇韵。

注释

①李日华：字实甫，江苏吴县人。生卒年及生平事迹无考。约生活于正德、嘉靖前后，以剧作《南西厢记》闻名。明代戏曲、散曲作家。

②榛莽（zhēn mǎng）：丛杂的草木。

译文

李日华《六研斋笔记》：摄山栖霞寺中有茶坪，茶叶生长在杂草中间，没有经过人工的修剪处理。唐代的陆羽到山上去采摘，皇甫冉写诗来送他。

《紫桃轩杂缀》载：泰山没有茶叶，山中居住的人采摘青桐芽泡着喝，叫做女儿茶。还有松苔，韵味特别的好。

原文

《钟伯敬[1]集》：《茶讯》诗云："犹得年年一度行，嗣音幸借采茶名。"伯敬与徐波元叹交厚，吴楚风烟相隔数千里，以买茶为名，一年通一讯，遂成佳话，谓之茶讯。"尝见钱谦益《茶供说》云：娄江逸人朱汝圭，精于茶事，将以茶隐，欲求为之记，愿岁岁采渚山青芽，为余作供。余观楞严坛中设供，取白牛乳、砂糖、纯蜜之类。西方沙门婆罗门，以葡萄、甘蔗浆为上供，未有以茶供者。鸿渐长于苾刍者也，杼山禅伯也，而鸿渐《茶经》、杼山《茶歌》俱不云供佛。西土以贯花燃香供佛，不以茶供，斯亦供养之缺典也。汝圭益精心治办茶事，金芽素瓷，

清净供佛,他生受报,往生香国。经诸妙香而作佛事,岂但如丹丘羽人饮茶,生羽翼而已哉。余不敢当汝圭之茶供,请以茶供佛。后之精于茶道者,以采茶供佛、为佛事,则自余之谂汝圭始,爰作《茶供说》以赠上。"

注释

①钟伯敬:名惺,竟陵人。著有《首楞严经》等作品。

译文

《钟伯敬集》载:《茶讯》诗中说,"犹得年年一度行,嗣音幸借采茶名。"伯敬与徐波元交往很深厚,吴楚之间相隔几千里,以买茶为名,一年通一次消息,于是就成了佳话,被称为茶讯。"曾经看到钱谦益在《茶供说》中说:娄江飘逸人士朱汝圭,对茶事非常精通,愿意每年采摘渚山中的青芽,送给我作为供品。我看楞严坛中所设置的供品,都是白牛乳、砂糖、纯蜜之类的东西。西方的沙门婆罗门,用葡萄、甘蔗浆作为上供的物品,没有用茶来进贡的。鸿渐是擅长香草的人,杼山是修禅的人,而鸿渐的《茶经》、杼山的《茶歌》都没有说过用茶供佛的事情。西方用贯花焚香供佛,不用茶供,用茶供养说来是没有记录的。朱汝圭一向对茶的事情很精细,很好的茶芽,素净的瓷器,清静供佛,来生能够得到回报,往生到天国去。用这么多的好香来作佛事。难道不是跟丹丘羽人喝茶,生出了羽翼一样吗?我不敢当汝圭的茶供,用茶供佛吧。后来精通茶道的人,采茶来供佛、作佛事,那就是从汝圭开始的,所以我写《茶供说》送给他。"

原文

《五灯会元》："摩突罗国①有一青林枝叶茂盛地，名曰优留茶。""僧问如宝禅师曰：'如何是和尚家风？'师曰：'饭后三碗茶。'僧问谷泉禅师曰：'未审客来，如何祇待？'师曰：'云门胡饼赵州茶。'"

注释

①摩突罗国：中印度之古国。位于阎牟那河畔，距今德里东南约一百四十公里。

译文

《五灯会元》："摩突罗国有一块林木茂盛的地方，名叫优留茶。""和尚问宝禅师说：'什么是和尚的家风？'宝禅师回答说：'饭后三碗茶。'和尚问谷泉禅师说：'如果有客人来的话，怎么接待？'谷泉禅师说：'云门胡饼赵州茶。'"

原文

《渊鉴类函》："郑愚①《茶诗》：'嫩芽香且灵，吾谓草中英。夜臼和烟捣，寒炉对雪烹。'因谓茶曰草中英。""素馨花曰裨茗，陈白沙《素馨记》以其能少裨于茗耳。一名那悉茗花。'"

注释

①郑愚：番禺人。咸通中，观察桂管，入为礼部侍郎。黄巢平后，出镇南海，终尚书左仆射。曾作诗二首。

译文

《渊鉴类函》载："郑愚《茶诗》：'嫩芽香且灵，吾谓草中英。夜臼和烟捣，寒炉对雪烹。'因此说茶是草中的英灵。""素馨花被称为裨茗，陈白沙《素馨记》以其能少裨于茗。又被称为那悉茗花。"

原文

《佩文韵府》：元好问①诗注："唐人以茶为小女美称。"

《黔南行记》："陆羽《茶经》纪黄牛峡②茶可饮，因令舟人求之。有媪卖新茶一笼，与草叶无异，山中无好事者故耳。""初余在峡州问士大夫黄陵茶，皆云粗涩不可饮。试问小吏，云：'惟僧茶味善。'令求之，得十饼，价甚平也。携至黄牛峡，置风炉清樾③间，身自候汤，手擩得味。既以享黄牛神，且酌元明尧夫云：'不减江南茶味也。'乃知夷陵士大夫以貌取之耳。"

注释

①元好问（公元1190~1257年）：字裕之，号遗山，世称遗山先生。汉族，山西秀容（今山西忻州）人。元好问墓位于忻州市城南五公里韩岩村西北，1962年被评为第一批省级重点文物保护区。

②黄牛峡：黄牛岩在漓江西岸，磨盘山南，与碧崖隔江相峙，距桂林约30千米。

③樾（yuè）：路旁的树荫下。

译文

《佩文韵府》记载：元好问的诗注，"唐代的人用茶作为小女的美称。"

《黔南行记》记载："陆羽的《茶经》里面记载有黄牛峡的茶可以饮用，因此让船家去求取。有妇女卖新茶一笼，跟草叶没有什么区别，这是因为山中没有好茶事的人。""当初我在峡州问士大夫黄陵茶叶味道如何,都说味道粗涩不可以喝。试着问小吏,说:'只有和尚的茶味道好。'让他去求取,最后得到了10块,价格不贵。带到黄牛峡,放在清凉树荫下的风炉上,自己来煮汤,味道很好。既然得到了黄牛的神韵,而且送给元明尧喝了之后说:'不比江南的茶味道差。'这才知道夷陵的士大夫只是以貌取物罢了。"

原文

《九华山录》:至化城寺,谒金地藏塔,僧祖瑛献土产茶,味可敌北苑。

冯时可《茶录》:松郡余山亦有茶,与天池无异,顾采造不如。近有比丘来,以虎丘法制之,味与松萝等。老衲亟[1]逐之曰:"毋为此山开膻径而置火坑。"

注释

①亟(jí):急切,迫切。

译文

《九华山录》:到达化城寺,拜访金地藏塔,和尚祖瑛献上当地产的土茶,味道可以胜过北苑。

冯时可《茶录》:松郡余山也有茶叶,与天池没有什么区别,只是采摘和制作比不上天池。最近有和尚来了,用虎丘的方法来制造,味道跟松萝差不多。老和尚把他赶走了说:"不要用这种方法把这座山推到火坑里面去。"

原文

冒巢民[1]《岕茶汇钞》:"忆四十七年前,有吴人柯姓者,熟于阳羡茶山,每桐初露白之际,为余入岕,箬笼[2]携来十余种,其最精妙者,不

过斤许数两耳。味老香深，具芝兰金石之性。十五年以为恒。后宛姬从吴门归余，则岕片必需半塘顾子兼，黄熟香必金平叔，茶香双妙，更入精微。然顾、金茶香之供，每岁必先虞山柳夫人、吾邑陇西之倩姬与余共宛姬，而后他及。”“金沙于象明携岕茶来，绝妙。金沙之于精鉴赏，甲于江南。而岕山之棋盘顶，久归于家，每岁其尊人必躬往采制。今夏携来庙后、棋顶、涨沙、本山诸种，各有差等，然道地之极真极妙，二十年所无。又辨水候火，与手自洗，烹之细洁，使茶之色香性情，从文人之奇嗜异好，一一淋漓而出。诚如丹丘羽人所谓饮茶生羽翼者，真衰年称心乐事也。”“吴门七十四老人朱汝圭，携茶过访。与象明颇同，多花香一种。汝圭之嗜茶自幼，如世人之结斋于胎年，十四入岕，迄今，春夏不渝者百二十番，夺食色以好之。有子孙为名诸生，老不受其养。谓不嗜茶，为不似阿翁。每竦骨入山，卧游虎虺，负笼入肆，啸傲瓯香。晨夕涤瓷洗叶，啜弄无休，指爪齿颊与语言激扬赞颂之津津，恒有喜神妙气与茶相长养，真奇癖也。”

注释

①冒巢民：冒襄（公元1611～1693年），字辟疆，号巢民，一号朴庵，又号朴巢。私谥潜孝先生。江苏如皋人。明末清初的文学家。

②箬笼：箬，一种竹子，叶大而宽，可编竹笠，也可用来包粽子。箬笼，竹子编的笼子。

译文

冒巢民《岕茶汇钞》：“记得47年前，有姓柯的吴地人，对阳羡的茶叶很熟悉，每次茶树刚刚露出白色的时候，他就进入茶园，用竹笼带回来十几种。其中最好的，不

过一斤几两。味道清香，具备了芝兰金石的性质，15 年一直如此。后来宛姬从吴门回到我这里，那么乔片必须要加进一半的顾子，黄熟香必须要有金平叔，茶香双妙，更细致入微了。从提供此顾、金茶香，每年必须按照虞山柳夫人、我们家乡陇西的倩姬、我和宛姬，然后再是其他人这样的顺序。”“金沙的于象明携带着岕茶而来，真是太好了。金沙于家对茶叶鉴赏很精通，江南第一，而岕山的棋盘顶早就属于于家，每年他们家的长者必定要亲自去采摘制造。今年夏天又带来了庙后、棋顶、涨沙、本山等品种，各有差异，更是特别的地道美好，可以说 20 年都没有过。如果能掌握好水温和火候，自己将手洗干净之后用细小洁净的器具烹煮，那么茶叶的颜色和香味会更好。正好把文人的特殊爱好一一发挥出来，就像丹丘羽人所说的喝茶生出羽翼的人一样，真正是晚年最称心如意的事情了。”“吴门 74 岁老人朱汝圭，带着茶叶来拜访。跟象明的差不多，只是多了一种花的香味。汝圭从小就喜欢喝茶，就像是与生俱来的习惯一样。14 岁喝茶，到现在春夏不停经过了一百二十番，好饮食超过了对食色之爱。有子孙为著名的人士服侍，但是老了也不需要他们来赡养，说如果不喝茶的话，那就不像是你们的长辈了。每次壮着胆子进山，跟老虎和虫兽们周旋。背着茶笼进入茶肆，啸傲茶香。早晚都在洗碗烹茶，没完没了。手舞足蹈，喜形于色，说出了很多赞美的话，大有神情气色跟茶叶相提并论之势。真是很奇怪的癖好。”

原文

《岭南杂记》：潮州灯节，饰姣童为采茶女，每队十二人或八人，手挈花篮，迭进而歌，俯仰抑扬，备极妖妍。又以少长者二人为队首，擎彩灯，缀以扶桑、茉莉诸花。采女进退作止，皆视队首。至各衙门或巨室唱歌，赉①以银钱、酒果。自十三夕起至十八夕而止。余录其歌数首，颇有《前溪》、《子夜》之遗。

注释

①赉（lài）：赐予，给予。

译文

《岭南杂记》：潮州的灯节，把姣童装饰成采茶女，每一列队伍12或者8个人，手里提着花篮，边走边唱着歌谣，跳着舞，特别的好看。还将比较大的两个放在队伍前面，举着彩灯，戴上扶桑、茉莉等花。后面的人是进是退，都要看前面的队伍。到各个衙门或者大户人家唱歌，人家会赏赐给她们银钱、酒果。从13晚上开始到18的晚上结束。我记录下来她们的几首歌曲，很有《前溪》、《子夜》的味道。

原文

郎瑛[1]《七修类稿》："歙人闵汶水，居桃叶渡上，予往品茶其家，见其水火皆自任，以小酒盏酌客，颇极烹饮态，正如德山担青龙钞，高自矜许而已，不足异也。秣陵好事者，尝诮闽无茶，谓闽客得闽茶咸制为罗囊，佩而嗅之以代旃檀。实则闽不重汶水也。闽客游秣陵者，宋比玉、洪仲章辈，类依附吴儿强作解事，贱家鸡而贵野鹜，宜为其所诮欤。三山薛老亦秦淮汶水也。薛尝言汶水假他味作兰香，究使茶之真味尽失。汶水而在，闻此亦当色沮。薛尝住为崱，自为剪焙，遂欲驾汶水上。余谓茶难以香名，况以兰定茶，乃咫尺见也，颇以薛老论为善。""延邵人呼制茶人为碧竖，富沙陷后，碧竖尽在绿林中矣。""蔡忠惠《茶录》石刻在瓯宁邑痒壁间。予五年前拓数纸寄所知今漫漶[2]不如前矣。""闽酒数郡如一，茶亦类是。今年予得茶甚夥，学坡公义酒事，尽合为一，然与未合无异也。"

注释

①郎瑛：（公元1487~1566年）：明藏书家，字仁宝，仁和（今浙江杭州）人。著有著《书史衮钺》60卷、《萃忠录》2卷、《七修类稿》55卷。

②漫漶：模糊不可辨别。

译文

郎瑛《七修类稿》载："歙州人闵汶水居住在桃叶渡上面，我到他的家里去品茶，看见他的水和火都自己控制，用小酒杯来招待客人，很像烹茶的样子，就像德山挑着青龙钞，显得有一点清高罢了，不足以不同。秣陵好事的人，曾经讥讽福建没有茶叶，说福建的人得到福建的茶叶之后都制作成罗囊，佩带在身上并且闻它用来代替檀香，实际上是福建的人不重视汶水。闽人到秣陵游玩，像宋比玉、洪仲章等人，都靠吴儿强作解事，不重视家鸡而重视野鹜，当然就被别人所嘲笑了。三山的薛老也是秦淮的汶水，薛曾经说汶水借助别的味道而作兰花的香味，这样就导致茶叶的味道没有了。如果汶水在的话，听到这个应该也感到很沮丧了。薛曾经住在岁崱，自己挑选烘焙，想超过汶水。我说茶叶很难因为香而出名，何况在里面加上兰花，真是短见，我认为薛老说得很对。""延邵人把制造茶叶的人称为碧竖，富沙失陷后，制造茶叶的人都在绿林之中。""蔡忠惠将《茶录》刻在瓯宁邑学校的墙上。5 年前我曾经用几张纸拓下。寄给我认识的人，现在字迹漫漶已经不如从前清楚了。""福建几个郡的酒都一样，茶叶也是这样。今年我得到的茶叶有很多种，学习东坡处理酒的办法，将它们合而为一，却跟没有合之前是一样的。"

原文

李仙根[①]《安南杂记》：交趾称其贵人曰翁茶。翁茶者，大官也。

《虎丘茶经补注》："徐天全自金齿谪回，每春末夏初，入虎丘开茶社。""罗光玺作《虎丘茶记》，嘲山僧有'替身茶'。""吴匏庵与沈石田游虎丘，采茶手煎对啜，自言有茶癖。"

注释

①李仙根（公元 1621～1690 年）：字子静，四川遂宁人。著有《安南杂记》。

译文

李仙根《安南杂记》：交趾称贵人为翁茶。翁茶，就是大官的意思。

《虎丘茶经补注》记载：徐天全从金齿被贬回，每年春末夏初的时候，到虎丘去开茶社。”“罗光玺著《虎丘茶记》来嘲笑山里的和尚，中见有‘替身茶’的说法。”“吴匏庵与沈石田一起到虎丘去游玩，采摘茶叶之后亲自去煎着对喝，自己都说有茶癖。”

原文

《渔洋诗话》：林确斋者，亡其名，江右人。居冠石，率子孙种茶，躬亲畚锸[1]负担，夜则课读《毛诗》、《离骚》。过冠石者，见三四少年，头着一幅布，赤脚挥锄，琅然歌出金石，窃叹以为古图画中人。

《尤西堂集》有《戏册茶为不夜侯制》。

注释

①锸(chā)：铁锹，掘土的工具。

译文

《渔洋诗话》：林确斋，不知道其名字，江右人。居住在冠石，带领子孙一起种茶，自己亲自挖土挑担，晚上就读《毛诗》、《离骚》。经过冠石的人，看见三四个头上戴着头巾，光着脚挥舞着锄头，唱着歌的少年，还以为是古代图画中的人物呢。

《尤西堂集》有《戏册茶为不夜侯制》的记载。

原文

朱彝尊[1]《日下旧闻》:上巳后三日,新茶从马上至,至之日宫价五十金,外价二三十金。不一二日,即二三金矣。见《北京岁华记》。

注释

①朱彝尊(公元 1629~1709 年):清代诗人、词人、学者。字锡鬯,号竹垞,晚号小长芦钓鱼师,又号金风亭长。汉族,秀水(今浙江嘉兴市)人。

译文

朱彝尊《日下旧闻》:上巳后三天,新茶用马运来,那天宫里的价格是五十金,宫外的价格是二三十金。过不了一两天,就只有二三金了。见《北京岁华记》。

原文

《曝书亭集》:锡山听松庵僧性海,制竹火炉,王舍人过而爱之,为作山水横幅,并题以诗。岁久炉坏,盛太常因而更制,流传都下,群公多为吟咏。顾梁汾典籍仿其遗式制炉,及来京师,成容若侍卫以旧图赠之。丙寅之秋,梁汾携炉及卷过余海波寺寓,适姜西溟、周青士、孙恺似三子亦至,坐青藤下,烧炉试武夷茶,相与联句成四十韵,用书于册,以示好事之君子。

蔡方炳[1]《增订广舆记》:湖广长沙府攸县,古迹有茶王城,即汉茶陵城也。

注释

①蔡方炳:明末山西巡抚蔡懋德之子。明季诸生。著有《广治平略》正续

44卷、《增订广舆记》24卷、《愤助编》2卷、《铨政记》1卷、《马政记》1卷、《历代茶榷志》1卷、《长洲县志》22卷、《耻存斋集》20卷等。

译文

《曝书亭集》：锡山听松庵的和尚性海，制成竹火炉，王舍人经过的时候很喜爱，为他作了山水横幅，并在上面题了诗。时间长了炉子坏了，盛太经常仿照它重新制作，流传到城里，群公多为他作诗。顾梁汾根据典籍仿照它的样子制造炉子，等来到了京城，侍卫成容若用以前的图来赠送给他。丙寅的秋天，梁汾带着炉子和书经过我在海波寺的寓所，正好姜西溟、周青士、孙恺似三个人也来了，坐在青藤下面烧炉子品尝武夷的茶叶，一起联句成四十韵，将它写下来，用来给好事的君子看。

蔡方炳《增订广舆记》中说：湖广长沙府的攸县，古迹叫茶王城，就是汉代的茶陵城。

原文

葛万里[①]《清异录》："倪元镇饮茶用果按者，名清泉白石。非佳客不供。有客请见，命进此茶。客渴，再及而尽，倪意大悔，放盏入内。""黄周星九烟梦读《采茶赋》，只记一句云：施凌云以翠步。"

《别号录》：宋曾几吉甫，别号茶山。明许应元子春，别号茗山。

注释

①葛万里：号梦航，昆仑山人。著有《名人别号录》《梦航杂缀》《清异录》等。

译文

葛万里《清异录》:"倪元镇加进果子的喝茶,叫做清泉白石。不是要好的客人不拿出来。有客人拜见,就让拿出这种茶来。客人口渴,倒上茶就喝完了,倪元镇觉得很后悔,把杯子收到里面去了。""黄周星九烟梦读《采茶赋》,只记得其中的一句:'施凌云以翠步。'"

《别号录》:宋朝的曾几字吉甫,别号茶山。明朝的许应元字子春,别号为茗山。

原文

《随见录》:武夷五曲朱文公①书院内有茶一株,叶有臭虫气,及焙制出时,香逾他树,名曰臭叶香茶。又有老树数株,云系文公手植,名曰宋树。

注释

①朱文公:朱熹,闽南民间称朱熹公。朱熹,字元晦,又字仲晦,号晦庵。祖籍安徽黎源(今属江西),定居建阳(今属福建)。在朱熹的一生中,为官9年,其余都是钻研学术、著书立说、讲学论道的。一生著述70多部,凡460卷。

译文

《随见录》:武夷五曲朱文公的书院内有一株茶树,叶子发出臭虫气,等到烘焙制造出来的时候,香气胜过了其他的茶树,名叫臭叶香茶。还有几棵老树,据说是文公亲自栽种的,名叫宋树。

原文

《西湖游览志》:"立夏之日,人家各烹新茗,配以诸色细果,馈送

亲戚比邻,谓之七家茶。""南屏谦师妙于茶事,自云得心应手,非可以言传学到者。"

注释

(略)

译文

《西湖游览志》记载:"立夏那一天,每家人都各自煮自己的新茶,配上各种颜色的细果,赠送给亲戚邻居,叫做七家茶。""南屏谦师精通于茶事,自己认为得心应手。不是言传就可以学得到的。"

原文

刘士亨[①]有《谢璘上人惠桂花茶》诗云:金粟金芽出焙篝,鹤边小试兔丝瓯。叶含雷信三春雨,花带天香八月秋。味美绝胜阳羡种,神清如在广寒游。玉川句好无才续,我欲逃禅问赵州。

注释

①刘士亨:善刻碑,于元祐五年重刻魏孝文皇帝吊比干墓文。

译文

刘士亨有《谢璘上人惠桂花茶》诗(见原文,此略)。

原文

李世熊[①]《寒支集》:新城之山有异鸟,其音若箫,遂名曰箫曲山。山产佳茗,亦名箫曲茶。因作歌纪事。

注释

①李世熊(公元1602年~1686年):字元仲,号愧庵,自号寒支道人,福建宁化人。是个饱学之士,经史子集乃至医卜星纬释道的典籍,无不贯通,尤爱钻研韩非、屈原、韩愈等人之作,造诣很深。

译文

李世熊《寒支集》:新城的山上有种异常的鸟,它的声音就像箫一样,于是把它的名字叫做箫曲山。山中出产好的茶叶,也叫箫曲茶,因此作歌记事。

原文

《禅玄显教篇》:徐道人居庐山天池寺,不食者九年矣。畜一墨羽鹤,尝采山中新茗,令鹤衔松枝烹之。遇道流,辄相与饮几碗。

注释

(略)

译文

《禅玄显教篇》:徐道人住在庐山天池寺,不吃东西已经九年了。养了一只黑色羽毛的仙鹤,在山中采摘新茶,让仙鹤衔松枝来煮茶。遇到同道名流,就一起喝几碗。

原文

张鹏翀《抑斋集》有《御赐郑宅茶》云:青云幸接于后尘,白日捧归乎深殿。从容步缓,膏芬齐出螭头[①];肃穆神凝,乳滴将开蜡面。用以

濡毫，可媲文章之草；将之比德，勉为精白之臣。

注释

①螭头：古代碑额，殿柱，殿阶及印章等之上所刻的螭形花饰。螭：古代传说的一种动物，蛟龙之属。这里形容茶的形态。

译文

张鹏翀《抑斋集》有《御赐郑宅茶》（见原文，此略）。

八　茶之出

茶　经

原　文

山南[①]：以峡州[②]上，（峡州生远安、宜都、夷陵三县[③]山谷。）襄州、荆州[④]次，（襄州生南漳县[⑤]山谷，荆州生江陵县山谷。）衡州[⑥]下，（生衡山[⑦]、茶陵二县山谷。）金州、梁州[⑧]又下。（金州生西城、安康[⑨]二县山谷。梁州生褒城、金牛[⑩]二县山谷。）

注释

①山南：唐贞观十道之一。唐贞观元年，划全国为十道，道辖郡州，郡辖县。
②峡州：又称夷陵郡，治所在今湖北宜宾市。
③远安、宜都、夷陵三县：今湖北远安县、宜都县、宜昌市。
④襄州、荆川：襄州，今湖北襄樊市；荆州，今湖北江陵县。
⑤南漳县：今仍名南漳县。（以下遇古今同名都不再加注）
⑥衡州：今湖南衡阳地区。
⑦衡山：县治所在今衡阳朱亭镇对岸。

⑧金州、梁州：金州，今陕西安康一带；梁州，今陕西汉中一带。

⑨西城、安康：西城，今陕西安康市；安康，治所在今安康市城西 50 里汉水西岸。

⑩褒城、金牛：褒城，今汉中褒城镇；金牛，今四川广元一带。

译文

山南地区的茶以峡州产的为上等品。（峡州茶生产于远安、宜都、宜昌三县山谷中。）襄州、荆州出产的茶为二等品，（襄州茶生产于南漳县山陵，荆州茶生产于江陵县山陵。）衡州出产的茶为三等品，（生产于衡山、茶陵二县山谷。）金州、梁州出产的茶为四等品。（金州茶生产于安康、汉阴二县山谷。梁州茶生产于褒城、金牛二县山谷。）

原文

淮南[①]：以光州[②]上，（生光山县黄头港者，与峡州同。）义阳郡[③]、舒州[④]次，（生义阳县钟山[⑤]者，与襄州同。舒州生太湖县潜山[⑥]者，与荆州同。）寿州[⑦]下，（生盛唐县霍山[⑧]者，与衡州同。）蕲州[⑨]，黄州[⑩]又下。（蕲州生黄梅县山谷，黄州生麻城县山谷，并与荆州、梁州同也。）

注释

①淮南：唐贞观十道之一。

②光州：又称弋阳郡。今河南潢川、光山县一带。

③义阳郡：今河南信阳市及其周边地区。
④舒州：又名同安郡。今安徽太湖、安庆一带。
⑤义阳县钟山：义阳县，今河南信阳。钟山，在信阳市东18里。
⑥太湖县潜山：潜山，在安徽潜山县西北30里。
⑦寿州：又中寿春郡。今安徽寿县一带。
⑧盛唐县霍山：盛唐县，今安徽六安县。霍山，在今霍山县境。
⑨蕲州：又名蕲州郡。今湖北蕲春一带。蕲，读音qì。
⑩黄州：又名齐安郡。今湖北黄冈一带。

译文

淮南地区，以光州出产的茶为上等品，（产于光山县黄头港，品质与峡州茶相同。）义阳郡、舒州出产的茶为二等品，（产于信阳县钟山，品质与襄州茶相同。舒州茶产于太湖县潜山，品质与荆州茶相同。）寿州出产的茶是三等品，（生产于盛唐县霍山，品质与衡州茶相同。）蕲州、黄州出产的茶是四等品。（蕲州茶生产于黄梅县山谷，黄州茶生产于麻城县山谷，都与荆州、梁州茶品质相同。）

原文

浙西[1]：以湖州[2]上，（湖州，生长城县[3]顾渚山[4]谷，与峡州，光州同；若生山桑、儒师二寺、白茅山悬脚岭[5]，与襄州、荆州、义阳郡同；生凤亭山伏翼阁，飞云、曲水二寺[6]、啄木岭[7]，与寿州、常州同。生安吉、武康二县山谷，与金州、梁州同。）常州[8]次，（常州义兴县[9]生君山[10]悬脚岭北峰下，与荆州、义阳郡同；生圈岭善权寺[11]、石亭山，与舒州同。）宣州、杭州、睦州、歙州[12]下，（宣州生宣城县雅山[13]，与蕲州同；太平县生上睦、临睦[14]，与黄州同；杭州临安、于潜[15]二县生天目山[16]，与舒州同；钱塘生天竺、灵隐二寺[17]，睦州生桐庐县山谷，歙州生婺源山谷，与衡州同。）润州[18]、苏州[19]又下。（润州江宁县生傲山[20]，苏州长州生洞庭山[21]，与荆州、蕲州、梁州同。）

注释

①浙西:唐贞观十道之一。

②湖州:又名吴兴郡。今浙江吴兴一带。

③长城县:今浙江长兴县。

④顾渚山:在长兴县西30里。

⑤白茅山悬脚岭:在长兴县渚顾山东面。

⑥凤亭山:在长兴县西北40里。伏翼阁、飞云寺、曲水寺,都是山里的寺院。

⑦啄木岭:在长兴县北60里,山中多啄木鸟。

⑧常州:又名晋陵郡。今江苏常州市一带。

⑨义兴县:今江苏宜兴县。

⑩君山:在宜兴县南20里。

⑪圈岭善权寺:善权,相传是尧时隐士。

⑫宣州、杭州、睦州、歙州:宣州,又称宣城郡。今安徽宣城、当涂一带。杭州,又名余杭郡。今浙江杭州、余杭一带。睦州,又称新定郡。今浙江建德、桐庐、淳安一带。歙州,又名新安郡。今安徽歙县、祁门一带。

⑬雅山:又称鸦山、鸭山、丫山。在宁国县北。

⑭上睦、临睦:太平县二乡名。

⑮于潜县:现已并入临安县。

⑯天目山:又名浮玉山。山脉横亘于浙江西、皖东南边境。

⑰钱塘生天竺、灵隐二寺:钱塘县,今浙江杭州市,灵隐寺在市西灵隐山下。天竺寺分上、中、下三寺。下天竺寺在灵隐飞来峰。

⑱润州:又称丹阳郡。今江苏镇江、丹阳一带。

⑲苏州:又称吴郡。今江苏苏州、吴县一带。

⑳江宁县生傲山:江宁县在今南京市及江宁县。傲山在南京市郊。

㉑长州生洞庭山:长洲县在今苏州市一带。洞庭山是太湖中的一些小岛。

译文

浙西,以湖州出产的茶为上等品,(湖州茶生产于长兴县顾渚山,与峡州、光

州茶品质一样，是一等品；如果生产于山桑、儒师二寺和白茅山悬脚岭的，与襄州、荆州、义阳郡茶品质一样，是二等品；生产于凤亭山伏翼阁、飞云寺、曲水寺、啄木岭的，品质与寿州、常州茶一样，是三等品；生产于安吉和武康两县的，与金州、梁州的茶品质一样，是四等品。）常州出产的茶是二等品，（常州宜兴县出产在君山悬脚岭北峰下的茶，品质与荆州、义阳郡茶一样，是二等品；出产于圈岭善权寺和石亭山的茶，品质与舒州的茶相同，也是二等品。）宣州、杭州、睦州、歙州出产的是三等品，（宣州出产在宣城县雅山的茶，品质与蕲州的茶一样；出产于太平县上睦、临睦二镇的，品质与黄州的茶一样；杭州临安、于潜二县出产于天目山的，与舒州茶一样，是二等品；钱塘县天竺寺、灵隐寺，睦州桐庐县山陵，歙州婺源县山谷等地出产的茶叶，品质都与衡州茶一样，是三等品。）润州、苏州出产的茶是四等品。（润州江宁县产于傲山，苏州长洲县产于西洞庭山的茶叶，都与金州、蕲州、梁州茶品质相同，是四等品。）

原文

剑南[①]：以彭州[②]上，（生九陇县、马鞍山至德寺、堋口[③]，与襄州同。）绵州、蜀州[④]次，（绵州龙安县生松岭关[⑤]，与荆州同，其西昌、昌明、神泉县、西山[⑥]者，并佳；有过松岭者，不堪采。蜀州青城县生丈人山[⑦]，与绵州同。青城县有散茶、木茶。）邛州[⑧]次，雅州、泸州[⑨]下，（雅州百丈山、名山[⑩]，泸州[⑪]泸川者，与金州同也。）眉州[⑫]、汉州[⑬]又下。（眉州丹棱县生铁山者。汉州绵竹县生竹山[⑭]者，与润州同。）

注释

①剑南：唐贞观十道之一。

②彭州：又叫濛阳郡。今四川彭县一带。

③九陇县、马鞍山至德寺、堋口：九陇县，今彭县。马鞍山，即今至德山，在鼓城西。堋口，在鼓城西。

④锦州、蜀州：又称巴西郡，今四川绵阳、安县一带。蜀州，又称唐安郡，今四川重庆、灌县一带。

⑤龙安县生松岭关：龙安县，今四川安县。松岭关，在今龙安县西50里。

⑥西昌、昌明、神泉县、西山：西昌，在今四川安县东南花荄镇。昌明，在今四川江油县附近。神泉县，在安县南50里。西山，岷山山脉之一部分。

⑦青城县生丈人山：今四川灌县南40里。因境内有青城山而得名。丈人山为青城山三十六峰之主峰。

⑧邛州：又称临邛郡。今四川邛崃、大邑一带。

⑨雅州、泸州：雅州，又称卢山郡，今四川雅安一带。泸州，又称泸川郡，今四川泸州市及其周边。

⑩百丈山、名山：百丈山，在今四川名山县东40里。名山，在名山县北。

⑪泸州：今四川泸县。

⑫眉州：又名通义郡，今四川眉山、洪雅一带。

⑬汉州：又称德阳郡，今四川广汉、德阳一带。

⑭铁山、竹山：铁山，又名铁桶山，在四川丹棱县境内。竹山，即绵竹山，在四川绵竹县境内。

译文

剑南地区，以彭州出产的茶为上等品，（出产于彭县马鞍山至德寺和堋口的，与襄州茶品质相同，是二等品。）绵州、蜀州出产的茶是二等品，（绵州龙安县产于松岭关的茶叶，与荆州茶品质一样，是二等品。西昌、昌明、神泉县西山的茶，品质都非常好；越过松岭以西的，就不值得采摘。蜀州青城县丈人峰产的茶叶品质与绵州茶一样。青城县还产有散茶、木茶。）邛州、雅川、泸州出产的茶，是三等品，（雅州百丈山、名山，四川泸县产的茶，品质却与金州茶相同，是四等品。）眉州、汉州出产的茶是四等品。（眉州丹棱县出产于铁桶山的，汉州绵竹县产于绵竹山的茶，品质都与润州茶一样，是四等品。）

原文

浙东[①]：以越州[②]上，（余姚县生瀑布泉岭曰仙茗，大者殊异，小者与襄州同。）明州[③]、婺州[④]次，（明州鄮县[⑤]生榆荚村，婺州东阳县东白

山[6],与荆州同。)台州[7]下。(台州始丰县[8]生赤城者,与歙州同。)

注释

①浙东:浙江东道节度使方镇的简称。节度使驻地浙江绍兴。

②越州:又称会稽郡。今浙江绍兴、嵊县一带。

③明州:又称余姚郡。今浙江宁波、奉化一带。

④婺州:又名东阳郡。今浙江金华、兰溪一带。

⑤鄮县:今浙江宁波市东南的东钱湖畔。鄮,读音 mào。

⑥东白山:在今浙江东阳县巍山镇北。

⑦台州:又名临海郡。今浙江临海、天台一带。

⑧始丰县:今浙江天台县。

译文

浙东,以越州出产的茶为上等品,(余姚县出产在瀑布泉岭的叫仙茗,叶片大的,品质特别优异,叶片小的,品质与襄州茶相同,是二等品。)明州、婺州出产的茶是二等品,(明州出产在鄮县榆荚村的、婺州出产于东阳县东白山的茶,品质与荆州茶相同,是二等品。)台州出产的茶是三等品。(台州天台县出产在赤城峰的茶,品质与歙州茶相同。)

原文

黔中[1]:生思州、播州、费州、夷州[2]。

注释

①黔中:唐开元十五道之一。

②思州、播州、费州、夷州:思州,又称宁夷郡。今贵州沿河一带。播州,又名播川郡,今贵州遵义一带。费州,又称涪川郡,今贵州思南、德江一带。夷州,又名义泉郡,今贵州凤冈、绥阳一带。

译文

黔中的茶出产于思州、播州、费州、夷州。

原文

江西[1]:生鄂州、袁州、吉州[2]。

注释

①江西:江西团练观察使方镇的简称。观察使驻地在今江西南昌市。

②鄂州、袁州、吉州:鄂州,又称江夏郡,今湖北武昌、黄石一带。袁州,又名宜春郡,今江西省宜春市。吉州,今江西吉安、宁冈一带。

译文

江西的茶出产于鄂州、袁州、吉州。

原文

岭南[1]:生福州、建州、韶州、象州[2]。(福州生闽方山山阴。)其思、播、费、夷、鄂、袁、吉、福、建、韶、象十一州未详,往往得之,其味极佳。

注释

①岭南:唐贞观十道之一。

②福州、建州、韶州、象州:福州,又名长乐郡,今福建福州、莆田一带。建州,又称建安郡,今福建建阳一带。韶州,又名始兴郡,今广东韶关、仁化一带。象州,又称象山郡,今广西象州县一带。

译文

岭南的茶出产于福州、建州、韶州、象州。（福州主要产于闽县方山的北坡。）以上思、播、费、夷、鄂、袁、吉、福、建、韶、象十一州的产地和茶叶品质等次并不详细准确，往往得到这些地方的茶叶，品尝之后感觉品质非常好。

续茶经

原文

《国史补》：风俗贵茶，其名品益众。剑南有蒙顶[①]石花，或小方、散芽，号为第一。湖州有顾渚之紫笋，东川有神泉小团、绿昌明、兽目。峡州有小江园、碧涧寮、明月房、茱萸寮，福州有柏岩、方山露芽，婺州有东白、举岩、碧貌，建安有青凤髓，夔州有香山，江陵有楠木，湖南有衡山，睦州有鸠坑。洪州有西山之白露，寿州有霍山之黄芽。绵州之松岭，雅州之露芽，南康之云居，彭州之仙崖、石花，渠江之薄片，邛州之火井、思安，黔阳之都濡、高株，泸川之纳溪、梅岭，义兴之阳羡、春池、阳凤岭，皆品第之最著者也。

注释

①蒙顶：茶名。这种茶产自四川名山县西南十五里的蒙山。山上有五峰，最高的叫上清峰，峰顶有一块巨石，有几间屋子大，石上长有七株茶树，相传为甘露大师手植，产茶极少，明代一年向京师进贡一钱多一点。围绕石头还长几十株茶树，叫陪茶，供当地官员享用。

译文

《国史补》载：民间的习俗以茶为贵，因此茶的名字和品种有很多。剑南有蒙顶的石花，或叫小方、散芽，号称为第一。湖州有顾渚的紫笋，东川有神泉的小团、绿昌明、兽目，峡州有小江园、碧涧寮、明月房、茱萸寮，福州有柏岩、方山露芽，婺州有东白、举岩、碧貌，建安有青凤髓，夔州有香山，江陵有楠木，湖南有衡山，睦州有鸠坑，洪州有西山白露，寿州有霍山的黄芽。绵州的松岭，雅州的露芽，南康的云居，彭州的仙崖、石花，渠江的薄片，邛州的火井、思安，黔阳的都濡、高株，泸川的纳溪、梅岭，义兴的阳羡、春池、阳凤岭，都是最好的品种。

原文

《文献通考》：片茶之出于建州者有龙、凤、石乳、的乳、白乳、头金、蜡面、头骨、次骨、末骨、粗骨、山挺十二等，以充岁贡及邦国之用。洎本路食茶，余州片茶，有进宝双胜、宝山两府出兴国军；仙芝、嫩蕊、福合、禄合、运合、脂合出饶、池州；泥片出虔州；绿英、金片出袁州；玉津出临江军；灵川出福州；先春、早春、华英、来泉、胜金出歙州[①]；独行灵草、绿芽片金、金茗出潭州；大拓枕出江陵、大小巴陵；开胜、开棬、小棬、生黄翎毛出岳州；双上绿牙、大小方出岳、辰、澧州；东首、浅山、薄侧出光州。总二十六名，其

两浙及宣、江、鼎州止以上中下或第一至第五为号。其散茶，则有太湖、龙溪、次号、末号出淮南；岳麓、草子、杨树、雨前、雨后出荆、湖；清口出归州；茗子出江南。总十一名。

注释

①歙(shè)州：指徽州，位于安徽省南部、新安江上游，所辖地域为今黄山市、绩溪县及江西婺源县。宋徽宗宣和三年，改歙州为徽州。

译文

《文献通考》载：从建州出产的片茶有龙、凤、石乳、的乳、白乳、头金、蜡面、头骨、次骨、末骨、粗骨、山挺12种，这些用来作为贡品以及国家和地方使用。余州的片茶，有进宝双胜、宝山两府，都是出自兴国军；仙芝、嫩蕊、福合、禄合、运合、脂合都是出产于饶州池州；泥片出自虔州；绿英、金片出自袁州；玉津出自临江军；灵川出自福州；先春、早春、华英、来泉、胜金出自歙州；独行灵草、绿芽片金、金茗出自潭州；大拓枕出自江陵、大小巴陵；开胜、开棬、小棬、生黄翎毛出自岳州；双上绿牙、大小方出自岳、辰、澧州；东首、浅山、薄侧出自光州。总共26种，其中两浙和宣、江、鼎州只以上中下或者第一至第五为号。其中的散茶，则有太湖、龙溪、次号、末号，出自淮南；岳麓、草子、杨树、雨前、雨后，出自荆、湖；清口出自归州；茗子出自江南。总共有11种。

原文

叶梦得《避暑录话》：北苑茶正所产为曾坑，谓之正焙；非曾坑为沙溪，谓之外焙。二地相去不远，而茶种悬绝。沙溪色白过于曾坑，

但味短而微涩，识者一啜，如别泾渭也。余始疑地气土宜，不应顿异如此。及来山中，每开辟径路，刳[1]治岩窦[2]，有寻[3]丈之间，土色各殊，肥瘠紧缓燥润，亦从而不同。并植两木于数步之间，封培灌溉略等。而生死丰悴如二物者。然后知事不经见，不可必信也。草茶极品惟双井、顾渚，亦不过各有数亩。双井[4]在分宁县，其地属黄氏鲁直家也。元丰间，鲁直力推赏于京师，族人交致之，然岁仅得一二斤尔。顾渚在长兴县，所谓吉祥寺也，其半为今刘侍郎希范家所有。两地所产，岁亦止五六斤。近岁寺僧求之者，多不暇精择，不及刘氏远甚。余岁求于刘氏，过半斤则不复佳。盖茶味虽均，其精者在嫩芽。取其初萌如雀舌者，谓之枪。稍敷而为叶者，谓之旗。旗非所贵，不得已取一枪一旗犹可，过是则老矣。此所以为难得也。

注释

①刳（kū）：破开、挖空。

②窦（dòu）：洞、孔。

③寻：古代的长度单位，八尺为寻。

④双井：在江西分宁县西南三十里，宋代诗人黄庭坚（号鲁直）所居之南溪。汲此井水种茶，绝胜之处，故称双井茶。

译文

叶梦得《避暑录话》：正宗北苑茶叶出产的地方是曾坑，被称为正焙；不是曾坑是沙溪的，就被称为外焙。这两个地方虽然距离不远，而茶叶品种相差得就很大了。沙溪比曾坑的茶叶颜色要白，但是味道淡而且有一点苦涩，内行人一尝，就能够分出个好坏来。我开始的时候认为即使土地不同,也不应该相差这么大啊。等到了山里,每次开辟路径的时候破开周围的岩石,在几丈方圆之间,土地的颜色各有不同,土地的肥沃干燥也各有不同。两棵树差不多,把它们种在一起,封焙灌溉也差不多,但还是有的生长茂盛有的枯萎了,从而知道事情没有亲眼见,是不可以完全相信的。草茶之中最好的品种只有双井和顾渚,也不过各有几亩。双井在分宁县,地属于黄鲁直家。元丰年间,鲁直极力把茶推广到京城,家族的茶都交给他,但是一年也只不过一两斤罢了。顾渚在长兴县,就是所谓的吉祥寺,它的一半归现在侍郎刘希范家所有。两地所出产的茶叶一年也只有五六斤。近年来寺庙里的和尚一味贪多,多数没有工夫去采摘精品,所出茶叶比刘氏的相差太多了。我每年向刘氏要,但是每次超过半斤就不会好。虽然茶叶的味道均匀,但是它最重要的地方在嫩芽。摘取其刚开始像雀舌的萌芽,被称为枪。上面覆盖着叶子的被称为旗。旗并不贵重,只要取一枪一旗就可以了,太多就老了,这就是为什么很难得了。

原文

《归田录》:腊茶出于剑建,草茶盛于两浙。两浙之品。日注①为第一。自景祐以后,洪州双井白芽渐盛,近岁制作尤精,囊以红纱,不过一二两,以常茶十数斤养之,用避暑湿之气。其品远出日注上,遂为草茶第一。

注释

①日注:据北宋末《杨公笔录》说:"会稽日铸山,茶品冠江浙。世传越王铸剑,他处皆不成,至此,一日铸成,故谓之曰铸(注)。山有寺,泉甘美,尤宜茶。山顶谓之油车岭,茶尤奇,所收绝少,其真者芽长寸余,自有麝气。"按:日铸山在浙江绍兴东南五十里。

译文

《归田录》载：腊茶出产于剑建，草茶兴起于两浙。两浙的品种之中，日注是第一位。自景祐年间以后，洪州双井的白芽变得兴盛起来，近几年制作的更加精良，放在红纱里面，也不过一二两，用普通的茶叶十几斤养着，以避免湿热的气息。它的品质远远在日注之上，因此是草茶之中最好的。

原文

《云麓漫钞》：茶出浙西[1]，湖州为上，江南常州次之。湖州出长兴顾渚山中，常州出义兴君山悬脚岭北岸下等处。

注释

①浙西：指浙江西部，唐置浙江西道，宋称浙江西路，辖杭州、嘉兴、湖州等地。浙东指浙江东部，唐置浙江东道，宋改为浙江东路。辖宁波、绍兴、台州等地。

译文

《云麓漫钞》载：浙江西湖出产的茶叶最好，江南常州的要差一点，湖州茶出自长兴顾渚山，常州茶出自义兴君山悬脚岭北岸下的一些地方。

原文

《蔡宽夫诗话》："玉川子《谢孟谏议寄新茶》诗有'手阅月团三百片'及'天子须尝阳羡茶'之句。则孟所寄，乃阳羡茶也。""杨文公

《谈苑》:‘蜡茶出建州,陆羽《茶经》尚未知之,但言福建等州未详,往往得之,其味极佳。江左[1]近日方有蜡面之号。’丁谓《北苑茶录》云:‘创造之始,莫有知者。’质之三馆[2]检讨[3]杜镐,亦曰在江左日,始记有研膏茶。欧阳公《归田录》亦云‘出福建’,而不言所起。按唐氏诸家说中,往往有蜡面茶之语,则是自唐有之也。”

注释

①江左:江左指长江以东之地,今江苏等地。江右指长江以西之地,即今江西。因为从北面看,江东在左,江西在右。

②三馆:指文学之馆。唐设昭文馆、集贤院、史馆为三馆,修史、藏书、校雠皆其职。宋代承袭了唐代这一制度。

③检讨:官名,宋代有史馆检讨。

译文

《蔡宽夫诗话》载:“玉川子《谢孟谏议寄新茶》诗中有‘手阅月团三百片’和‘天子须尝阳羡茶’的句子。这里说明孟所寄的就是阳羡茶了。”“杨文公《谈苑》:‘蜡茶出产于建州,陆羽的《茶经》还不清楚,只是说福建等州具体不详,有时得到这种茶,味道很好。江左近日才有叫蜡面的茶。’丁谓在《北苑茶录》:‘开始的时候,并没有人知道。’问到三馆检讨杜镐,也说在江左那天,才开始记录有研膏茶。欧阳公《归田录》也说‘出自福建’,也不说起源于哪里。唐氏等人诸家说法中,往往有蜡面茶的说法,那就说明是从唐代开始有的。”

原文

《事物记原》:江左李氏别令取茶之乳作片,或号京铤、的乳及骨子等,是则京铤之品,自南唐[1]始也。《苑录》云:“的乳以降,以下品杂炼售之,惟京师去者,至真不杂,意由此得名。”或曰,自开宝来,方有此茶。当时识者云,金陵僭国[2],惟曰都下,而以朝廷为京师。今忽有此名,其将归京师乎!

注释

①南唐：国名，五代十国之一。李昪代替吴国，称帝于金陵，国号唐，史称南唐。拥有今江苏、淮南、福建、江西及广西北部土地。历三主，三十九年，为宋所灭。他的儿子李璟为南唐中主，周世宗南征时，为形势所迫，割江北地奉表称臣，去帝号。后传位李煜，称南唐后主。人称亡国之君。

②僭(jiàn)国：超越本身地位，冒用国家称号，这是指在金陵的李氏集团。

译文

《事物记原》载：江左的李氏，让人取来茶乳制作成片，叫京铤、的乳和骨子等，那么说京铤的品种，就是从南唐开始的。《苑录》说："的乳以下的品种，是用下等的品种掺杂着提炼买卖的，只有到京师去的，才是正宗的没有掺杂，铤的名字应该就是这样来的。"有人说，从开宝以来，才有这种茶叶。据当时有见识的人说，金陵是僭越之国，只能称为都下，而尊朝廷为京师。今天忽然有这个名字，难道是它将归京师吗？

原文

罗廪[1]《茶解》：按唐时产茶地，仅仅如季疵所称。而今之虎丘、罗岕、天池、顾渚、松萝、龙井、雁荡、武夷、灵川、大盘、日铸、朱溪诸名茶，无一与焉。乃知灵草在有之。但培植不佳，或疏于采制耳。

注释

①罗廪(公元1573~1620年)：字高君，浙江宁波人。能诗，工书。行草师二王及怀素，纵横变化，几入妙品。又工临摹，多嫁名鲜于枢。诗余画谱有其所书。

译文

罗廪《茶解》:唐代出产茶叶的地方,仅仅就像季疵所说的那样。而现在的虎丘、罗岕、天池、顾渚、松萝、龙井、雁荡、武夷、灵川、大盘、日铸、朱溪等名茶,没有一个没有记录的。现在才发现灵草到处都存在,只是培植得不当,有的是疏忽于采摘制造。

原文

《潜确类书·茶谱》:袁州之界桥,其名甚著,不若湖州之研膏、紫笋,烹之有绿脚垂下。又婺州有举岩茶,片片方细[①],所出虽少,味极甘芳,煎之如碧玉之乳也。

注释

①方细:方正细小。

译文

《潜确类书·茶谱》载:袁州的界桥茶,名声赫赫,不像湖州的研膏、紫笋,烹煮之后有绿色的细脚垂下。另外婺州的举岩茶,每一片都方正细小,所以虽然产量很少,味道却极其甘甜芳香,煎煮之后就像碧玉之乳。

原文

《农政全书》:玉垒关外宝唐山,有茶树产悬崖,笋长三寸五寸,方有[①]一叶两叶。涪州出三般茶:最上宾化,其次白马,最下涪陵。

注释

①方有：才有。

译文

《农政全书》载：玉垒关外的宝唐山，有长在悬崖上的茶树，枝芽长到三寸到五寸，才有一两片叶子。涪州出产三种茶叶：最好的是宾化，其次是白马，最差的是涪陵。

原文

《煮泉小品》：茶自浙以北皆较胜。惟闽广以南，不惟水不可轻饮，而茶亦当慎之。昔鸿渐未详岭南诸茶，但云“往往得之，其味极佳”。余见其地多瘴疠[1]之气，染着水草，北人食之，多致成疾，故谓人当慎之也。

《茶谱通考》：岳阳之含膏冷，剑南之绿昌明，蕲门之团黄，蜀川之雀舌，巴东之真香，夷陵之压砖，龙安之骑火。

注释

①瘴疠(zhàng lì)：热带山林中的湿热空气和瘟疫散发的气味。

译文

《煮泉小品》载：茶叶从浙江往北都比较好。只有闽广往南，不但不能随便喝水，而且茶也应当慎用。以前鸿渐没有详细地说明岭南等茶，只是说“有时会得到，味道很好”。我看见那些地方多有瘴疠之气，水草沾染上了这样的气息，北方人吃了，很容易导致疾病，所以说应该慎用。

《茶谱通考》载：岳阳的含膏冷、剑南的绿昌明、蕲门的团黄，蜀川的雀舌、巴东的真香、夷陵的压砖、龙安的骑火。

原文

《江南通志》：苏州府吴县西山产茶，谷雨前采焙。极细者，贩于市，争先腾价，以雨前为贵也。

《吴郡虎丘志》：虎丘茶，僧房皆植，名闻天下。谷雨前摘细芽焙而烹之，其色如月下白，其味如豆花香。近因官司征以馈远，山僧供茶一斤，费用银数钱。是以苦于赍送。树不修葺，甚至刈[①]斫之，因以绝少。

注释

①刈（yì）：割掉。

译文

《江南通志》载：苏州府吴县西山出产茶叶，在谷雨之前采摘用火烘干。特别精细的，拿到市场上去卖，会被争先抢购，价格很高，因为在谷雨前的才算贵重。

《吴郡虎丘志》载：虎丘茶叶，和尚的房前房后都种植了，闻名天下。在谷雨前采摘细芽，烘焙之后烹煮，颜色就像月下的白色一样，味道就像豆花一样香。近来因为公事需要找一些茶赠给远方的朋友，山上的和尚给了1斤茶叶，花费了很多钱财。是因为苦于派送，茶树得不到修整，甚至砍伐了取茶，所以越来越少甚至没有了。

原文

米襄阳《志林》：苏州穹隆山下有海云庵，庵中有二茶树，其二株皆连理，盖二百余年矣。

《姑苏志》：虎丘寺西产茶，朱安雅云："今二山门西偏，本名茶岭。"

陈眉公《太平清话》：洞庭中西尽处，有仙人茶，乃树上之苔藓也，四皓[①]采以为茶。

注释

①四皓：汉初隐士：东国公、绮里季、夏黄公、角里先生四人称商山四皓。又《南史》："徐伯珍四兄弟皆白首相对，时人称为四皓。"

译文

米襄阳《志林》：苏州的穹隆山下有一座海云庵，庵中有两棵茶树，这两棵树是生长在一起的，已经超过200多年了。

《姑苏志》载：虎丘寺的西面出产茶叶，朱安雅说，"现在二山门偏西的地方，原来的名字叫做茶岭。"

陈眉公《太平清话》：洞庭往西的尽头，有种叫仙人的茶，其实是树上的苔藓，有四个白发老人将它采摘下来作为茶叶。

原文

《图经续记》：洞庭[1]小青山坞出茶，唐宋入贡。下有水月寺，因名水月茶。

《古今名山记》：支硎山茶坞多种茶。

《随见录》：洞庭山[2]有茶，微似岕而细，味甚甘香，俗呼为"吓杀人"。产碧螺峰者尤佳，名碧螺春。

注释

①洞庭：指洞庭湖，湖中小山甚多，以君山最著名。

②洞庭山：江苏太湖中有东西二山，东山为古莫厘山，西山为古包山。

译文

《图经续记》：洞庭小青山里面出产茶叶，唐宋时期作为供品进贡。因为下面有水月寺，所以叫做水月茶。

《古今名山记》：支硎山的茶坞里面种许多茶叶。

《随见录》载：洞庭山里有茶叶，细小的就像岕茶末，味道甘甜芳香，俗名叫做"吓杀人"。产于碧螺峰的更好，名叫碧螺春。

原文

《松江府志》：佘山在府城北，旧有佘姓者修道于此，故名。山产茶与笋，并美，有兰花香味。故陈眉公云："余乡佘山茶与虎丘相伯仲[1]。"

《常州府志》：武进县章山麓有茶巢岭，唐陆龟蒙尝种茶于此。

注释

①伯仲：伯、仲、叔、季原为兄弟排列次序。这里用伯仲是指相差无几，不相上下。

译文

《松江府志》载：佘山在府城的北面，以前有姓佘的人在这里修道，由此得名，山里出产的茶叶和竹笋都很好，有兰花的香味。所以陈眉公说："我家乡的佘山茶与虎丘茶叶不相上下。"

《常州府志》载：武进县章山的山脚有茶巢岭，唐代的陆龟蒙曾经在这里种茶。

原文

《天下名胜志》："南岳古名阳羡山，即君山北麓。孙皓即封国后，遂[1]禅此山为岳，故名。唐时产茶充贡，即所云南岳贡茶也。""常州宜兴县东南别有茶山。唐时造茶入贡，又名唐贡山，在县东南三十五里，均山乡。"

《武进县志》：茶山路在广化门外十里之内，大墩小墩连绵簇拥，有山之形。唐代湖、常二守会阳羡造茶修贡，由此往返，故名。

注释

①遂：才，于是。

译文

《天下名胜志》记载："南岳古时叫阳羡山，就是君山的北麓。孙皓封国后，于是就把这座山称为岳，名字就是这样得来的。唐代时期产茶充当贡品，所说的就是南岳的贡茶。”“常州宜兴县的东南有茶山。唐朝时候的人们采茶入贡，所以又叫做唐贡山，在县城东南35里的地方，那里都是山。”

《武进县志》记载：茶山路在广化门外10里以内，大墩和小墩连起来簇拥在一起，形成山的形状。唐代的湖、常两地的太守，到阳羡制造茶叶来进贡，就从这里往返，由此而得名。

原文

《檀几丛书》：“茗山在宜兴县西南五十里永丰乡，皇甫冉曾有《送羽南山采茶》诗，可见唐时贡茶在茗山矣。”“唐李栖筠守常州日，山僧献阳羡茶。陆羽品为芬芳冠世，产可供上方。遂置茶舍于洞灵观，岁造万两入贡。后韦夏卿徙于无锡县罨画溪上，去湖汊一里所。许有谷诗云：‘陆羽名荒旧茶舍，却教阳羡置邮忙’是也。”“义兴南岳寺，唐天宝中有白蛇衔茶子坠寺前，寺僧种之庵侧，由此滋蔓，茶味倍佳，号曰蛇种。土人重之，每岁争先饷遗。官司需索，修贡不绝。迨今方春采茶，清明日，县令躬享白蛇于卓锡泉亭，隆厥典也。后来檄取，山农苦之，故袁高有‘阴岭茶未吐，使者牒已频’之句。郭三益诗：‘官符星火催春焙，却使山僧怨白蛇。’卢仝《茶歌》：‘安知百万亿苍生，命坠颠崖受辛苦。’可见贡茶之累民①，亦自古然②矣。”

注释

①累民：劳累茶民。

②然：就是这样。

译文

《檀几丛书》记载：“茗山在宜兴县西南50里的永丰乡，皇甫冉曾经作有《送羽南山采茶》诗，可见唐朝时期的贡茶就在茗山出产。”“唐代李栖筠任常州太守的时候，山里的和尚进献阳羡茶。陆羽品尝后认为它的香味无与伦比，可以拿

来进贡给皇上。于是就在洞灵观里建造了一个茶舍,每年制造上万两进贡。后来韦夏卿迁徙无锡县的罨画溪上,住在距离水流分支的地方只有一里左右。许有谷的诗中说:'陆羽名荒旧茶舍,却教阳羡置邮忙',说的就是这个。""义兴的南岳寺,唐朝天宝年间有白蛇衔的茶子落在寺庙的前面,寺里的和尚把它种植在庵旁,由此滋生蔓长,茶味极好,名叫蛇种。当地的人很重视它,每年争先恐后食用赠送,官府不断索要去作为贡品。直到现在开始采茶,清明那一天,县令亲自到卓锡泉水亭去躬请白蛇,典礼十分隆重。后来索取太多,山里的农民深受其苦,所以袁高有'阴岭茶未吐,使者牒已频'的句子。郭三益诗中说:'官符星火催春焙,却使山僧怨白蛇。'卢仝《茶歌》:'安知百万亿苍生,命坠颠崖受辛苦。'可见贡茶连累茶民,自古以来就是这样。"

原文

《洞山茶系》:"罗岕,去宜兴而南,逾八九十里。浙直[①]分界,只一山冈,冈南即长兴山。两峰相阻,介就夷旷者,人呼为岕云。履其地,始知古人制字有意。今字书'岕'字,但注云'山名耳'。有八十八处,前横大涧,水泉清驶,漱润茶根,泄山土之肥泽,故洞山为诸岕之最。自西氿溯涨渚而入,取道茗岭,甚险恶。(县西南八十里。)自东氿溯湖汊而入,取道瀍岭,稍夷,才通车骑。""所出之茶,厥有四品:第一品,老庙后。庙祀山之土神者,瑞草丛郁,殆比茶星肸蠁矣。地不下二三亩,苕溪姚像先与婿分有之。茶皆古本,每年产不过二十斤,色淡黄不绿,叶筋淡白而厚,制成梗绝少。入汤色柔白如玉露,味甘,芳香藏味中,空濛深永,啜之愈出,致在有无之外。第二品,新庙后、棋盘顶、纱帽顶、毛巾条、姚八房及吴江周氏地,产茶亦不能多。香幽色白,味冷隽,与老庙不甚别,啜之差觉其薄耳。此皆洞顶岕也。总之岕品至此,清如孤竹,和如柳下,并入圣矣。今人以色浓香烈为岕茶,真耳食而眯其似也。第三品,庙后涨沙、大袁头、姚洞、罗洞、王洞、范

洞、白石。第四品，下涨沙、梧桐洞、余洞、石场、丫头岕、留青岕、黄龙、岩灶、龙池，此皆平洞本岕也。外山之长潮、青口、渻庄、顾渚、茅山岕。俱不入品。”

注释

①浙直：这里指的是浙江与直隶。

译文

《洞山茶系》记载：“罗岕，在宜兴的南面大约八九十里的地方，浙江与直隶分界。只有一座山冈，山冈的南面就是长兴山。两座山之间空旷的地方，别人叫做岕云。踏在这片土地上，才知道古人造的字很有深意。今天的‘岕’字，注说是‘山名’。有88处前面横着特大的山涧，泉水特别清澈，滋润茶树的根部，使山上的土地很肥沃，所以说洞山茶是所有茶中最好的。从氿溯的西面逆流而上，经过茗岭，地势特别险恶。（在县城西南80里的地方。）从氿溯的东面湖水分叉的地方进入，经过瀍岭，稍平坦，才能够通过车辆。”“所出产的茶叶，总共有4个品种：第一个品种，是老庙后。庙里祭祀的是山上的土地神明，瑞草丛生，所以这里的茶都很好。总共也不过两三亩的面积，苕溪的姚像先和女婿两个人共同拥有。茶树都是古树，每年出产的不超过20斤，颜色淡黄而不绿，叶子的筋脉淡白而且很厚，制成了梗很少。放入开水里面颜色柔白就像玉露一样，味道很甘甜，芳香藏在味道中，特别深远，越喝越能够品出味来，让人如痴如醉。第二个品种，新庙后、棋盘顶、纱帽顶、毛巾条、姚八房以及吴江周氏那里，出产的茶叶也不是很多。幽香白色，味道冷峻，与老庙的没有太大的区别，喝了之后觉得它不太好感觉味道，这些都是洞顶岕。总之岕品种的茶叶到了这种程度，清如孤竹一样，柔和的就像是站在柳树的下面，都一起成了圣洁的东西。现在的人认为颜色很深香气很浓郁的是岕茶，只是听来觉得它很相似罢了。第三个品种，庙后的涨沙、大袁头、姚洞、罗洞、王洞、范洞、白石。第四个品种，下涨沙、梧桐洞、余洞、石场、丫头岕、留青岕、黄龙、岩灶、龙池，这些都是平洞本岕。外山的长潮、青口、渻庄、顾渚、茅山岕，都不能称为好的品种。”

原文

《岕茶汇钞》:洞山茶之下者,香清叶嫩,着水香消。棋盘顶、纱帽顶、雄鹅头、茗岭,皆产茶地。诸地有老柯、嫩柯,惟老庙后无二,梗叶丛密,香不外散,称为上品也。

《镇江府志》:润州之茶,傲山为佳。

《寰宇记》:扬州江都县蜀冈有茶园,茶甘旨如蒙顶。蒙顶在蜀,故以名冈。上有时会堂、春贡亭,皆造茶所,今废[1],见毛文锡《茶谱》。

注释

①废:荒废。

译文

《岕茶汇钞》记载:洞山茶中比较差的,香味清新叶子很嫩,放在水里面香味就消散了。棋盘顶、纱帽顶、雄鹅头、茗岭,都是出产茶叶的地方。这地方有老柯、嫩柯,只有老庙后没有这两种,梗叶茂密,放在水里面香气不会往外面流散,称为上品。

《镇江府志》记载:润州的茶叶,以傲山的最好。

《寰宇记》:扬州江都县蜀冈有茶园,茶叶甘甜就像是蒙顶出产的。蒙顶在蜀地,所以用蒙来命名山。上面有时会堂、春贡亭,都是制造茶叶的地方,现在已经荒废了,见毛文锡《茶谱》。

原文

《宋史·食货志》:散茶出淮南,有龙溪雨前、雨后之类。

《安庆府志》:六邑俱产茶,以桐之龙山、潜之闵山者为最。莳茶源在潜山县。香茗山在太湖县。大小茗山在望江县。

《随见录》：宿松县产茶，尝之颇有佳种，但制不得法。倘[1]别其地，辨其等，制以能手，品不在六安下。

注释

①倘：如果，假如。

译文

《宋史·食货志》记载：散茶出自淮南，在龙溪有雨前、雨后之分。

《安庆府志》记载：六邑都出产茶叶，以桐地的龙山、潜地的闵山为最好的。莳茶源在现在的潜山县。香茗山在太湖县。大小茗山在望江县。

《随见录》记载：宿松县出产茶叶，经过品尝后发现有好的品种，但是制造的时候方法不对。如果是别的地方，分出它们的等级，让内行的能手来制作，品味不在六安之下。

原文

《徽州志》：茶产于松萝，而松萝茶乃绝少，其名则有胜金、嫩桑、仙芝、来泉、先春、运合、华英之品，其不及号者为片茶八种。近岁茶名，细者有雀舌、莲心、金芽；次者为芽下白，为走林，为罗公；又其次者为开园，为软枝，为大方。制名号多端[1]，皆松萝种也。

注释

①多端：很多。

译文

《徽州志》记载：茶叶是松萝出产的，而松萝茶却很少，其有名的只有胜金、嫩桑、仙芝、来泉、先春、运合、华英这些品种，另外还有不知道具体名字的被统称为片茶8种。近年来的茶叶，好的有雀舌、莲心、金芽；稍微差一点的有芽下白、走林、罗公；再差一点的是开园、软枝、大方。名称虽然很多，但是都是松萝的品种。

原文

吴从先《茗说》：松萝予土产也，色如梨花，香如豆蕊，饮如嚼雪。种愈佳，则色愈白，即经宿无茶痕，固足美也。秋露白片子更轻清若空，但香大惹人，难久贮，非富家不能藏耳。真者其妙若此，略混他地一片，色遂作恶①，不可观矣。然松萝地如掌，所产几许，而求者四方云至，安得不以他②混耶？

注释

①作恶：变坏。

②他：这里指的是其他茶叶的品种。

译文

吴从先《茗说》：当地生产的松萝子，颜色就像是梨花一样，香味就像是豆蕊，喝起来就像是在吃雪。品种越好颜色就越白，如果被搁置一个晚上还没有茶痕的，那就是很好的品种了。秋露白片子更加的清新可人，但是香味浓得熏人，很难长期储存，不是富裕的人家是没有办法贮藏的。真正像这样好的东西，如果混杂有其他地方产的茶叶一片。颜色就会变坏，简直不能看了。然而出产松萝的地方有限，产量很少，而四面八方的人都来求索，怎么能够不掺杂其他的品种呢？

原文

《黄山志》:莲花庵旁,就石缝养茶,多轻香冷韵,袭人断腭①。

《昭代丛书》:张潮云:"吾乡天都有抹山茶,茶生石间,非人力所能培植。味淡香清,足称仙品。采之甚难,不可多得。"

《随见录》:松萝茶近称紫霞山者为佳,又有南源、北源名色。其松萝真品殊不易得。黄山绝顶有云雾茶,别有风味,超出松萝之外。

《通志》:宁国府属宣、泾、宁、旌、太诸县,各山俱产松萝。

《名胜志》:宁国县鸦山在文脊山北,产茶充贡。《茶经》云"味与蕲州同"。宋梅询有"茶煮鸦山雪满瓯"之句。今不可复得矣。

注释

①断腭:陶醉人。

译文

《黄山志》载:莲花庵的附近,在石头的缝隙里面种植茶叶,多半清香冷韵,喝起来香气醉人。

《昭代丛书》载:张潮说,"我的家乡天都出产抹山茶,茶树生长在石头之间,不是人力所能栽培的。味道香甜清淡,可以称得上是极品,采摘起来很困难,不容易多得。"

《随见录》载:近来据说紫霞山的松萝茶最好,还有南源、北源这些有名的品种。它们之中真正的松萝实在是不容易得到。黄山的顶峰有云雾茶,别有风味,比松萝更好。

《通志》载：宁国府所治理的宣、泾、宁、旌、太等县，各个山上都出产松萝茶叶。

《名胜志》载：宁国县的鸦山在文脊山的北面，出产茶叶来充当贡品。《茶经》中说“味道跟蕲州的一样”。宋代的梅询有“茶煮鸦山雪满瓯”的句子，现在不可能再得到了。

原文

《农政全书》：宣城县有丫山，形如小方饼横铺，茗芽产其上。其山东为朝日所烛①，号曰阳坡，其茶最胜。太守荐之，京洛人士题曰“丫山阳坡横文茶”，一名“瑞草魁”。

《华夷花木考》：宛陵茗池源茶，根株颇硕，生于阴谷，春夏之交，方发萌芽。茎条虽长，旗枪不展，乍紫乍绿。天圣初，郡守李虚己同太史梅询尝试之，品以为建溪、顾渚不如也。

注释

①烛：照射。

译文

《农政全书》载：宣城县的丫山，形状就像是横铺着的小方饼一样，那里出产茶叶。山的东面早上就被太阳照射，名叫阳坡，那里的茶叶最好。太守将它推荐给别人，京城的人士为它题词说“丫山阳坡横文茶”，又叫“瑞草魁”。

《华夷花木考》载：宛陵茗池出产的茶叶，根部很丰硕，生长在背阴的山谷，春夏交替的时候，才萌发出新芽。茎和枝条虽然很长，但是叶子并不展开，带点紫绿色。天圣初年，郡县太守李虚己和太史梅询曾经尝试过，认为建溪、顾渚都比不上它。

原文

《随见录》：宣城有绿雪芽，亦松萝一类。又有翠屏等名色。其泾川涂茶，芽细、色白、味香，为上供之物。

《通志》：池州府属青阳、石埭、建德，俱产茶。贵池亦有之，九华山闵公墓茶，四方称之。《九华山志》：金地茶，西域僧金地藏所植，今传枝梗空筒者是。大抵烟霞云雾之中，气常温润，与地上者不同，味自异也。

注释

（略）

译文

《随见录》载：宣城有绿雪芽，也属于松萝一种。还有翠屏等各种名茶。其中泾川的涂茶，茶芽很细、颜色很白、味道很香，这都是上供的品种。

《通志》记载：池州府所治理的青阳、石埭、建德，都出产茶叶。贵池也生产茶叶，九华山的闵公墓茶，来自四面八方的人都称赞它。《九华山志》记载：金地茶，是西域的和尚金地藏种植的。今天人们传说的枝梗里面是空的就是它。大概是因为生长在烟霞云雾之中，气候温暖湿润。所以与地上的不一样，味道自然就不同了。

原文

《通志》：“庐州府属六安、霍山，并产名茶，其最著惟白茅贡尖，即

茶芽也。每岁茶出，知州具本[1]恭进。”“六安州有小岘山出茶，名小岘春，为六安极品。霍山有梅花片，乃黄梅时摘制，色香两兼而味稍薄。又有银针、丁香、松萝等名色。”

注释

①具本：拟好奏章。

译文

《通志》记载：“庐州府管辖的六安、霍山，都出产好的茶叶，其中最著名的只有白茅贡尖，就是所说的茶芽。每年茶芽出来的时候，知州拟好奏章进献。”“六安州的小岘山出产茶叶，名叫小岘春，是六安中最好的品种。霍山的梅花片，在黄梅季节采摘制造，颜色和香味都具备了，只是味道稍微有点淡。还有银针、丁香、松萝等著名的品种。”

原文

《紫桃轩杂缀》：余生平慕[1]六安茶，适一门生作彼中守，寄书托求数两，竟不可得，殆绝意乎。

陈眉公《笔记》：“云桑茶出琅琊山，茶类桑叶而小，山僧焙而藏之，其味甚清。”“广德州建平县雅山出茶，色香味俱美。”

注释

①慕：喜欢，爱好。

译文

《紫桃轩杂缀》记载：我生平最喜欢六安茶，恰好有一个学生在那里做中守，就写信过去想求取几两，竟然得不到，太绝人意了。

陈眉公《笔记》："云桑茶出自琅琊山，茶叶就像桑叶那样小，山里的和尚烘干储藏，味道非常清爽。""广德州建平县雅山出产茶叶，色香味都很好。"

原文

《浙江通志》："杭州钱塘、富阳及余杭、径山多产茶。""《天中记》：'杭州宝云山出者，名宝云茶。下天竺香林洞者，名香林茶。上天竺白云峰者，名白云茶。'""田子艺云：'龙泓今称龙井，因其深也。《郡志》称有龙居之，非也。盖武林之山，皆发源天目，有龙飞凤舞之谶，故西湖之山以龙名者多，非真有龙居之也。有龙，则泉不可食矣。泓上之阁，亟宜去之，浣花[①]诸池尤所当浚。'"

注释

①浣花：清洗花。

译文

《浙江通志》载："杭州的钱塘、富阳以及余杭、径山等山都出产茶叶。""《天中记》：'杭州宝云山出产名叫宝云的茶叶。下天竺香林洞里出产名叫香林的茶叶。上天竺白云峰出产名叫白云的茶叶。'""田子艺说：'龙泓现在称为龙井，因为它很深的缘故。《郡志》说里面有龙居住，其实没有。其实武林的山，都是发源于天目，古人认为它有龙飞凤舞的气势。所以西湖的山用龙来命名的很多，不是真的有龙居住在里面。如果有龙的话，那泉水就不能喝了。井上的房子，应该拆去，洗花的池子更应当清理。'"

原文

《湖壖杂记》：龙井产茶，作豆花香，与香林、宝云、石人坞、垂云亭者绝异。采于谷雨前者尤佳，啜之淡然，似乎无味，饮过后，觉有一种太和之气，弥沦于齿颊之间，此无味之味乃至味也。为益于人不浅，故能疗疾。其贵如珍，不可多得。

《坡仙食饮录》：宝严院垂云亭亦产茶，僧怡然以垂云茶见饷，坡报以大龙团。

陶谷《清异录》：开宝中，窦仪以新茶饷予，味极美，奁面标云"龙陂山子茶"。龙陂是顾渚山之别境。

注释

（略）

译文

《湖壖杂记》：龙井出产的茶叶，发出豆花一样的香味，与香林、宝云、石人坞、垂云亭都不相同。在谷雨之前采摘的更好，喝的时候觉得味道很淡，好像没有味道一样，饮用之后，有一种很调和的气息。在牙齿和两颊之间游走，这种好像没有味道的味道，才是最好的味道。有益人的身心健康，所以能够治疗疾病。它贵重得就像珍珠一样，很难得到。

《坡仙食饮录》载：宝严院垂云亭也出产茶叶，和尚高兴地用垂云茶赠送，坡回送给他大龙团。

陶谷《清异录》：开宝年间，窦仪把新茶赠送给我，味道特别好，盒子的上面标有"龙陂山子茶"。龙陂是顾渚山外的地方。

原文

《吴兴掌故》："顾渚左右有大小官山，皆为茶园。明月峡在顾渚

侧，绝壁削立，大涧中流，乱石飞走，茶生其间，尤为绝品。张文规诗所谓'明月峡中茶始生'，是也。""顾渚山，相传以为吴王夫差于此顾望原隰可为城邑，故名。唐时，其左右大小官山皆为茶园，造茶[1]充贡，故其下有贡茶院。"

注释

①造茶：制造、生产茶叶。

译文

《吴兴掌故》载："顾渚的两旁有大小官山，都是茶园。明月峡在顾渚的旁边，陡峭的山峰耸立，宏大的涧水从中间流过，石头杂乱无章，茶叶就生长在这里面，所以更好了。张文规诗中所说的'明月峡中茶始生'，说的就是这个。""顾渚山，传说吴王夫差当年在这里，瞭望着平原可以为城池，才这样命名的。唐朝的时候，它的旁边大小官山都是茶园。制造茶叶来充当贡品，所以它的下面有贡茶院。"

原文

《蔡宽夫诗话》：湖州紫笋茶出顾渚，在常、湖二郡之间，以其萌茁紫而似笋也。每岁入贡，以清明日到，先荐宗庙，后赐近臣[1]。

注释

①近臣：亲近的大臣。

译文

《蔡宽夫诗话》：湖州的紫笋茶出产于顾渚，在常、湖两郡之间，因为萌芽是紫色而且很像笋子，因此而得名。每年进贡，要在清明的时候进到，皇上先祭奠祖宗，然后再赏赐最亲近的臣子。

原文

冯可宾《岕茶笺》：环长兴境，产茶者曰罗嶰、曰白岩、曰乌瞻、曰青东、曰顾渚、曰篠浦，不可指数。独罗嶰最胜。环嶰境十里而遥为嶰者，亦不可指数。嶰而曰岕，两山之介也。罗隐隐此，故名，在小秦王庙后，所以称庙后罗岕也。洞山之岕，南面阳光，朝旭夕辉，云滃雾浡[①]，所以味迥别也。

注释

①云滃雾浡：雨和雾的精华。

译文

冯可宾《岕茶笺》：环绕着长兴境内，出产茶叶的地方被称为罗嶰、白岩、乌瞻、青东、顾渚、篠浦，没有办法全部列举出来，只有罗嶰最好。嶰境方圆十里的地方，也被称为嶰地。也没有办法全部列举出来。嶰又叫做岕，意思是指两山之间的。罗隐在这里隐居，所以将它命名为罗嶰，在小秦王庙的后面，被称为庙后罗岕，洞山的岕茶，南面向着阳光，早上迎接初升的太阳，晚上沐浴在夕阳的余晖之下，接受了雨雾的精华，所以味道很特别。

原文

《名胜志》：茗山在萧山县西三里，以山中出佳茗也。又上虞县后

山,茶亦佳。

《方舆胜览》:会稽有日铸岭,岭下有寺,名资寿。其阳坡名油车,朝暮常有日,茶产其地,绝奇[1]。欧阳文忠云:"两浙草茶,日铸第一。"

注释

①绝奇:特别的好。

译文

《名胜志》记载:茗山在萧山县西面约3里的地方,因为山里面出产很好的茶叶所以叫茗山。另外上虞县的后山,茶叶也非常的好。

《方舆胜览》记载:会稽山有日铸岭,岭下有寺庙,名叫资寿。山的北面称为油车,早晚都有太阳,那里产的茶,特别的好。欧阳文忠公说:"两浙茶草,日铸第一。"

原文

《紫桃轩杂缀》:普陀老僧贻余小岩茶一裹,叶有白茸,瀹之无色,徐引觉凉透心腑。僧云:"本岩岁止五六斤,专供大士,僧得啜者寡矣。"

《普陀山志》:茶以白华岩顶者为佳。

《天台记》:丹丘出大茗[1],服之生羽翼。

注释

①大茗:大的茶叶。

译文

《紫桃轩杂缀》记载:普陀山的老和尚送给我一包小白岩茶,叶子上面有白色的茸毛，泡的时候没有颜色，慢慢品味就会觉得凉透了心肺。和尚说："这种茶叶本山每年只出产五六斤，专供大学士用，能够喝到的和尚很少。"

《普陀山志》记载：茶叶属白华岩顶的为上品。

《天台记》：丹丘出产大的茶叶，服用之后能够生出羽翼。

原文

桑庄《茹芝续谱》：天台茶有三品：紫凝、魏岭、小溪是也。今诸处并无出产，而土人所需，多来自西坑、东阳、黄坑等处。石桥诸山，近亦种茶，味甚清甘，不让他郡，盖出自名山雾中，宜其多液而全厚也。但山中多寒，萌以较迟，兼之做法不佳，以此不得取胜。又所产不多，仅足供山居而已。

注释

（略）

译文

桑庄《茹芝续谱》：天台山的茶叶有3个品种：紫凝、魏岭、小溪。现在每个地方并没有出产，而当地人所用的，大多数来自西坑、东阳、黄坑等地方。石桥等山，近来也种植茶叶，味道甘甜清香，不比其他的地方差，因为出自名山雾中，汁液多而厚实。但是山中的寒气很重，萌发的也很晚，加上制造的方法不恰当，因此不能取胜。又因为所出产不多，只能供给山上的居民使用。

原文

《天台山志》：葛仙翁茶圃在华顶峰上。
《群芳谱》：安吉州茶亦名紫笋。
《通志》：茶山在金华府兰溪县。
《广舆记》：鸠坑茶出严州府淳安县。方山茶出衢州府龙游县。

注释

（略）

译文

《天台山志》记载：葛仙翁的茶园在华顶峰上。
《群芳谱》记载：安吉州的茶叶也叫紫笋。
《通志》记载：茶山在金华府兰溪县。
《广舆记》：鸠坑茶出产于严州府淳安县。方山茶出产于衢州府的龙游县。

原文

劳大与《瓯江逸志》：浙东多茶品，雁荡山称第一。每岁谷雨前三日，采摘茶芽进贡。一枪两旗而白毛者，名曰明茶；谷雨日采者，名雨茶。一种紫茶，其色红紫，其味尤佳，香气尤清，又名玄茶，其味皆似天池而稍薄。难种薄收，土人[①]厌人求索，园圃中少种，间有之亦为识者取去。按卢仝《茶经》云："温州无好茶，天台瀑布水、瓯水味薄，惟雁荡山水为佳。"此茶亦为第一，曰去腥腻、除烦恼、却[②]昏散、消积食。但以锡瓶贮者，得清香味，无以锡瓶贮者，其色虽不堪观，而滋味且佳，同阳羡山岕茶无二无别。采摘近夏，不宜早，炒做宜熟不宜生，如法可贮二三年。愈佳愈能消宿食醒酒，此为最者。

王草堂《茶说》：温州中㟼及漈上茶皆有名，性不寒不热。

屠粹忠《三才藻异》：举岩，婺茶也，片片方细，煎如碧乳。

注释

①土人：当地的人。

②却：去除。

译文

劳大与《瓯江逸志》：浙江的东面多出产茶叶，雁荡山可以称为第一。在每年谷雨3天前，采摘茶芽来进贡。一枪两旗而且有白色的毛的，名叫明茶；谷雨当天采摘的，被称为雨茶。另外还有一种紫茶，颜色红紫，味道很好。香气很清新，所以又叫做玄茶，它的味道比天池茶稍淡一点。因为又难种且收得少，当地的人很讨厌别人来求索，茶园里种得少，即使有一点也被熟人拿去了。按照卢仝《茶经》里面说的："温州没有好的茶，天台的瀑布水、温州的水，水味很淡，只有雁荡山的水最好。"这种茶也是一等的，可以除腥腻、除烦恼、去昏散、消除积食。用锡瓶来储存的，味道清香，不用锡瓶储存的，颜色不好看但滋味很好，跟阳羡山的茶没什么区别。在接近夏天的时候采摘，不适合过早，炒的时候应该熟而不应该生，像这样的方法制作的茶可以储存两三年。越是好的茶叶越是能够消化食物和解酒，这是最好的。

王草堂《茶说》：温州的中垄和漈上的茶叶都很出名，品性不冷也不热。

屠粹忠《三才藻异》记载：举岩，就是婺茶，每一片都很方正细小，煎煮出来就像碧乳一样。

原文

《江西通志》："茶山在广信府城北，陆羽尝居① 此。""洪州西山白露鹤岭，号绝品，以紫清香城者为最。及双井茶芽，即欧阳公所云'石

上生茶如凤爪'者也。又罗汉茶如豆苗，因灵观尊者自西山持至，故名。"

《南昌府志》：新建县鹅冈西有鹤岭，云物鲜美，草林秀润，产名茶异于他山。

注释

①尝居：曾经居住。

译文

《江西通志》记载："茶山在广信府的城北，陆羽曾经在那里居住。""洪州西山的白露鹤岭，号称绝品，以紫清香城的为最好。还有双井茶芽，就是欧阳修所说的'石上生茶如凤爪'。还有像豆苗一样的罗汉茶，因为是灵观尊者从西山带到这里来的，所以才如此命名。"

《南昌府志》记载：新建县鹅冈西面有鹤岭，物品鲜美，草木秀丽，所出产的名茶跟其他地方的不一样。

原文

《通志》："瑞州府出茶芽，廖暹《十咏》呼为雀舌香焙。其余临江、南安等府俱出茶，庐山亦产茶。""袁州府界桥出茶，今称仰山、稠平、木平者佳，稠平者尤妙。""赣州府宁都县出林岕，乃一林姓者以长指甲炒之，采制得法①，香味独绝，因之得名。"

注释

①得法:方法正确、恰当。

译文

《通志》记载:“瑞州府出产的茶芽,廖暹在《十咏》中把它称为雀舌香焙。其他像临江、南安等府都出产茶叶,庐山也出产茶叶。”“袁州府界桥出产茶叶,现在被称为仰山、稠平、木平的很好,稠平的最好。”“赣州府宁都县出产林岕,是一个姓林的人用长指甲炒的,采摘和制作的方法很恰当,香味也很特别,所以才得到了这个名称。”

原文

《名胜志》:茶山寺在上饶县城北三里,按《图经》,即广教寺。中有茶园数亩,陆羽泉一眼。羽性嗜茶,环居皆植之,烹以是泉,后人遂以广教寺为茶山寺云。宋有茶山居士曾吉甫,名几,以兄开忤秦桧,奉祠侨居此寺,凡七年,杜门不问世故①。

《丹霞洞天志》:建昌府麻姑山产茶,惟山中之茶为上,家园植者次之。

《饶州府志》:浮梁县阳府山,冬无积雪,凡物早成,而茶尤殊异。金君卿诗云:“闻雷已荐鸡鸣笋,未雨先尝雀舌茶。”以其地暖故也。

注释

①世故:其他的事情。

译文

《名胜志》记载:茶山寺在上饶县城北3里的地方,按照《图经》的记载,就是广教寺。里面有几亩茶园,陆羽泉一眼。陆羽喜欢喝茶,居住的四周都种植着茶叶,用泉水来煮,于是后来的人就把广教寺称为茶山寺。宋代有被称为茶山居士的曾吉甫,名几,因为他的哥哥得罪了秦桧,所以建造了祠堂在这里居住,7年以来。闭门不问其他的事情。

《丹霞洞天志》记载:建昌府的麻姑山出产茶叶,只有山里的茶叶是上品,家园种植的差一点。

《饶州府志》记载:浮梁县阳府山,冬天没有积雪,所有的物体都提前成熟,而且茶叶尤其特殊。金君卿的诗中说:"闻雷已荐鸡鸣笋,未雨先尝雀舌茶。"就是因为这个地方很暖和的缘故。

原文

《通志》:"南康府出匡茶,香味可爱,茶品之最上者。""九江府彭泽县九都山出茶,其味略似六安。"

《方舆记》:德化茶出九江府。又崇义县多产茶。

《吉安府志》:龙泉县匡山有苦斋,章溢所居,四面峭壁,其下多白云,上多北风,植物之味皆苦。野蜂巢其间①,采花蕊作蜜,味亦苦。其茶苦于常茶。

注释

①巢其间:在其中建立穴巢。

译文

《通志》记载:"南康府出产的匡茶,味道清香可爱,茶叶的品质是最好的。""九江府彭泽县九都山出产的茶叶,它的味道跟六安的茶有点相似。"

《方舆记》:德化茶出自九江府。还有崇义县多出产茶叶。《吉安府志》记载:龙泉县匡山出产苦斋,章溢居住在这里,四面都是峭壁,下面有很多白云,上面多刮北风,所有植物的味道都是苦的。野蜜蜂在里面筑巢,采花蕊酿蜜,味道也很苦。那里的茶叶比一般的都要苦。

原文

《群芳谱》：太和山骞林茶，初泡极苦涩，至三四泡，清香特异，人以为茶宝。

《福建通志》：福州、泉州、建宁、延平、兴化、汀州、邵武诸府，俱产茶。

《合璧事类》：建州出大片方山之芽，如紫笋，片大极硬。须汤浸之，方可碾。治头痛，江东老人多服之。

注释

（略）

译文

《群芳谱》记载：太和山骞林茶，第一次泡的时候味道特别苦涩，泡了三四回之后，就觉得特别清香，人们都认为它是茶宝。

《福建通志》记载：福州、泉州、建宁、延平、兴化、汀州、邵武等地方，都生产茶叶。

《合璧事类》：福州出产大片的方山茶叶，如紫笋，叶片非常大而且特别硬。需要浸在开水里面，才可以碾细。它能够治疗头痛，很多江东的老人都服用它。

原文

《天下名山记》："鼓山半岩茶，色香，风味当为闽中第一。不让[①]虎丘、龙井也。雨前者每两仅十钱，其价廉甚。一云前朝每岁进贡，至杨文敏当国，始奏罢之。然近来官取，其扰甚于进贡矣。""柏岩，福州茶也。岩即柏梁台。"

《兴化府志》：仙游县出郑宅茶，真者无几，大都以赝者杂之，虽香而味薄。

注释

①不让:不比别的东西差。

译文

《天下名山记》:"鼓山的半岩茶,颜色和风味,都称得上闽中第一。不比虎丘、龙井差。雨前的每一两仅值十钱,价钱十分便宜。又有说以前的朝代每年进贡,到杨文敏的时候,才开始奏请废除这种规矩。然而近来官府索取,扰民的程度比进贡更加厉害。""柏岩,是福州出产的茶叶。岩就是柏梁台。"

《兴化府志》记载:仙游县所出产的郑宅茶,真正的没有多少,大都掺杂着赝品,虽然很香但是味道却很淡。

原文

陈懋仁《泉南杂志》:清源山茶,青翠芳馨,超轶天池之上。南安县英山茶,精者可亚虎丘,惜所产不若清源之多也。闽地①气暖,桃李冬花,故茶较吴中差早。

《延平府志》:棕毛茶出南平县,半岩②者佳。

注释

①闽地:指的是福建。

②半岩:半山腰。

译文

陈懋仁《泉南杂志》中说:清源的山茶,颜色青翠味道芳馨,比天池要好。南安县的英山茶,其中最好的能够比得上虎丘,可惜所出产的没有清源的多。福建那里的气候温暖,桃李冬天就能够开花,所以茶叶比吴地的茶叶要早。

《延平府志》记载：棕毛茶出产于南平县，半山上生长的最好。

原文

《建宁府志》：北苑在郡城东，先是建州贡茶首称北苑龙团，而武夷石乳之名未著。至元时，设场于武夷，遂与北苑并称。今则但知有武夷，不知有北苑矣。吴越间人颇不足闽茶，而甚艳北苑之名，不知北苑实在闽也。

注释

（略）

译文

《建宁府志》记载：北苑在郡城的东面，建州贡茶开始叫北苑龙团，而武夷石乳并不出名。到元朝的时候，在武夷扩大了生产规模，于是才能和北苑齐名。现在的人只知道有武夷，而不知道有北苑。吴越那里的人很不重视闽茶，而特别羡慕北苑的名声，却不知道北苑其实就是闽茶。

原文

宋无名氏《北苑别录》："建安之东三十里，有山曰凤凰，其下直北苑，旁联诸焙，厥土赤壤，厥茶惟上上。太平兴国中，初为御焙，岁模龙凤，以羞贡篚，盖表珍异。庆历中，漕台益重其事，品数日增，制度日精。厥今茶自北苑上者，独冠天下，非人间所可得也。方其春虫震蛰，群夫雷动，一时之盛，诚为大观。故建人谓至建安而不至北苑，与不至者同。仆因摄事，得研究其始末，姑摭其大概，修为十余类目，曰《北苑别录》云。""御园：九窠十二陇，麦窠，壤园，龙游窠，小苦竹，苦竹里，鸡薮窠，苦竹，苦竹源，鼯鼠窠，教练陇，凤凰山，大小焊，横坑，猿游陇，张坑，带园，焙东，中历，东际，西际，官平，石碎窠，上下官坑，

虎膝窠，楼陇，蕉窠，新园，天楼基，院坑，曾坑，黄际，马鞍山，林园，和尚园，黄淡窠，吴彦山，罗汉山，水桑窠，铜场，师如园，灵滋，苑马园，高畲，大窠头，小山。又四十六所，广袤三十余里，自官平而上为内园，官坑而下为外园。方春灵芽萌坼，先民焙十余日，如九窠十二陇、龙游窠、小苦竹、张坑、西际，又为楚园之先[①]也。"

注释

①先：前面。

译文

宋朝无名氏《北苑别录》记载："建安东面30里的地方，有一座凤凰山，它的下面就是北苑，旁边有许多烘焙的地方，土壤肥沃、种茶是最好的。太平兴国年间，开始烘焙是为了制造贡品，每年做成龙凤的模样，用圆形的竹筐装着，看起来很珍贵。庆历年间，漕台也很重视此事，品种数量逐渐增加，制造的也更加精致。现在北苑的上等茶叶，是天下最好的，不是普通人可以得到的。当春天到来的时候，很多人一起出动，一时之间，很是壮观。所以建人说到建安而不到北苑，跟没有到是一样的。我因为处理事务，所以研究它的前后始末，现在摘录它的大概，把它编纂成十几种，题目叫做《北苑别录》。""御园：九窠十二陇，麦窠，壤园，龙游窠，小苦竹，苦竹里，鸡薮窠，苦竹，苦竹源，鼯鼠窠，教练陇，凤凰山，大小焊，横坑，猿游陇，张坑，带园，焙东，中历，东际，西际，官平，石碎窠，上下官坑，虎膝窠，楼陇，蕉窠，新园，天楼基，院坑，曾坑，黄际，马鞍山，林园，和尚园，黄淡窠，吴彦山，罗汉山，水桑窠，铜场，师如园，灵滋，苑马园，高畲，大窠头，小山。还有46处，方圆30多里，从官平往上的是内园，官坑往下的是外园。当春天的灵芽开始萌发的时候，官焙比茶农要早十几天烘焙，如九窠十二陇、龙游窠、小苦竹、张坑、西际，又在楚园的前面。"

原文

《东溪试茶录》:"旧记建安郡官焙三十有八。""丁氏旧录云:'官私之焙千三百三十有六',而独记官焙三十二。东山之焙十有四:北苑龙焙一,乳橘内焙二,乳橘外焙三,重院四,壑岭五,渭源六,范源七,苏口八,东宫九,石坑十,建溪十一,香口十二,火梨十三,开山十四。南溪之焙十有二:下瞿一,濛洲东二,汾东三,南溪四,斯源五,小香六,际会七,谢坑八,沙龙九,南香十,中瞿十一,黄熟十二。西溪之焙四:慈善西一,慈善东二,慈惠三,船坑四。北山之焙二:慈善东一,丰乐二。外有曾坑、石坑、壑源、叶源、佛岭、沙溪等处。惟壑源之茶,甘香特胜。""茶之名有七:一曰白茶,民间大重,出于近岁,园焙时有之。地不以山川远近,发不以社之先后。芽叶如纸,民间以为茶瑞,取其第一者为斗茶。次曰柑叶茶,树高丈余,径头七八寸,叶厚而圆,状如柑橘之叶,其芽发即肥乳,长二寸许,为食茶之上品。三曰早茶,亦类柑叶,发常先春,民间采制为试焙者。四曰细叶茶,叶比柑叶细薄,树高者五六尺,芽短而不肥乳,今生沙溪山中,盖土薄而不茂也。五曰稽茶,叶细而厚密,芽晚而青黄。六曰晚茶,盖稽茶之类,发比诸茶较晚,生于社后。七曰丛茶,亦曰丛生茶,高不数尺,一岁之间发者数四,贫民取以为利。"

注释

(略)

译文

《东溪试茶录》记载:"以前记载建安郡的官焙总共有38处。""丁氏旧录中说:官府和私人烘焙的总共有1336处,但是只记载着32种官焙。东山的烘焙有14处:一是北苑龙焙,二是乳橘内焙,三是乳橘外焙,四是重院,五是壑岭,六是渭源,七是范源,八是苏口,九是东宫,十是石坑,十一是建溪,十二是香口,十

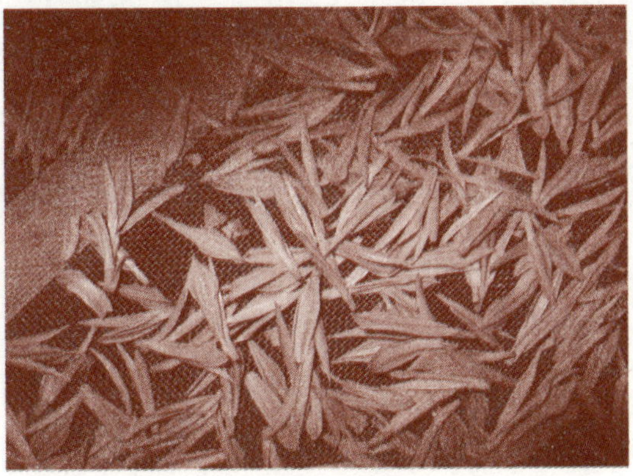

三是火梨，十四是开山。南溪烘焙的地方总共有12处：下瞿，濛州东，汾东，南溪，斯源，小香，际会，谢坑，沙龙，南香，中瞿，黄熟。西溪的烘焙有4个地方：慈善西，慈善东，慈惠，船坑。北山烘焙有两个：慈善东，丰乐。另外有曾坑、石坑、壑源、叶源、佛岭、沙溪等地。只有壑源的茶叶，特别甘香。”“茶叶的名字有7个：一是白茶，民间很重视，是近几年出产的，园焙有时有。产地不能够根据山川的远近，萌发不能根据社火先后。茶叶就像纸一样，民间认为茶叶很吉祥，所以通过斗茶得出其中的第一名。其次是柑叶茶，树高一丈多，直径七八寸，叶子厚且圆，就像柑橘的叶子，发出的芽就是肥乳，长二寸多，是茶叶之中上好的品种。三是早茶，也跟柑橘叶很相似，经常在早春的时候萌发，民间采制这种茶来试焙。四是细叶茶，叶子比柑橘叶细薄，树高的有五六尺，茶芽短而不肥厚，现在生长在沙溪山里面，因为土地贫瘠所以不茂盛。五是稽茶，叶子细小且厚密，茶芽出来的比较晚而且呈青黄色。六是晚茶，属于稽茶一类，发芽比其他的茶叶都要晚，生长在社火以后。七是丛茶，也叫丛生茶，树高不过几尺，一年能够发出四次新芽，贫民拿它来卖钱。

原文

《品茶要录》：壑源、沙溪，其地相背，而中隔一岭，其去无数里之遥，然茶产顿殊。有能出力移栽植之，亦为水土所化。窃尝怪茶之为草，一物耳，其势必犹得地而后异。岂水络地脉偏钟粹于壑源，而御焙占此大冈巍陇，神物伏护，得其余荫耶？何其甘芳精至而美擅天下也。观夫春雷一鸣，筠笼才起，售者已担簦挈橐于其门，或先期而散留金钱，或茶才入笪而争酬所直。故壑源之茶，常不足客所求。其有桀猾之园民，阴取沙溪茶叶，杂就家棬而制之。人耳其名，睨其规模之相若，不能原其实者，盖有之矣。凡壑源之茶售以十，则沙溪之茶售以五，其直大率仿此。然沙溪之园民，亦勇于觅利，或杂以松黄，饰其首面。凡肉理怯薄，体轻而色黄者，试时鲜白，不能久泛，香薄而味

短者，沙溪之品也。凡肉理实厚，质体坚而色紫，试时泛盏凝久，香滑而味长者。婺源之品也。

注释

（略）

译文

《品茶要录》记载：婺源、沙溪，两个地方背靠背，中间隔着一道山岭，相距没有几里路，然而出产的茶叶差别却很大。有人费力气移植婺源的茶树，也被沙溪的水土所同化。所以难怪说茶为草木，必须先要得到土地的优势而后才能显得不一样，难道不是水络地脉偏偏钟情于婺源吗？而御焙占据了这样的大冈巍陇，神物伏护，难道不是得到了庇护吗？不然它怎能甘芳美味甲天下呢。春雷一响，竹笼才开始挑出去，而要购买的人已经拿着扁担到了门口，有的人预先留下一点定金，或者茶叶刚刚挑回来就争着报价。所以婺源的茶，常常供不应求。其中有狡猾的园民，暗地里拿沙溪的茶叶夹杂在里面一起制作。听说婺源茶的名声，外表看起来差不多，弄不清真假的人是有的。如果婺源茶叶售价是十，那么沙溪茶叶售价就是五，它们的价值基本上是这样。然而沙溪的园民，也争着牟利，有的在里面掺杂上松黄，来装饰它的表面。凡是肉理很薄、很轻而且颜色很黄的，试的时候颜色鲜白，不能长久浮在上面，香味很淡而且保持的时间不长的，就是沙溪茶。凡是肉理厚实、质地坚硬而且带着紫色的，试的时候在茶杯上漂浮的时间很长，香味纯正而且持续时间很长，就是婺源的茶。

原文

《潜确类书》：历代贡茶以建宁为上，有龙团、凤团、石乳、的乳、绿昌明、头骨、次骨、末骨、鹿骨、山挺等名，而密云龙最高，皆碾屑作饼。至国朝始用芽茶，曰探春、曰先春、曰次春、曰紫笋，而龙凤团皆废①矣。

注释

①废:没有,不存在。

译文

《潜确类书》记载:历代的贡茶都认为建宁的最好,名称有龙团、凤团、石乳、的乳、绿昌明、头骨、次骨、末骨、鹿骨、山挺等,而密云龙最好,都是把茶碾碎做成饼。到我朝的时候才开始用芽茶,名为探春、先春、次春、紫笋,而龙凤团都已经没有了。

原文

《名胜志》:北苑茶园属瓯宁县。旧[①]《经》云:"伪闽龙启中里人张晖,以所居北苑地宜茶,悉献之官,其名始著。"

《三才藻异》:"石岩白,建安能仁寺茶也,生石缝间。""建宁府属浦城县江郎山出茶,郎名江郎茶。"

注释

①旧:这里指从前的。

译文

《名胜志》记载:北苑的茶园从属于瓯宁县。从前的《经》中说:"伪闽龙启中的人张晖,用自己居住的北苑的茶叶来进献给官府,它才开始有名。"

《三才藻异》记载:"石岩白,是出产于建安能仁寺里面的茶,生长在石缝之间。""建宁府所管辖的浦城县江郎山出产的茶叶,叫做江郎茶。"

原文

《武夷山志》："前朝不贵闽茶，即贡者亦只备宫中浣濯瓯盏之需。贡使类以价，货京师所有者纳之。间有采办，皆剑津廖地产，非武夷也。黄冠每市山下茶，登山贸之，人莫能辨。""茶洞在接笋峰侧，洞门甚隘，内境夷旷，四周皆穹崖壁立。土人种茶，视他处为最盛。""崇安殷令招黄山僧以松萝法制建茶，真堪并驾①，人甚珍之，时有'武夷松萝'之目。"

注释

①并驾：相差不多，二者可以相提并论。

译文

《武夷山志》记载："从前的朝代不注重福建的茶叶，即使有作为贡品的也只是宫里面清洗茶杯用。贡使分类标价，付给到京师出售茶的人。偶尔直接采办，都是剑津廖那些地方所出产的，并不要武夷的。道士每年买山下的茶叶，再到山上去卖，人们也不能够分辨出来。""茶洞在接笋峰的旁边，洞门相当狭窄，里面很空旷，四周都是悬崖峭壁。当地人种植茶，认为那个地方长得最好。""崇安殷令让黄山的和尚用松萝的方法来制作建茶，可以跟松萝茶相提并论，人们都觉得它很珍贵，所以当时有'武夷松萝'这样的称呼。"

原文

王梓《茶说》：武夷山周回百二十里，皆可种茶。茶性，他产多寒，此独性温。其品有二：在山者为岩茶，上品；在地者为洲茶，次之。香清浊不同，且泡时岩茶汤白，洲茶汤红，以此为别。雨前者为头春，稍后为二春，再后为三春。又有秋中采者，为秋露白，最香。须种植、采摘、烘焙得宜，则香味两绝。然武夷本石山，峰峦载土者寥寥，故所产

无几。若洲茶，所在皆是，即邻邑近多栽植，运至山中及星村墟市贾售，皆冒充武夷。更有安溪所产，尤为不堪。或品尝其味，不甚贵重者，皆以假乱真误之也。至于莲子心、白毫皆洲茶，或以木兰花熏成欺人[1]，不及岩茶远矣。

注释

①欺人：欺骗敲诈别人。

译文

王梓《茶说》：武夷山的周围方圆120里，都可以种植茶叶。别的地方出产的茶，多半是寒性的，而只有这里是暖性的。它们的品种有两个：山上的是岩茶，是最好的；长在地上的是洲茶，略微差一点。香味浊清不一样，泡的时候岩茶水的颜色是白色的，而洲茶的水却是红色的，这就是不同之处。雨前的是初春，往后是二春，再往后就是三春，还有秋天采摘的，是秋露白，最为馨香。必须要种植、采摘、烘焙得都很到位，则香气和味道才能两绝。然而武夷本来就是石山，山峦之上土很少，所以产量很低。如果是洲茶，到处都是，就是邻近的县城也都有栽种，把它运到山里面的乡村、集市上去卖，用来顶替武夷茶。更有安溪所出产的茶，特别不好。假如品尝它的味道不是很浓重的，都是用假来乱真的。至于莲子心、白毫这些洲茶，有的用木兰花熏成来欺骗敲诈别人，那跟岩茶的味道就相差的很远了。

原文

张大复《梅花笔谈》：《经》云："岭南生福州、建州。"今武夷所产，其味极佳，盖以诸峰拔立。正陆羽所云"茶上者生烂石中"者耶！

《草堂杂录》：武夷山有三味茶，苦酸甜也，别是一种，饮之味果屡变，相传能解酲[1]消胀[2]。然采制甚少，售者亦稀。

注释

①解酲：解酒。

②消胀：消除腹胀。

译文

张大复《梅花笔谈》：《经》中说："岭南茶出产于福州、建州。"如今武夷所出产的茶，味道很好，这是因为这些山峰很挺拔。就像陆羽所说的"上好的茶生长在烂石中"。

《草堂杂录》记载：武夷山有3种茶，味苦酸甜，是很特别的一种，喝了之后味道果然是多次变化，相传能够解酒还能消除腹胀。但是采制的很少，出售的人也很少。

原文

《随见录》：武夷茶，在山上者为岩茶，水边者为洲茶。岩茶为上，洲茶次之。岩茶，北山者为上，南山者次之。南北两山，又以所产之岩名为名，其最佳者，名曰功夫茶。工夫之上，又有小种，则以树名为名。每株不过数两，不可多得。洲茶名色，有莲子心、白毫、紫毫、龙须、凤尾、花香、兰香、清香、奥香、选芽、漳[1]芽等类。

《广舆记》："泰宁茶出邵武府。""福宁州大姥山出茶，名绿雪芽。"

注释

①漳：读作zhāng。

译文

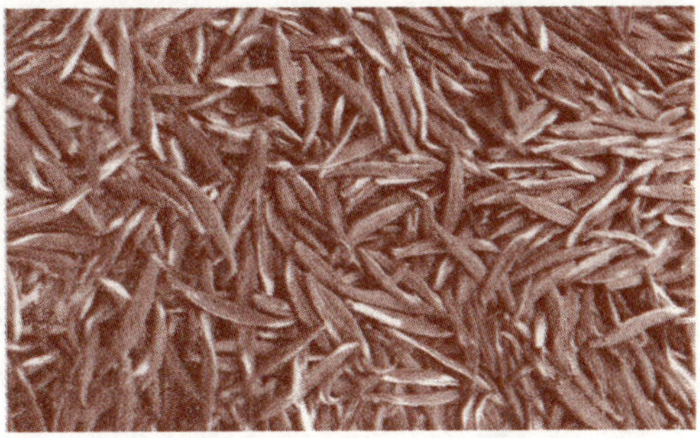

《随见录》记载：武夷茶，在山上生长的是岩茶，水边生长的是洲茶。岩茶比较好，而洲茶比它差。岩茶，北山上生长的要好一点，而南山上生长的要差一点。南北两座山，又根据所出产的茶叶的名字来命名。其中最好的茶，被叫做功夫茶。比功夫茶还好的，还有小种，则用树的名字来命名。每一棵树不过盛产几两，不能够多得。洲茶的品种，有莲子心、白毫、紫毫、龙须、凤尾、花香、兰香、清香、奥香、选芽、漳芽等品种。

《广舆记》："泰宁茶出自邵武府。""福宁州大姥山出产茶叶，称为绿雪芽。"

原文

《湖广通志》：武昌茶，出通山者上，崇阳蒲圻者次之。

《广舆记》：崇阳县龙泉山，周二百里。山有洞，好事者持炬而入，行数十步许，坦平如室，可容千百众，石渠流泉清冽，乡人号①曰鲁溪。岩产茶，甚甘美。

注释

①号：叫作，称为。

译文

《湖广通志》：武昌的茶叶，通山的比较好，崇阳蒲圻出产的稍差一点。

《广舆记》：崇阳县龙泉山，方圆200里地。山中有洞，好事的人拿着火把进去，走进去几十步远，里面平坦的就像卧室一样，可以容纳上千人，石渠流出的泉水很清澈，乡里的人都把它叫做鲁溪。岩上出产的茶叶，很是甘甜味美。

原文

《天下名胜志》：湖广江夏县洪山，旧名东山，《茶谱》云：鄂州东山出茶，黑色如韭，食之已头痛。

《武昌郡志》：茗山在蒲圻县北十五里，产茶。又大冶县亦有茗山。

《荆州土地记》：武陵七县道出茶，最①好。

注释

①最：这里的都的意思。

译文

《天下名胜志》记载：湖广江夏县的洪山，以前叫东山，《茶谱》中说："鄂州东山生产的茶叶，黑的就像韭菜一样，吃了之后头痛。"

《武昌郡志》记载：茗山距蒲圻县北15里远的地方，出产茶叶。另外大冶县内也有茗山。

《荆州土地记》：武陵7个县都出产茶叶，质量都好。

原文

《岳阳风土记》：灉湖诸山旧出茶，谓之灉湖茶。李肇所谓"岳州灉湖之含膏"是也。唐人极重之，见于篇什。今人不甚种植，惟白鹤僧园有千余本。土地颇类北苑，所出茶一岁不过一二十斤，土人谓之白鹤茶，味极甘香，非他处草茶可比并。茶园地色①亦相类，但土人不甚植尔。

《通志》："长沙茶陵州，以地居茶山之阴，因名。昔炎帝葬于茶山之野。茶山即云阳山，其陵谷间多生茶茗故也。""长沙府出茶，名安化茶。辰州茶出溆浦。郴州亦出茶。"

注释

①地色：土地的颜色。

译文

《岳阳风土记》：灉湖周围的山从前都出产茶叶，叫做灉湖茶。李肇所说的"岳州灉湖之含膏"就是这个。唐朝的人非常重视，多次把它记录到了书上。现在的人不太种植，只有白鹤僧园里面还有上千棵。这里的土地跟北苑的很接近，所出产的茶叶每年也不超过一二十斤，当地的人把它称为白鹤茶，味道特别甘香，不是别的地方的茶叶可以相比的。茶园土地的颜色也很相似，只是当地的人不多种植而已。

《通志》记载："长沙陵州茶，因为地在茶山阴面，所以得名。从前炎帝被埋葬在茶山之野。茶山就是云阳山，因为山谷间多出产茶叶所以得名。""长沙府出产的茶叶，名叫安化茶。辰州茶出自溆浦。郴州也出产茶叶。"

原文

《类林新咏》：长沙之石楠叶，摘芽为茶，名栾茶，可治头风。湘人以四月四日摘杨桐草，捣其汁拌米而蒸，犹糕糜[1]之类，必啜此茶，乃祛风也。

《合璧事类》："谭郡之间有渠江，中出茶，而多毒蛇猛兽，乡人每年采撷不过十五六斤，其色如铁，而芳香异常，烹之无脚。""湘潭茶，味略似普洱，土人名曰芙蓉茶。"

《茶事拾遗》：谭州有铁色，夷陵有压砖。

《通志》：靖州出茶油，蕲水有茶山，产茶。

注释

①糕糜：蒸烂了的米糕。

译文

《类林新咏》：长沙的石楠叶，摘取它的芽做成茶，名叫栾茶，可以治疗头风。湖南人在4月4日的时候摘取杨桐草，捣出它的汁和米拌在一起蒸熟，就像是蒸烂了的米糕，喝这种茶，就可以治愈头风。

《合璧事类》载："谭郡里面有渠江，渠江出产茶叶，而且毒蛇猛兽很多，乡下人每年采摘的不过十五六斤，它的颜色就像铁一样，但是味道芳香异常，烹煮之后没有梗。""湘潭的茶叶，味道有点像普洱茶，当地的人把它称为芙蓉茶。"

《茶事拾遗》载：谭州有铁色茶，夷陵有压砖茶。

《通志》载：靖州出产茶油，蕲水有茶山，生产茶叶

原文

《河南通志》：罗山茶，出河南汝宁府信阳州。

《桐柏山志》：瀑布山，一名紫凝山，产大叶茶。

《山东通志》：兖州府费县蒙山石巅，有花如茶，土人取而制之，其味清香迥异他茶，贡茶之异品也。

《舆志》：蒙山一名东山，上有白云岩产茶，亦称蒙顶。（王草堂云：乃石上之苔为之，非茶类也。）

注释

（略）

译文

《河南通志》载：罗山茶，产于河南汝宁府信阳州。

《桐柏山志》载：瀑布山，还叫紫凝山，出产大叶茶。

《山东通志》记载：兖州府费县蒙山顶上，有花像茶叶一样，当地的人摘取并制造，味道清香跟其他的茶叶不同，这是贡茶中的异品。

《舆志》记载：蒙山又叫东山，上面的白云岩出产茶叶，也称为蒙顶。（王草堂说：只是石头上的苔藓而已，并不是茶叶。）

原文

《广东通志》："广州韶州南雄、肇庆各府及罗定州，俱产茶。西樵山在郡城西一百二十里，峰峦七十有二，唐末诗人曹松①，移植顾渚茶于此，居人遂以茶为生业。""韶州府曲江县曹溪茶，岁可三四采，其味清甘。""潮州大埔县、肇庆恩平县，俱有茶山。德庆州有茶山，钦州灵山县亦有茶山。"

注释

①曹松（公元828~903年）：唐代晚期诗人。字梦徵，舒州（今安徽桐城，今安徽潜山）人。生卒年不详。早年曾避乱栖居洪都西山，后依建州刺史李频。李死后，流落江湖，无所遇合。

译文

《广东通志》记载："广州韶州南雄、肇庆各府以及罗定州，都出产茶叶。西樵山距郡城西面120里的地方，有72座山峰，唐朝末年的诗人曹松，将顾渚茶树移植到了这里，这里的人从此就以种植茶叶为生。”“韶州府曲江县曹溪茶，每年可以采摘三四次，它的味道特别清香甘甜。”“潮州的大埔县、肇庆的恩平县，都有茶山。德庆州有茶山，钦州灵山县同样有茶山。”

原文

吴陈琰《旷园杂志》：端州白云山出云独奇，山故莳茶在绝壁，岁不过得一石许，价可至百金。

王草堂《杂录》：粤东珠江之南产茶，曰河南茶。潮阳有凤山茶，乐昌有毛茶，长乐有石茗，琼州有灵茶、乌药茶云。

注释

（略）

译文

吴陈琰《旷园杂志》：端州白云山上的云很独特，当地人故意把茶叶种植在峭壁上，每年不过得到一担多一点，可以值上百金。

王草堂《杂录》：粤东珠江的南面产茶，又叫河南茶。潮阳有凤山茶，乐昌有毛茶，长乐有石茗茶，琼州有灵茶、乌药茶等。

原文

《岭南杂记》：“广南出苦橙茶，俗呼为苦丁，非茶也。茶大如掌，一片入壶，其味极苦，少则反有甘味。噙咽利咽喉之症，功并山豆根。”“化州有琉璃茶，出琉璃庵。其产不多，香与峒岕相似。僧人奉客，不及一两。”“罗浮有茶，产于山顶石上，剥之如蒙山之石茶，其香倍于广岕，不可多得。”

注释

（略）

译文

《岭南杂记》："广南出产苦橙茶，俗称为苦丁，并不是茶叶。这种茶叶很大就像手掌一样，放一片在壶里面，味道特别苦涩，放少点反而有甜味，含着能治疗咽喉病痛，效果就和山豆根一样。""化州有琉璃茶，出自琉璃庵。数量不多，香气跟峒岕很类似。和尚拿它来招待客人，还不足一两。""罗浮有一种茶，生长在山顶的石头上，剥开之后就像是蒙山的石茶，香味比广岕的好，数量很少。"

原文

《南越志》：龙川县出皋卢，味苦涩，南海谓之过卢。

《陕西通志》：汉中府兴安州等处产茶，如金州、石泉、汉阴、平利、西乡诸县各有茶园，他郡①则无。

《四川通志》："四川产茶州县凡二十九处，成都府之资阳、安县、灌县、石泉、崇庆等；重庆府之南川、黔江、丰都、武隆、彭水等；夔州府之建始、开县等，及保宁府、遵义府、嘉定州、泸州、雅州、乌蒙等处。""东川茶有神泉，兽目，邛州茶曰火井。"

注释

①他郡：其他的地方。

译文

《南越志》载：龙川县出产皋卢，味道非常苦涩，南海称为过卢。

《陕西通志》载：汉中府兴安州等地方出产茶叶，如金州、石泉、汉阴、平利、西乡等县都有茶园，别的地方没有。

《四川通志》载："四川生产茶叶的州县有29处，成都府的资阳、安县、灌县、石泉、崇庆等；重庆府的南川、黔江、丰都、武隆、彭水等；夔州府的建始、开县等，还有保宁府、遵义府、嘉定州、泸州、雅州、乌蒙等地方。""东川茶有叫神泉、兽目的，邛州茶叫火井。"

原文

《华阳国志》：涪陵无蚕桑，惟出茶、丹漆、蜜蜡。

《华夷花木考》：蒙顶茶受阳气全，故芳香。唐李德裕入蜀得蒙饼，以沃于汤瓶之上，移时尽化，乃验其真蒙顶。又有五花茶，其片作五出①。

注释

①五出：五个品种。

译文

《华阳国志》载：涪陵没有蚕桑，只有出产茶叶、丹漆、蜜蜡。

《华夷花木考》载：蒙顶茶吸收阳光多，所以很香。唐朝的李德裕到蜀地之后得到了蒙饼，把它放在汤瓶上面，移开的时候都化了，以此来检验蒙顶的真假。另外还有五花茶，茶片出自五种茶。

原文

毛文锡《茶谱》：蜀州晋原、洞口、横原、珠江、青城，有横芽、雀舌、鸟觜、麦颗，盖取其嫩芽所造以形似之也。又有片甲、蝉翼之异。片甲者，早春黄芽，其叶相抱如片甲也；蝉翼者，其叶嫩薄如蝉翼也，皆散茶之最上者。

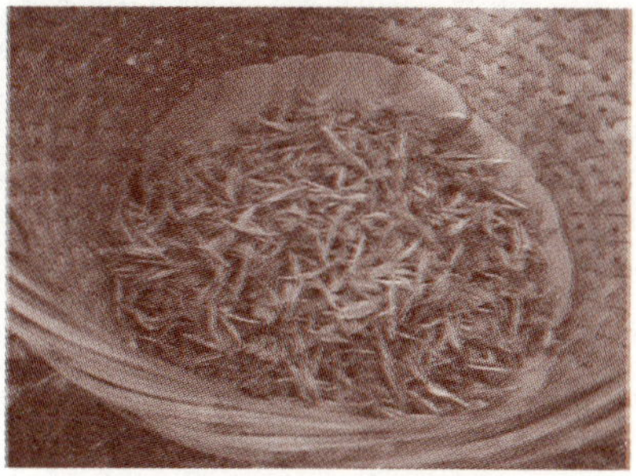

《东斋纪事》：蜀雅州蒙顶产茶，最佳。其生最晚，每至春夏之交始出，常有云雾覆其上，若有神物护持[1]之。

《群芳谱》：峡州茶有小江园、碧涧寮[2]、明月房、茱萸寮等。

注释

①护持：保佑，保护。

②寮：读作 liáo。

译文

毛文锡《茶谱》：蜀州的晋原、洞口、横原、珠江、青城，有横芽、雀舌、鸟觜、麦颗，这些都是采摘茶的嫩芽制造的，以它们的形状命名。还有片甲、蝉翼的差别。所谓片甲，是早春发芽，叶子拥抱在一起像片甲一样。所谓蝉翼，是指它的叶子嫩薄得就像蝉翼一样，都是散茶当中最好的。

《东斋记事》：蜀地雅州蒙顶出产的茶叶最好。它发芽得很晚，每年春夏交替开始出现，常常有云雾笼罩在树上，就像有神灵保护一样。

《群芳谱》：峡州的茶有小江园、碧涧寮、明月房、茱萸寮等。

原文

陆平泉《茶寮纪事》：蜀雅州蒙顶上有火前茶，最好，谓禁火以前

采者，谓之火后茶，有露芽、谷芽之名。

《述异记》：巴东有真香茗，其花白色如蔷薇，煎服令人不眠，能诵无忘。

《广舆记》：峨眉山茶，其味初苦而终甘。又泸州茶可疗风疾。又有一种乌茶，出天全六番讨使司境内。

注释

（略）

译文

陆平泉《茶寮记事》：蜀雅州蒙顶山上出产的火前茶最好，是在禁火以前采摘的。禁火后采摘的被称为火后茶，有露芽、谷芽的叫法。

《述异记》：巴东有真正的香茶，花的颜色白得就像蔷薇一样，煎服之后能够让人减少睡眠，增强记忆力。

《广舆记》：峨眉山的茶叶，开始的时候味道是苦涩的而后来却有点甜。还有泸州的茶叶可以治疗风疾。还有一种乌茶是出产于天全六番讨使司所管辖的境内。

原文

王新城《陇蜀余闻》：蒙山在名山县西十五里，有五峰，最高者曰上清峰。其巅一石大如数间屋，有茶七株，生石下，无缝罅，云是甘露大师手植。每茶时叶生，智炬寺僧辄报有司往视[①]。籍记其叶之多少，采制才得数钱许。明时贡京师仅一钱有奇。环石别有数十株，曰陪茶，则供藩府诸司之用而已。其旁有泉，恒用石覆[②]之，味精妙，在惠泉之上。

注释

①往视：前去查看。

②石覆：用石头压住。

译文

王新城《陇蜀余闻》：蒙山在名山县西面15里的地方，有5座山峰，最高的叫做上清峰。山顶一块大石有几间屋子大，有7棵茶树生长在石头下，没有缝隙，据说是甘露大师亲手栽种的。每当茶叶长了出来，智炬寺的和尚立即就报告有司去查看，记下它叶子的多少，采摘制造之后所得不过几钱罢了。明朝时期进贡给京师的也只有一钱多一点。围绕环石还有几十棵，被称为陪茶，供藩府诸司的官员所用。它的旁边有山泉，一直用石头压着，味道特别的精妙，比惠泉还好。

原文

《云南记》：名山县出茶，有山曰蒙山，联延数十里，在西南。按《拾遗志》《尚书》所谓"蔡蒙旅平"者，蒙山也，在雅州。凡蜀茶尽在此。

《云南通志》："茶山在元江府城西北普洱界。太华山在云南府西，产茶色似松萝，名曰太华茶。""普洱茶出元江府普洱山，性温味香。儿茶出永昌府，俱作团。又感通茶出大理府点苍山感通寺。"

《续博物志》：威远州即唐南诏银生府之地，诸山出茶，收采无时，杂椒姜烹而饮之。

注释

（略）

译文

《云南记》：名山县出产茶叶，有一座蒙山，连绵几十里路，在西南方向。按照《拾遗志》《尚书》中所记载的“蔡蒙旅平”，指的就是蒙山，在雅州，只要是蜀地的茶叶都产自这里。

《云南通志》记载：“茶山在元江府城西北的普洱境内。太华山在云南府的西面，所出产的茶叶颜色就像松萝一样，名叫太华茶。”“普洱茶出自于元江府普洱山，性质温和味道清香。儿茶出自永昌府，都制作成团状。另外感通茶是大理府点苍山感通寺出产的。”

《续博物志》记载：威远州就是唐代南诏银生府的所在地，那里各山都出产茶叶，收获和采摘没有固定的时间，可以配上椒、姜烹煮饮用。

原文

《广舆记》：“云南广西府出茶。又湾甸州出茶，其境内孟通山所产，亦类阳羡茶，谷雨前采者香。”“曲靖府出茶，子从生，单叶，子①可作油。”

许鹤沙《滇行纪程》：滇中阳山茶，绝类松萝。

《天中记》：容州黄家洞出竹茶，其叶如嫩竹，土人采以作饮②，甚甘美。（广西容县，唐容州。）

注释

①子：这里指茶的种子。

②饮：当茶喝。

译文

《广舆记》:“云南广西府出产茶叶,另外湾甸州出产茶叶,它的境内孟通山所出产的茶,类似阳羡茶,在谷雨前采摘的最香。”“曲靖府出产的茶叶,茶子丛生,单叶,子可用来榨油。”

许鹤沙《滇行纪程》:云南中阳山所出产的茶叶,跟松萝很相像。

《天中记》:容州黄家洞出产竹茶,它的叶子就像嫩竹一样,当地的人采摘回来当茶喝,味道很好。(广西容县,就是唐代的容州。)

原文

《贵州通志》:贵阳府产茶,出龙里东苗坡及阳宝山,土人制之无法,味不佳。近亦有采芽以造者,稍可供啜。咸宁府茶出平远,产岩间,以法制之,味亦佳。

《地图综要》:贵州新添军民卫产茶,平越军民卫亦出茶。

《研北杂志》:交趾出茶,如绿苔,味辛烈,名曰登。北人重译,名茶曰钗。

注释

(略)

译文

《贵州通志》记载:贵阳府出产茶叶,产自龙里东苗坡和阳宝山。因为当地人制作的方法不得当,所以味道不是很好。最近有采摘茶芽制造的,稍好一些。

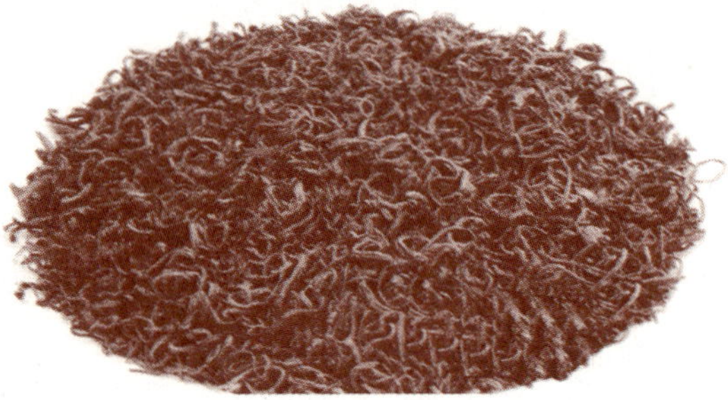

咸宁府的茶叶产自平远，长在岩石之间，如果制作的方法恰当的话，味道也很好。

《地图综要》记载：贵州新添军民卫出产茶叶，平越军民卫也出产茶叶。

《研北杂志》记载：交趾出产茶叶，如绿苔一样，味道辛烈，名叫登茶。北方人重译，把茶叫做钗。

九　茶之略

茶　经

原文

其造具，若方春禁火之时[①]，于野寺山园丛手而掇，乃蒸、乃舂，乃复以火干之，则棨、扑、焙、贯、棚、穿、育等七事皆废。

其煮器，若松间石上可坐，则列具废。用槁薪、鼎鬲之属，则风炉、灰承、炭挝、火筴、交床等废。若瞰泉临涧，则水方、涤方、漉水囊废。若五人以下，茶可末而精者，则罗废。若援藟[②]跻[③]岩，引絙入洞[④]，于山口炙而末之，或纸包、合贮，则碾、拂末等废。既瓢、碗、筴、札、熟盂、鹾簋悉以一筥盛之，则都篮废。但城邑之中，王公之门，二十四器阙一，则茶废矣。

注释

①方春禁火之时：禁火，古时民间习俗，即在清明前一二日禁火 3 天，吃冷食，叫“寒食节”。

②藟(lěi)：藤蔓。

③跻(jī)：登、升。

④引絙入洞：絙，读作 gēng，绳索。

译文

准备好制茶所用的器具，如果恰逢在春天寒食节前后，在野外寺院或者山间茶园，大家一起动手采摘，马上蒸青，舂捣，用火烘干，那么，棨、扑、焙、贯、棚、穿、育这七种器具便可以不用。

对煮茶所用的器具而言，如果松林里有石头可以放置，就不需要用器具陈列。如果用干柴鼎锅煮茶，那么风炉、灰承、炭挝、火筴、交床也都可以省去。如果是泉水旁溪涧侧烹茶，那么水方、涤方、漉水囊也可以不要。如果是五人以下同时旅游，采制的茶芽细嫩而干燥，可以碾成精细的茶末，那么箩就不需再用。如果攀藤上山，拉着绳子进入山洞烹饮，可以先在山下将茶烤好碾成细末，用纸包裹或茶盒装储，那么碾和拂末便不必带。假如瓢、碗、筴、札、熟盂、鹾簋等全用一个筥盛装，那么都篮就不需要了。但在城市人家，王公门第，那二十四种烹饮器具缺少一样，都谈不上品茶了。

续茶经

原文

《合璧事类·龙溪除起宗制》有云：必能为我讲摘山之制，得充厩之良。

胡文恭《行孙咨制》有云：领算商车，典领茗轴。

唐武元衡有《谢赐新火及新茶表》。刘禹锡、柳宗元有《代武中丞谢赐新茶表》。

韩翃《为田神玉谢赐茶表》，有"味足蠲邪，助其正直；香堪愈疾，沃以勤劳。吴主礼贤，方闻置茗；晋臣爱客，才有分茶"之句。

《宋史》：李稷重秋叶、黄花之禁。

宋《通商茶法诏》，乃欧阳修笔。《代福建提举茶事谢上表》，乃洪迈笔。

谢宗《谢茶启》：比丹丘之仙芽，胜乌程之御荈。不止味同露液，白况霜华。岂可为酪苍头，便应代酒从事。

《茶榜》：雀舌初调，玉碗分时茶思健；龙团捶碎，金渠碾处睡魔降。

刘言史《与孟郊洛北野泉上煎茶》，有诗。

僧皎然寻陆羽不遇，有诗。

白居易有《睡后茶兴忆杨同州》诗。

皇甫冉有《送陆羽采茶》诗。

刘禹锡《石园兰若试茶歌》有云：欲知花乳清冷味，须是眠云跂石人。

郑谷《峡中尝茶》诗：入座半瓯轻泛绿，开缄数片浅含黄。

杜牧《茶山》诗：山实东南秀，茶称瑞草魁。

施肩吾诗：茶为涤烦子，酒为忘忧君。

秦韬玉有《采茶歌》。

颜真卿有《月夜啜茶联句》诗。

司空图诗：碾尽明昌几角茶。

李群玉诗：客有衡山隐，遗余石廪茶。

李郢《酬友人春暮寄枳花茶》诗。

蔡襄有《北苑茶垄采茶、造茶、试茶诗五首》。

《朱熹集》：香茶供养黄檗长老悟公塔，有诗。

文公《茶场》诗：携籯北岭西，采叶供茗饮。一啜夜窗寒，跏趺谢衾枕。

苏轼有《和钱安道寄惠建茶》诗。

《坡仙食饮录》：有《问大冶长老乞桃花茶栽》诗。

《韩驹集·谢人送凤团茶》诗：白发前朝旧史官，风炉煮茗暮江寒。苍龙不复从天下，拭泪看君小凤团。

苏辙有《咏茶花诗》二首，有云：细嚼花须味亦长，新芽一粟叶间藏。

孔平仲《梦锡惠墨，答以蜀茶》，有诗。

岳珂《茶花盛放满山》诗，有“洁躬淡薄隐君子，苦口森严大丈夫”之句。

《赵抃集·次谢许少卿寄卧龙山茶》诗，有“越芽远寄入都时，酬唱争夸互见诗”之句。

文彦博诗：旧谱最称蒙顶味，露芽云液胜醍醐。

张文规诗：“明月峡中茶始生。”明月峡与顾渚联属，茶生其间者，尤为绝品。

孙觌有《饮修仁茶》诗。

韦处厚《茶岭》诗：顾渚吴霜绝，蒙山蜀信稀。千丛因此始，含露紫茸肥。

《周必大集·胡邦衡生日以诗送北苑八镑日注二瓶》：贺客称觞满冠霞，悬知酒渴正思茶。尚书八饼分闽焙，主簿双瓶拣越芽。又有

《次韵王少府送焦坑茶》诗。

陆放翁诗:"寒泉自换菖蒲水,活火闲煎橄榄茶。"又《村舍杂书》:东山石上茶,鹰爪初脱韝。雪落红丝磑,香动银毫瓯。爽如闻至言,余味终日留。不知叶家白,亦复有此否。

刘诜诗:鹦鹉茶香堪供客,荼蘼酒熟足娱亲。

王禹偁《茶园》诗:茂育知天意,甄收荷主恩。沃心同直谏,苦口类嘉言。

《梅尧臣集·朱著作寄凤茶》诗:"团为苍玉璧,隐起双飞凤。独应近日颂,岂得常寮共。"又《李求仲寄建溪洪井茶七品》云:"忽有西山使,始遗七品茶。末品无水晕,六品无沉楂。五品散云脚,四品浮粟花。三品若琼乳,二品罕所加。绝品不可议,甘香焉等差。"又《答宣城梅主簿遗鸦山茶》诗云:"昔观唐人诗,茶咏鸦山嘉。鸦衔茶子生,遂同山名鸦。"又有《七宝茶》诗云:"七物甘香杂蕊茶,浮花泛绿乱于霞。啜之始觉君恩重,休作寻常一等夸。"又《吴正仲饷新茶》,《沙门颖公遗碧霄峰茗》,俱有吟咏。

戴复古《谢史石窗送酒并茶诗》曰:遗来二物应时须,客子行厨用有余。午困政需茶料理,春愁全仗酒消除。

费氏《宫词》:近被宫中知了事,每来随驾使煎茶。

杨廷秀有《谢木舍人送讲筵茶》诗。

叶适有《寄谢王文叔送真日铸茶》诗云:谁知真苦涩,黯淡发奇光。

杜本《武夷茶》诗云:春从天上来,嘘咈通寰海。纳纳此中藏,万斛珠蓓蕾。

刘秉忠《尝云芝茶》诗云:铁色皱皮带老霜,含英咀美人诗肠。

高启有《月团茶歌》,又有《茶轩》诗。

杨慎有《和章水部沙坪茶歌》,沙坪茶出玉垒关外,实唐山。

董其昌《赠煎茶僧》诗：怪石与枯槎，相将度岁华。凤团虽贮好，只吃赵州茶。

娄坚有《花朝醉后为女郎题品泉图》诗。

程嘉燧有《虎丘僧房夏夜试茶歌》。

《南宋杂事诗》云：六一泉烹双井茶。

朱隗《虎丘竹枝词》：官封茶地雨前开，皂隶衙官搅似雷。近日正堂偏体贴，监茶不遣掾曹来。

绵津山人《漫堂咏物》有《大食索耳茶杯诗》云：粤香泛永夜，诗思来悠然。（武夷有粤香茶。）

薛熙《依归集》有《朱新庵今茶谱序》。

注释

（略）

译文

（略）

十 茶之图①

茶经

原文

以绢素或四幅，或六幅分布写之，陈诸座隅，则茶之源、之具、之造、之器、之煮、之饮、之事、之出、之略，目击而存[2]，于是《茶经》之始终备[3]焉。

注释

①茶之图：第十章，挂图。是指把《茶经》本文写在素绢上挂起来。

②目击而存：击，接触。此处作看见讲。俗语有"目击者"。

③备：完备。

译文

用白绢四幅或六幅，把上述内容分别写出来，张挂在座位旁边。这样，茶的起源、采制工具、制茶方法、煮茶方法、饮茶方法、有关茶事的记载、产地以及茶具的省略方式等，便随时都可以看到，看在眼里，于是，《茶经》从头至尾的内容就记完备了。

续茶经

历代图画名目

原文

唐张萱有《烹茶仕女图》，见《宣和画谱》。

唐周昉寓意丹青，驰誉当代，宣和御府所藏有《烹茶图》一。

五代陆滉《烹茶图》一，宋中兴馆阁储藏。

宋周文矩有《火龙烹茶图》四，《煎茶图》一。

宋李龙眠有《虎阜采茶图》，见题跋。

宋刘松年绢画《卢仝煮茶图》一卷，有元人跋十余家。范司理龙石藏。王齐翰有《陆羽煎茶图》，见王世懋《澹园画品》。

董逌《陆羽点茶图》，有跋。

元钱舜举画《陶学士雪夜煮茶图》，在焦山道士郭第处，见詹景凤《东冈玄览》。

史石窗名文卿，有《煮茶图》，袁桷作《煮茶图诗序》。

冯璧有《东坡海南烹茶图并诗》。

严氏《书画记》有杜柽居《茶经图》。

汪珂玉《珊瑚网》载《卢仝烹茶图》。

明文徵明有《烹茶图》。

沈石田有《醉茗图》，题云："酒边风月与谁同，阳羡春雷醉耳聋。七碗便堪酬酩酊，任渠高枕梦周公。"

沈石田有《为吴匏庵写虎丘对茶坐雨图》。

《渊鉴斋书·画谱》,陆包山治有《烹茶图》。

(补)元赵松雪有《宫女啜茗图》,见《渔洋诗话·刘孔和诗》。

注释

(略)

译文

(略)

原文

韦[①]鸿胪[②]

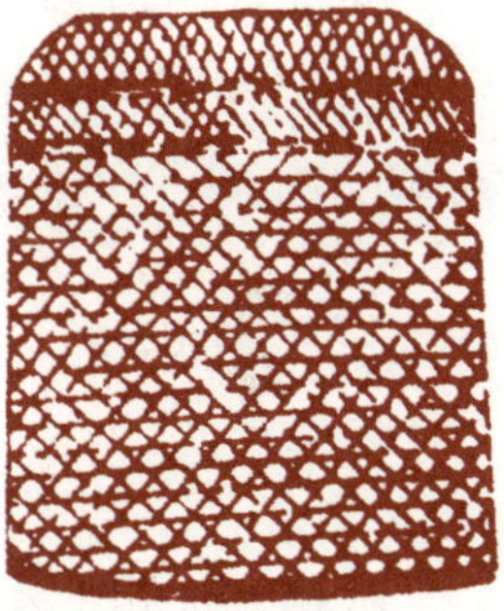

赞曰:祝融[③]司夏,万物焦烁,火炎昆冈,玉石俱焚,尔无与焉。乃若不使山谷之英堕于涂炭,子与有力矣。上卿之号,颇著微称。

注释

①韦:柔软的皮带,古代用以缀竹简。又韦带布衣比喻穿着简陋的贫贱人。

②鸿胪:官名,掌管朝廷祭祀大典等礼仪。鸿为声,胪为传,传声赞导,故曰鸿胪。

③祝融:火神。《礼记》:孟夏之月,其神祝融。

译文

韦鸿胪(即“竹茶笼”)

赞语:火神统治夏天,烈日曝晒山冈,玉石俱焚,怎么能够没有你呢?假如不想让山谷之英毁于涂炭，全靠你的作用了。上卿的称号，很适合称呼你。

原文

木待制①

上应列宿，万民以济，禀性刚直，摧折强梗，使随方逐圆之徒，不能保其身，善则善矣。然非佐以法曹②**，资之枢密**③**，亦莫能成厥功。**

注释

①待制：官名，唐朝，文官六品以上轮日待制，以备顾问。或者待制于集贤门。

②法曹：指法官。《唐书》：法曹司法。

③枢：户枢，户因以开闭。枢密，即重要机密，唐代宗时设枢密院，掌管表奏。

译文

木待制（即“木椎”）

与天上的星宿相对应，救助天下的黎民百姓，禀性刚直，摧折强硬不能使其折断，使随波逐流之徒不能保全其身，好是好。如果没有法曹辅助的话，也不能发挥这样大的作用。

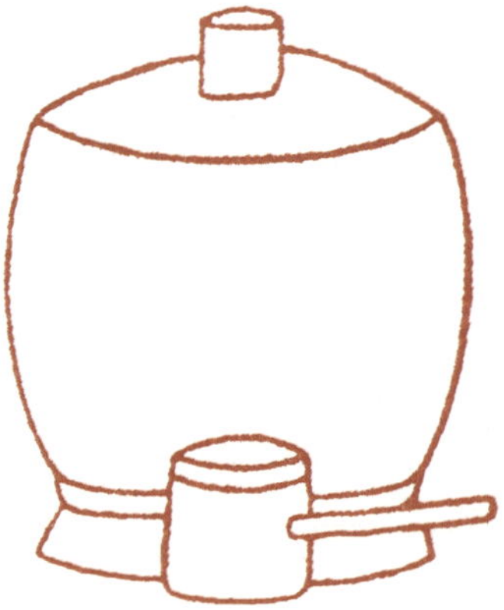

原文

金法曹

柔亦不茹，刚亦不吐，圆机运用，一皆不

法，使强梗者不得殊轨乱辙，岂不韪[①]与！

注释

①韪（wěi）：正确的，对的。

译文

金法曹（即“金属茶碾”）

柔性的不会淌出来，强硬的也能够装得下，随机运用起来，都很合适，使那些强硬的东西不能够扰乱秩序，从而不会违背意愿。

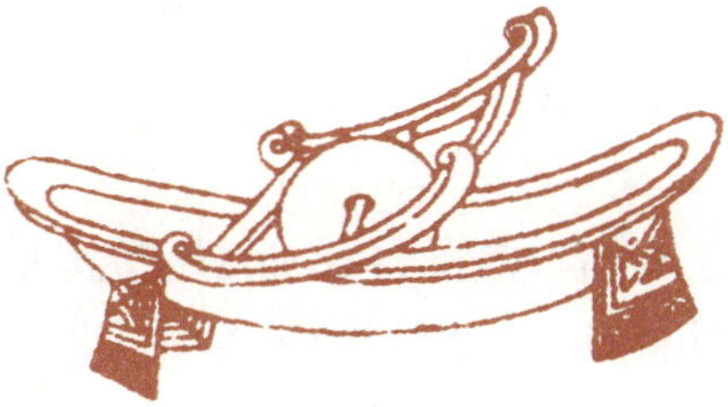

原文

石转运[①]

抱坚质，怀直心，啖嚅英华，周行不息。斡摘山之利，操漕权之重。循环自常，不舍正而适他，虽没齿无怨言。

注释

①转运：运输货物曰转运，唐设转运使，转运各地财赋，输入京师。

译文

石转运（即“石磨”）

质地坚硬，里面空心，吸取精华，来回运转不停。磨的是采自山上的有用的东西，做的是官府重视的事情。来回不停地转动，不会丢弃本职而干别的，虽然没有牙齿但也没有怨言。

原文

胡员外①

周旋中规而不逾其间，动静有常而性苦其卓，郁结之患悉能破之。虽中无所有，而外能研究，其精微不足以望圆机之士。

注释

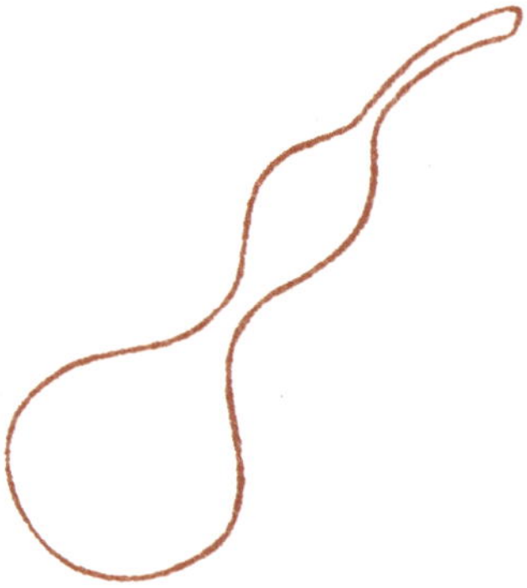

①员外：旧时称额外之官为员外。唐时，员外官达数千人，亦可捐资为员外，后来对富有之家的主人通称员外。

译文

胡员外（即“葫芦水勺”）

外圆内直不会超越它的中线，经常使用它，使它为没有卓越的功能而烦恼，沉积太多容易把它弄破。虽然里面没有什么其他的东西，但是外面却值得研究，它的精细微妙比不过圆滑机灵之士。

原文

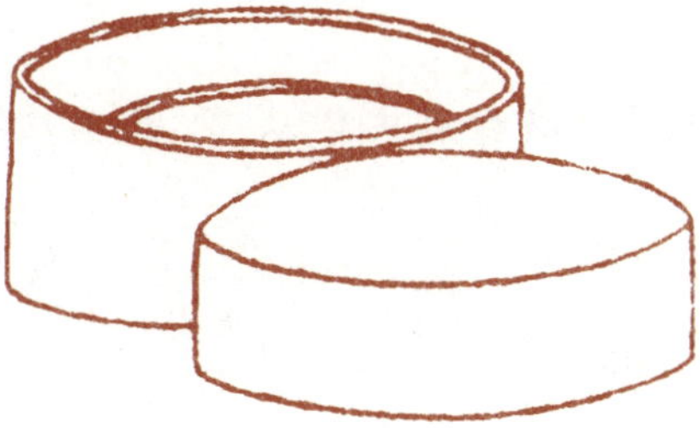

罗枢密

机事不密则害成。今高者抑之，下者扬之，使精粗不至于混淆，人其难诸。奈何矜细行而事喧哗，惜之。

注释

（略）

译文

罗枢密（即“茶罗”）

不致密的话那就容易导致失败。好的自然会留在上面，差的就掉落到下面，这样就能使好的与差的不至于被混淆，人力很难做到这些事情。行事谨慎却大声喧哗，可惜啊。

原文

宗从事[①]

孔门高弟，当洒扫应对事之末者，亦所不弃。又况能萃[②]其既散，拾其已遗，运寸毫而使边尘不飞，功亦善哉。

注释

①从事：指治事。汉制，刺史等佐吏为从事。以后有文学从事，武猛从事等。

②萃：聚在一起。

译文

宗从事（即“棕茶帚”）

孔子的得意学生，应当对清扫这些最细微的事也不会忽视。更何况能够把已经分散的东西收集到一起，把已经丢失的东西重新收拾起来，运用一寸长的毛发就能使旁边的尘土不至于随意飞舞，它的功劳也很大啊。

原文

漆雕秘阁①

危而不持，颠而不扶，则吾斯之未能信。以其弭②执热之患，无坳堂之覆，故宜辅以宝文而亲近君子。

注释

①漆雕：复姓，如孔子弟子漆雕开。秘阁：秘阁放置书的场所，宋太祖时建秘阁置三馆书。

②弭（mǐ）：止、息。

译文

漆雕秘阁(即“漆雕茶盏托”)

虽然高危但是并不害怕,虽然颠簸但并不需要人去扶持,我们未必会信。用它可以避免拿起来时的烫热,避免在屋子里面摔碎杯子,所以适宜于辅助茶碗,因此特别地讨君子喜欢。

原文

陶宝文

出河滨而无苦窳①,经纬之象,刚柔之理,炳②其弸③中。虚己待物,不饰外貌,休高秘阁,宜无愧焉。

注释

①苦窳(yǔ):粗恶。

②炳:光明、显著。

③弸(péng):充满。

译文

陶宝文(即“陶制茶碗”)

出自河边却没有腐烂变苦,泾渭分明,纹理刚柔相济,里面很光亮,中间的可以装东西。就算不装饰外表,把它放在高阁之上,也不觉得有什么不合适的。

原文

汤提点①

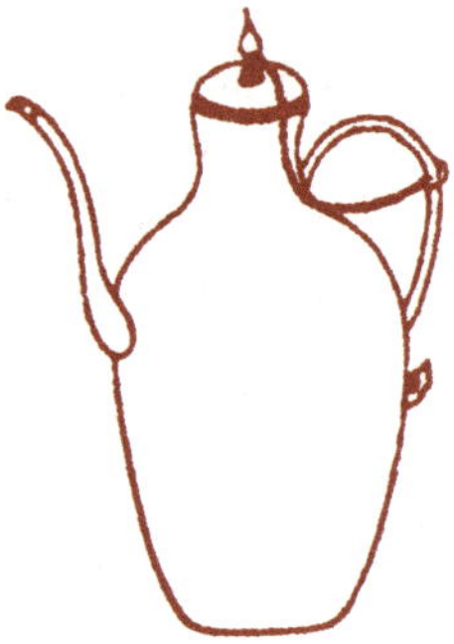

养浩然之气,发沸腾之声,以执中②之能,辅成汤③之德,斟酌宾主间,功迈仲叔圉④。然未免外烁之忧,复有内热之患,奈何?

注释

①提点:官名,宋时有提点刑狱,提点宫观等官职。

②执中:守其中道。

③成汤:商代开国之君,禊之后,名履,夏桀无道,汤伐之,放桀于南巢,遂有天下。

④仲叔圉(yǔ):仲叔,复姓,《左传》载仲叔溪卫大夫,其后仲叔圉。

译文

汤提点(即"水瓶")

蓄养向上的水汽,能发出沸腾的声音,凭借执中的能力,造就辅助加工成茶水的功德,在宾主间斟酌,功劳超过仲叔圉。然而不免有外面烁热的顾虑,里面过于滚热的忧虑,那有什么办法呢?

原文

竺副帅

首阳①饿夫,毅谏于兵沸之时,方今鼎扬汤能探其沸者几希。于之清节,独以身试,非临难不顾者,畴见尔。

注释

①首阳：在今河南省，首阳山因"日之东升，光必先及"而得名，因伯夷叔齐"不食周粟，采薇而生"而闻名。历史悠久，文化灿烂。

译文

竺副帅（即"竹制茶筅"）

伯夷、叔牙毅然在叛军进犯的时候提出意见，才知道能探试鼎中开水沸腾时的很少。你的高风亮节，就在于以身试法，可想而知，不是临危不顾的是不会这样做的。

原文

司职方①

互乡②童子，圣人犹与③其进。况端方质素，经纬有理，终身涅④而不缁⑤者，此孔子所以与洁也。

注释

①职方：官名，掌管地理和土地统计。

②互乡：据说互乡在江苏沛县。《论语·述而》说“互乡难与言”。互乡这个地方的人难于交谈，但孔子却接见了那里一个童子。孔子的学生不理解。孔子便说：“我赞成他的进步，不赞成他的退步，何必做得过分呢？人家洁身而来就应赞成他的自洁，不要光追究他过去的事。”

③与：这里当肯定讲。

④涅：染黑。

⑤淄：黑的颜色。

译文

司职方（即“茶巾”）

互乡的童子，圣人都向他学习。更何况这样端庄素丽、泾渭分明、全身被黑色所染却不变黑的东西，这就是孔子与高洁者在一起的原因。

竹炉并分封茶具六事

原文

苦节[1]君

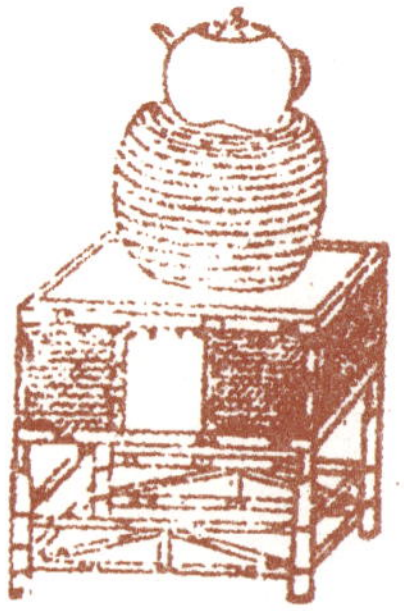

铭曰：肖形天地，匪冶匪陶。心存活火，声带湘涛。一滴甘露，涤我诗肠。清风两腋，洞然八荒。

注释

①苦节：坚苦卓绝，守志不渝。明屠隆在《考架余事》中称竹炉为苦节君，因为竹可以象征人的节操。

译文

苦节君

有记载说：以天地为形，非铁非陶。心存活火，声带湘涛。一滴甘甜的茶水，能够洗涤我的诗肠。清爽的风从两腋吹过，就进入得意忘形的境界。

原文

苦节君行省①

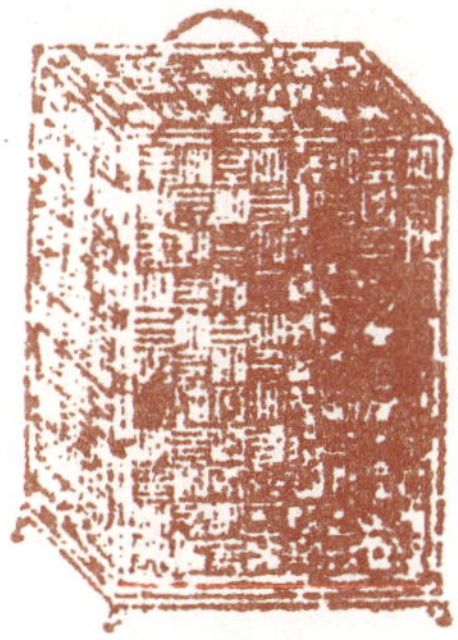

茶具六事分封，悉贮于此，侍从苦节君，于泉石山斋亭馆间执事者，故以行省名之。陆鸿渐所谓都篮者，此其是与。

注释

①行省：省原为朝廷所说的中央机构中的一个省的名称，如中书省等。元代以后于中书省外各路设行中书省，称为行省，简称省。延续至今。

译文

苦节君行省（即“装茶具的篮子”）

茶具有六种用品，都被存放在它的里面，因为侍从苦节君在泉石山斋亭馆里行事，所以叫行省这个名字。陆鸿渐所说的都篮，指的就是这个。

原文

建城

茶宜密裹,故以箬笼盛之,今称建城。按《茶录》云:"建安[1]民间以茶为尚。"故据地以城封之。

注释

①建安:今建瓯。建瓯历史悠久,人杰地灵。东汉建安初年(公元260年)设立建安县,是福建历史上最早的几个县之一。

译文

建城

茶叶要密封才能保存好,所以用竹笼装起来,现在被称为建城。按照《茶录》所说:"建安时期民间以喝茶为时尚。"所以用建城这个名字叫它。

原文

云屯

泉汲于云根,取其洁也。今名云屯,盖云即泉也,贮得其所,虽与列职诸君同事,而独屯于斯,岂不清高绝俗而自贵哉。

注释

(略)

译文

云屯

泉水源于云彩深处，取洁净的水。现在叫它云屯，云就是泉水，泉水储在这样的地方才是最好的贮藏地，虽然和其他东西并列职务，而只把泉水储存在这里面，岂不是超凡脱俗很值得自贵吗？

原文

乌府[1]

炭之为物，貌玄性刚，遇火则威灵气焰，赫然可畏，苦节君得此甚利于用也。况其别号乌银，故特表章其所藏之具曰乌府，不亦宜哉。

注释

①乌府：据汉书记载，御史府中柏树上常有数千乌夜宿，晨去暮来，因此称这些乌为朝夕乌，称御史府为乌府。

译文

乌府

炭这种东西，外貌很黑但性格刚烈，遇到明火就会燃烧冒出火焰，看起来很可怕的样子，苦节君得到这些东西能够很好地加以利用。况且它的别号为乌银，所以特意将储存它的器具称之为乌府，这也是非常合适的。

原文

水曹[1]

茶之真味，蕴诸旗枪之中，必浣之以水而后发也。凡器物用事之余，未免残沥微垢，皆赖水沃盥，因名其器曰水曹。

注释

①曹：这里指古时办事的官署。

译文

水曹

茶叶真正的味道，蕴藏在旗枪里面，必须经过水的浸泡才能散发出来。所有的器物用过之后，难免残留有细，小的污垢，都要依赖水来清洗，所以这种清洗的器具称为水曹。

原文

器局[1]

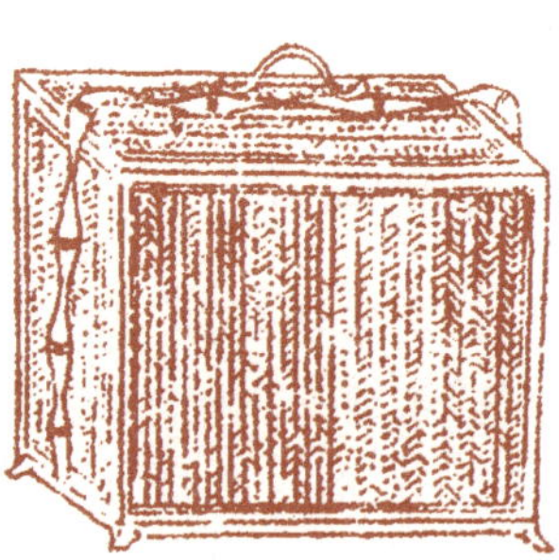

一应茶具，收贮于器局。供役苦节君者，故立名管之。

注释

①局：机关单位的名称。

译文

器局

所有的茶具，都储藏在器局里面，供苦节君使用，所以称它为管之。

原文

品[1]司[2]

茶欲啜时，入以笋、榄、瓜、仁、芹、蒿之属，则清而且佳，因命湘君，设司检束。

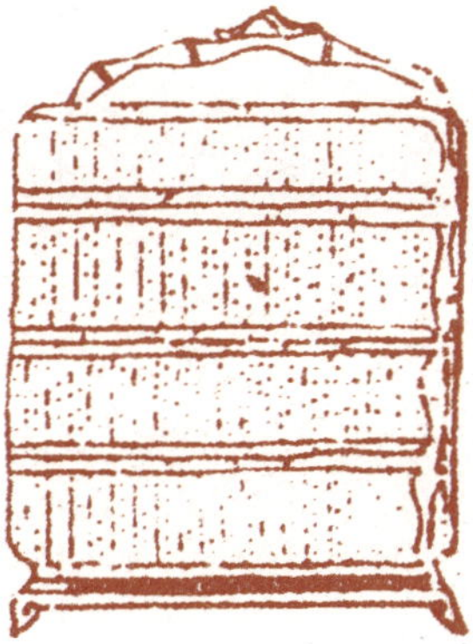

注释

①品：镒别。
②司：指机关单位中的一个部门。

译文

品司

饮茶的时候，添加笋、榄、瓜、仁、芹、蒿这些东西，那么味道就会显得清香，所以取名湘君，设品司来盛装。

原文

玉川先生[1]

毓秀蒙顶[2]**，蜚英玉川，搜搅胸中，书传五千。儒素家风，清淡滋味，君子之交，其淡如水。**

注释

①玉川先生：指卢仝。卢仝自号玉川子。

②蒙顶：指蒙顶茶，详见"八、茶之出(《续茶经》)注①"。

译文

(略)